北京理工大学"双一流"建设精品出版工程

Virtual Reality Aided Structural Assemblability Design

虚拟现实辅助结构可装配性设计

姚寿文　陈 科　姚泽源 ◎ 编著

北京理工大学出版社
BEIJING INSTITUTE OF TECHNOLOGY PRESS

内 容 简 介

　　装配是产品设计的核心，对产品的生产效率、性能和成本有着重要的影响。面向装配设计（design for assembly，DFA）作为一种现代设计技术，在工业发达国家得到广泛应用，产生了巨大的经济效益。本书从产品设计出发，针对产品装配中的手工装配，分析了结构可装配性的影响因素、设计原则以及可装配性评价方法。同时，针对产品可装配性的验证，介绍了虚拟现实输入、输出以及虚拟手、碰撞检测和装配约束建模方法，结合 Unity3D 设计了总体框架、平台架构以及多层级零件建模等内容，通过实例演示了虚拟现实技术的装配设计辅助验证功能。

　　本书可供机械工程技术人员参考，也可作为大专院校相关专业师生的教材或参考书。

图书在版编目（CIP）数据

　　虚拟现实辅助结构可装配性设计／姚寿文，陈科，
姚泽源编著. －－北京：北京理工大学出版社，2022.1
　　ISBN 978-7-5763-0862-4

　　Ⅰ．①虚…　Ⅱ．①姚…②陈…③姚…　Ⅲ．①虚拟现
实–设计　Ⅳ．①TP391.98

　　中国版本图书馆 CIP 数据核字（2022）第 014884 号

出版发行／北京理工大学出版社有限责任公司
社　　　址／北京市海淀区中关村南大街5号
邮　　　编／100081
电　　　话／（010）68914775（总编室）
　　　　　　（010）82562903（教材售后服务热线）
　　　　　　（010）68944723（其他图书服务热线）
网　　　址／http：//www.bitpress.com.cn
经　　　销／全国各地新华书店
印　　　刷／保定市中画美凯印刷有限公司
开　　　本／787毫米×1092毫米　1/16
印　　　张／16.5　　　　　　　　　　　　　　　　责任编辑／吴　博
字　　　数／349千字　　　　　　　　　　　　　　文案编辑／李丁一
版　　　次／2022年1月第1版　2022年1月第1次印刷　责任校对／周瑞红
定　　　价／78.00元　　　　　　　　　　　　　　责任印制／李志强

序言

任何产品都是为人而设计，为人所用，都是为了满足客户需求。产品也是一个企业的立足根本，好的产品是企业由小变大、由弱变强的关键。没有好的产品，企业就成为无源之水。

20 世纪 80 年代以来，全球化在世界范围日益凸显，如产品生产全球化。一个产品价值链，如设计、制造和销售，由分布在不同国家的不同公司共同完成。OEM（Original Equipment Manufacturer，原始产品制造商）是产品全球化的组织形式。全球跨国公司都是从全球的 OEM 厂商，获得公司产品所需的零件或部件，通过总装厂进行产品装配后投向全球市场，是生产全球化的典型范式。

国务院于 2015 年 5 月印发的部署全面推进实施制造强国战略的文件《中国制造 2025》，是中国实施制造强国战略第一个十年的行动纲领。实施"中国制造 2025"，推动我国制造业由大变强，不仅在一般消费品领域，更要在技术含量高的重大装备等先进制造领域勇于争先。产品设计是产品成本、产品质量和产品开发周期的决定性因素。面向装配的设计（design for assembly，DFA）作为一种先进的产品设计技术，是提高产品在全球竞争力的核心。其中，可装配性设计既能有效缩短产品开发周期，延长产品生命周期，又可提高产品的价值含量和竞争能力，是振兴我国机械制造业的关键技术之一。

以人为本，永远都是任何产品设计的核心。本书中，以人为本主要关注由零件形成产品的阶段，即装配阶段。本书面向机械结构，重点围绕可装配性设计中的结构因素和人机工程因素，对结构可装配性进行了详细的分析。同时，基于虚拟现实技术的沉浸性、交互性和构想性，分析和设计了结构可装配性验证平台。在结构上，本书可分为两部分，第一部分系统讨论了影响产品装配的结构因素和人因因素，并重点讨论了零件的搬运、插入、连接和紧固等可影响产品装配性因素，总结了手工装配的一些设计原则，以 Boothroyd DFA 为例介绍了可装配性设计流程。第二部分围绕虚拟现实辅助装配，系统地介绍了虚拟现实技术，包括人机交互传感器、头戴显示系统以及人机交互设计，同时为了实现基于物理的产品装配仿真，介绍了产品装配过程中的碰撞检测和装配建模的过程，最后基于 Unity3D 引擎开发了虚拟装配平台，以某传动装置的三轴为例，对可装配性中涉及的结构因素进行了验证。

由于虚拟现实辅助技术尚未系统地提出，正在发展之中，因此本书所涉及的部分内容属于探索性，还不成熟，起到抛砖引玉的作用，希望广大的虚拟现实爱好者参与这个新兴领域，为虚拟现实技术在工业上的应用做出贡献。鉴于此，本书中会存在一些不严密之处，有些疏漏，敬请读者谅解和指正。

2021 年 8 月

前言

　　可装配性设计作为一种先进的设计技术，已在工业化国家产生了巨大的经济效益。虚拟现实辅助结构可装配性设计是虚拟现实技术在结构可装配性设计上的应用。具有沉浸性、交互性和构想性三大特点的虚拟现实技术是激发设计者灵感的重要保证，符合人类对事物的认知过程。

　　结构可装配性设计涉及的研究范围很广，包括大量的结构设计因素、公差因素和复杂的人因因素等。然而，受限于目前虚拟现实无标记人机交互传感器（如手势捕捉传感器 Leap Motion、人体动作捕捉传感器 Kinect 等）的精度限制，全面依赖于虚拟现实技术进行结构可装配性设计尚有不足。鉴于此，本书以可装配性影响因素为基础，尽可能利用虚拟现实的优势，重点解决人工装配中可装配性设计的一些结构因素和人因因素。

　　本书面向机械结构，进行可装配性介绍，要求读者具有一定的机械结构设计知识。此外，机械零件在虚拟环境中的运动涉及零件位姿变化，读者必须具备一些基本的计算机图形学知识。

　　本书以人工装配为依据进行结构编排。第 1 章介绍了产品装配过程、装配的实现方法、装配工艺和可装配性评价，引出虚拟现实可装配性设计，为后续内容的开展提供基础。第 2 章讨论了产品可装配性的一些设计因素，重点介绍了零件装配、产品可装配性设计对装配工艺的影响，并系统地介绍了零件数量、结构设计因素、公差因素的影响，提出了防错设计的必要性，同时从人机工程角度，讨论了人的视线、装配空间和提高装配人员效率的人机工程因素。第 3 章针对手工装配中可装配性的零件搬运和零件插入两个影响因素进行了分析。对产品装配中涉及零件大量的紧固和连接，第 4 章单独介绍了螺纹连接和过盈连接。第 5 章进行了结构可装配性设计介绍，并以 Boothroyd 方法介绍了可装配性评价的 DFA 方法。从第 6 章开始，围绕虚拟现实辅助可装配性设计进行系统的梳理，首先介绍了虚拟现实中重要的输入输出传感器、虚拟手和虚拟人体建模。为了尽可能使虚拟装配符合实际装配，第 7 章介绍了虚拟现实环境下基于物理的建模以及行为建模，重点介绍了包围盒以及包围盒的相交检测和碰撞检测。第 8 章进行了虚拟现实辅助装配建模，包括零件数据信息、装配约束。第9章开展了虚拟现实辅助结构可装配性验证，简要介绍了Unity3D、虚拟现实辅助装配平台架构，重点介绍了虚拟现实辅助装配的零件建模、约束求解和交互操作，并以某传动装置的三轴为例进行了装配，和实际产品装配进行了对比。最后一章补充介绍了计算机图形学中的一些基本数学知识，以及前述章节中零件运动和约束建模中涉及的数学，便于读者更好理解。

本书适合作为机械类专业高年级本科生、研究生的教材使用，也可供相关研究人员或技术人员作为"虚拟现实+领域"的视野拓展。

本书由北京理工大学姚寿文、姚泽源和陈科编写，姚寿文负责全书主编和统稿，姚泽源负责第2章和第7章的编写，陈科负责对装配工艺进行编写。

本书中部分素材来源于国家自然基金资助面上项目（51370788、51975051）的研究内容，对此表示感谢。同时本书的编写还得到了王瑶、张清华、林博、常富祥、胡子然、粟丽辉、丁佳等研究生的帮助，在此一并表示感谢。

由于编者水平有限，书中疏漏难免存在，敬请广大读者批评指正。

编　者

2021 年 8 月

目 录
CONTENTS

第1章 绪 论

从 18 世纪 60 年代第一次工业革命开始，工业生产至今已经历 200 多年的发展，从最开始的家庭小作坊生产，到后来大规模流水线生产，再到如今全球化生产，工业产品的设计原则、设计方法、生命周期管理等概念经历了多次蜕变。工业产品的设计方法也由最开始的经验设计，转变为后来的规范化、公理化设计，发展到如今的 DFX（面向产品生命周期各环节的设计）。

装配是产品生命周期中至关重要的环节之一。因不考虑可装配性（assemblability）的产品设计所带来的装配复杂度增加导致的产品总体成本提高，远高于考虑零件可装配性而提高单个零件的生产复杂度导致的产品总体成本提高。由于设计理念、方法、工具的不统一，"抛墙"式设计仍然存在，无法在产品设计初期对产品全生命周期的可装配性进行全面的考虑。

可装配性是产品的一种固有特性。通常来说，可装配性被定义为产品由分离的零件或组件组装成具有功能性的整体的容易程度。面向装配设计是实现产品可装配性设计的关键技术。本章以结构可装配性设计为出发点，介绍产品设计、产品装配、装配的实现、装配工艺规程，并结合虚拟现实简要介绍虚拟现实辅助结构可装配性的概念，提出了本书架构，为全书的内容展开奠定基础。

1.1 产品设计

"设计"来源于希腊语"construere"，意思是拼合造物。所谓设计，从广义上说，是指通过分析、创造与综合来构思具有某种特定功能的系统活动。设计是以知识为基础的，这种知识是由创造力、智慧、意识、知觉和感受构成的。设计的特点如下。

（1）设计的结果往往取决于人的知识、经验和思考方法。

（2）设计的解空间通常很大，且结果往往不唯一。

（3）设计的知识可分为静态的、精确的、确定性的知识和动态的、模糊的、不确定性的知识等。

产品设计是一种基于知识的设计，设计能否成功，取决于其中现代设计知识的含量，知识含量越高，设计的产品竞争力越强。同时，产品的设计是一种面向用户的设计，若要获取用户满意，产品设计要求覆盖产品的全寿命周期。

1.1.1 产品开发模式变革

产品的开发模式已从原始开发模式，经历传统开发模式，达到了面向装配和制造的开发模式，即在设计阶段考虑制造与装配，以消除因设计失误导致的生产与装配问题，降低产品开发成本，提高开发效率。

在很久以前，当制造业刚刚兴起的时候，人们所能制造的产品很简单，相应的制造工艺也简单，因此产品的设计和制造都由一个人来完成，这样的开发模式称为原始产品开发模式。随着社会的发展，产品的结构和制造工艺也越来越复杂，都需要很强的专业知识，已无法由同一个人完成，而且原始开发模式效率太低。根据亚当·斯密的劳动分工理论，分工越细，效率越高，产品开发过程分为产品设计阶段和产品制造阶段，分别由机械工程师和制造工程师负责。在产品的设计阶段，机械工程师关注的是如何实现产品的功能、外观和可靠性等要求，制造工程师进行产品的制造和装配，这就是传统的产品开发模式，虽大幅提高了产品开发的效率，但在设计和制造之间沟通很少甚至没有沟通，因此传统的产品开发模式也称为"抛墙"式设计，如图 1-1 所示。"我们设计，你们制造"是传统产品开发模式的典型特点。

设　计　　　　制　　造

墙

图 1-1　"抛墙"式设计

进入现代社会，企业之间的竞争日益激烈，消费者对产品更加挑剔，企业必须以更低的成本、更短的时间和更高的质量来提高产品的竞争力。而传统的开发模式使得产品的开发过程变成了设计、制造、修改设计、再制造的反复循环，造成产品设计修改多、产品开发周期长、产品开发成本高、质量低等问题。很明显，产品设计和制造的脱节是造成上述后果的根本原因。设计和制造不应该是先后顺序关系，而是"你中有我，我中有你"的关系。在产品设计阶段必须考虑到制造和装配对产品设计的要求，制造和装配越早介入设计，对产品的开发越有利。在产品设计阶段，引入制造和装配的要求，使得机械工程师设计的产品具有很好的可制造性和可装配性，从根本上避免产品开发后期出现的制造和装配质量问题。

遗憾的是，有些企业对质量的认识依然停留在产品质量等于制造质量的初级阶段，愿意投入巨资购买昂贵的制造设备和引进国外先进的制造技术，却不愿意投入资金引进国外先进的产品设计理论和技术。"中国制造"占领了全球市场，但产品的质量还有待进一步提高。

1.1.2　产品质量与产品设计的关系

从产品开发模式的历史演变可以看出，产品开发的发展史实际上就是产品设计思想的发展历史。在产品开发中，产品设计扮演着举足轻重的角色。产品设计决定了产品结构、产品材料、产品制造和装配方法，决定了产品的成本，同时也决定了产品质量和产品的开发周期。图 1-2 为产品开发投入成本分布及各阶段对产品成本的影响。可以看出，虽然产品设计阶段的成本仅仅占整个产品开发投入成本的 5%，但决定了 75% 的产品成本，并很大程度上影响了材料、劳动力和管理的成本。

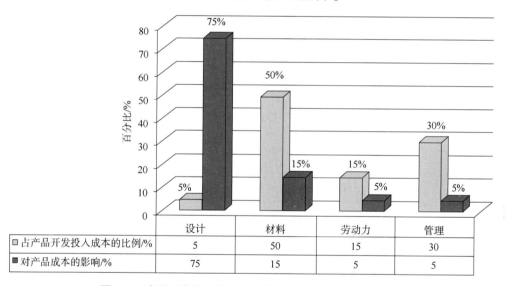

	设计	材料	劳动力	管理
□占产品开发投入成本的比例/%	5	50	15	30
■对产品成本的影响/%	75	15	5	5

图 1-2　产品开发投入成本分布及各阶段对产品成本的影响

此外，产品设计决定了产品的质量。随着社会发展和科技进步，顾客对产品和服务的期望越来越高，企业对自身的产品质量提出更高的要求。既然产品质量在企业的生存环境中如此重要，那么产品的质量来自哪里呢？

答案是：产品质量是设计出来的。日本质量大师 Taguchi 认为：产品质量首先是设计出来的，然后才是制造出来的。20 世纪初，德国人把质量定义为：优秀的产品设计加上精致的制造。这样的指导思想，使得日本和德国的产品质量有目共睹。根据统计，80% 左右的产品质量问题是由设计引起的，20% 的产品质量问题是由后期制造和装配引起的。图 1-3 为产品质量问

■产品设计
□产品制造

**图 1-3　产品质量问题产生
根源的二八原则**

题产生的二八原则，说明了产品设计对产品质量的重要性。换句话说，如果产品设计很完善，就能够避免80%的产品质量问题；而无论产品制造多么完美，也只能避免20%的产品质量问题，对另外80%的产品质量问题无能为力。

在产品设计中，面临着多方面的要求，如来自客户或消费者的要求、来自制造方面的要求、来自装配方面的要求、来自测试方面的要求、来自成本的要求以及来自环保、易拆卸和易维护等要求。在众多要求中，虽然来自客户或消费者的要求是排在第一位的，但从产品成本、开发周期而言，归根结底，装配是产品设计的关键。因为产品基本上都是由多个零件装配而成，虽然机械工程师可以在三维（3D）软件中把一个产品的组装关系绘制得很完美，而事实上不一定标志产品能够组装，或以最高装配质量和最低成本组装起来。因此，在20世纪六七十年代，人们根据实际设计经验和装配操作实践，提出了一系列有利于装配的建议，以帮助设计人员设计出容易装配的产品。1977年，Geoffrey Boothroyd教授第一次提出了"面向装配的设计"，并被广泛接受。1982年，Boothroyd教授在《自动化装配》中，提出了一套评估零件可装配性的体系，开发了面向装配的设计软件。图1-4为传统设计与面向装配、制造设计的产品开发流程。从图1-4可以看出，传统的产品开发需要多次反复，效率低，成本高，而面向制造和装配的设计是自上而下的产品开发，提高了效率，降低了成本。

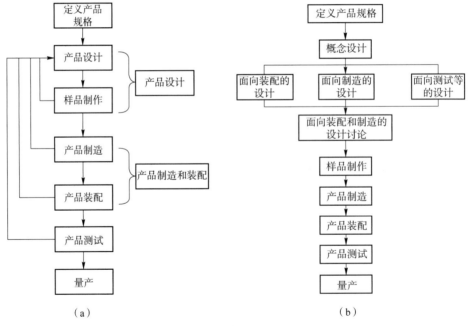

图1-4 传统设计与面向装配、制造设计的产品开发流程

（a）传统设计；（b）面向制造和装配的设计

1.2 产品装配

在制造产品过程中，装配是工厂生产最后的工艺过程。产品的综合技术指标如性能、可靠性、寿命等，主要是在零件加工合格后通过最后的装配工艺过程来实现和保证的，不同的产品设计对产品在最终的装配工艺过程中的效率、装配质量、装配成本等有着重要的影响。产品设计中所表现出来的对装配工艺的影响称为产品的装配工艺性或可装配性。同时产品的可装配性也对产品在使用过程中维修的方便性和经济性有一定影响。

随着产品设计和制造技术的不断发展，各种新材料、新原理、新工艺在产品设计和制造中大量使用，毛坯加工与机械加工的自动化程度迅速发展，大大节省了人力与制造费用，同时专业化的生产分工和基于供应链的制造模式，使得装配所需费用在整个产品制造费用中所占的比重日益加大，因此，迫切要求提高装配工作的技术经济性和效率。在产品设计的早期对产品的装配工艺性进行分析，按照可装配性设计准则进行产品设计，不仅可以提高最终产品装配的质量和效率，还可以在总体上提高产品质量，降低成本，缩短产品的开发和制造周期。

由于产品的性能要求、工作原理、零件材料、组成结构和连接方式的差异，产品的装配工艺方法也不尽相同，产品设计中需要考虑的装配工艺性问题也不同。由于装配是产品制造过程的最后阶段，产品及其零部件的装配工艺性在产品的组成零件加工结束后便基本确定，因此装配工艺性应当在产品的设计阶段就充分考虑。装配工艺性又与装配方式、方法和组织形式等有关，因此它是一个较为复杂的问题。

装配是指把多个零件组装成产品，使得产品能够实现相应的功能并体现产品的质量。从装配的概念可以看出，装配包含三层含义：①把零件组装在一起；②使产品实现相应的功能；③体现产品的质量。装配不是简单地把零件组装在一起，更重要的是组装后产品能够实现相应的功能，体现产品的质量。

对于任何一种产品而言，在经过零件加工制造并成为产品之前，都需要经过装配的过程。装配工序是产品装配过程中最基本的元素。一个典型的产品装配工序包括以下关键操作：（人或机器人）识别零件、抓取零件、移动零件到装配位置、调整零件到正确位置、固定零件和功能测试。

装配工序有好坏和优劣之分，不同的装配工序对产品的影响千差万别。从装配质量、装配效率和装配成本等方面看，最好的装配工序和最差的装配工序特征如表 1-1 所示。

表 1-1 最好的装配工序和最差的装配工序特征

最好的装配工序	最差的装配工序
零件很容易识别	零件很难识别
零件很容易被抓起和放入装配位置	零件不容易被抓取，容易掉到某些位置
零件能够自我对齐到正确的位置	零件需要操作人员不断地调整才能对齐
固定之前，零件只有唯一正确的装配位置	（1）在固定之前，零件能够放到两个或两个以上位置 （2）很难判断哪一个装配位置是对的 （3）零件在错误的位置可以被固定
快速装配，紧固件很少	螺钉、螺柱、螺母的牙型、长度、头型多种多样，令人眼花缭乱

续表

最好的装配工序	最差的装配工序
不需要工具或夹具的辅助	需要工具或夹具的辅助
零件尺寸超过规格，仍然能够顺利装配	零件尺寸在规格范围之内，但依然装不上
装配过程不需要过多的调整	装配过程需要反复的调整
装配很容易、很轻松	装配很难、很费力

1.2.1　产品的装配过程

产品的装配工艺过程就是按照一定的精度要求和技术条件，将加工完成，将具有一定形状、质量、精度的零件结合成部件，将零件、部件组合成最终产品的过程。装配过程中需要把产品的自制件、外协件、外购件和标准件等分别按照工艺过程进行存放和集结，在装配车间经过运送、调整、连接、检查等操作装配成成品，有些装配工艺中还包括装配前的清洗以及装配中的加工、修配等。各种类型的装配操作基本上包括零部件的输送、装载、定位、连接、调整和装配后的检验。一些特殊的零件在装配前还需要进行清洗。基本的装配操作过程和连接方法如图 1-5 所示。

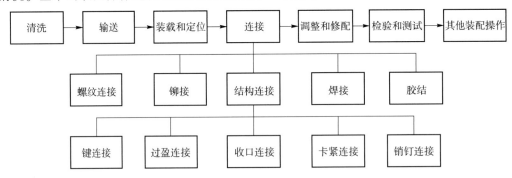

图 1-5　基本的装配操作过程和连接方法

1. 清洗

清洗的目的是去除零部件表面或内部的油污和机械杂质。常见的基本清洗方法有擦洗、浸洗、喷洗和超声波清洗等，如高压喷射清洗、气相清洗、电解清洗等。清洗工艺的要素包括清洗液、工艺参数和清洗工艺方法。清洗工艺采用的常用清洗液包括煤油、汽油、碱液及各种化学清洗液；工艺参数包括温度、压力、时间等；清洗工艺方法的选择要根据工件的清洗要求、工件材料、批量、油污和机械杂质的性质及黏附情况等因素来确定。此外，工件经清洗后应具有一定的中间防锈能力。

清洗工作对保证和提高产品的装配质量、延长产品的使用寿命具有重要意义，特别是对轴承、密封件、精密偶件、润滑系统等关键部件尤为重要。清洗的质量检验方法包括目测法、擦拭法、挂水法、称重法、电镀法和荧光染料法等。

2. 输送

输送是将装配的产品或部件从一个操作工位运送到下一个操作工位，以及将待装配的零部件运送到装配操作工位。对于不同的产品类型、生产类型，零部件可以采用小车、自动传送装置、自动引导小车、吊车等不同的搬运方式。

对于单件小批的手工装配，主要采用各种工业小车由装配工人将零部件运送到装配现场或下一个装配工位，小车中可以采用专用的货架放置多个零件。对于自动装配或者人工装配线装配，一般采用各种自动传送装置，包括皮带轮、滚轮等。对于大型的设备安装需要采用吊车进行设备的搬运。

3. 装载和定位

零件的装载是将零件从输送装置上取下，搬运到安装位置。将待装配的零件放置到基准零件上，并放置在正确的位置上称为定位。对于手工装配一般是由装配工人在装配夹具和辅助工具的帮助下完成零件的装载与定位。自动装配则是通过自定位的零件形状、装载和定位装置完成零件的自动定位。

在零件连接前，完成装载和定位的零件可能需要采用装配工装或者辅助工具将零件保持在确定的位置上。

4. 连接

装配中的连接是采用一定的工艺手段，将待装配的零件与基准零件进行固定。连接方式一般可以分为可拆卸连接和不可拆卸连接，连接的工艺方法主要包括螺纹连接、铆接、焊接、胶结以及通过机械结构相互锁紧的过盈连接、收口连接、卡紧连接等。

可拆卸连接在拆卸时不会损坏任何零件，拆卸后还可以重新连接，不会影响产品的正常使用。常见的可拆卸连接有螺纹连接、键连接及销钉连接，其中以螺纹连接应用最为广泛。螺纹连接的质量与装配工艺有很大关系，应根据被连接零部件的形状和螺栓的分布、受力情况，合理确定各螺栓的紧固力、多个螺栓间的紧固顺序和紧固力的均衡等参数。

不可拆卸连接在被连接零部件的使用过程中是不拆卸的，如要拆卸则往往会损坏某些零件。常见的不可拆卸连接有焊接、铆接和过盈连接等，其中过盈连接多用于轴、孔配合。实现过盈连接常用压入配合、热胀配合和冷缩配合等方法。一般产品可以用压入配合法，重要或精密的产品常用热胀配合法、冷缩配合法。

5. 调整和修配

在连接前后，对零件的位置进行调整和校正。对于精度较高的装配需要进行修配或配作。对于回转体还需要进行平衡。

校正指相关零部件之间相互位置的找正、找平作业，一般用在大型机械的基准件的装配和总装配中，常用的校正方法有平尺校正、角尺校正、水平仪校正、拉钢丝校正、光学校正及激光校正等。

调整指相关零部件之间相互位置的调节作业，调整可以配合校正作业保证零部件的相对位置精度，还可以调节运动副内的间隙，保证运动精度。

对于旋转体，需要通过平衡调整来清除旋转体内因质量分布不均匀而引起的静力不平衡和力偶不平衡，以保证装配的精度。旋转体的平衡是装配精度中的一项重要要求，尤其是转速较高、运转平稳要求较高的产品，对其中的回转零部件的平衡要求更为严格。有些产品需要在总装后在工作转速下进行整机平衡。

平衡有静平衡和动平衡，平衡方法的选择主要依据旋转体的重量、形状、转速、支撑条件、用途、性能要求等。其中直径（D）较大、宽度（l）较小者（$D/l \geqslant 5$）可以只做静平衡，长径比较大的工件需要做动平衡。其中工作转速为一阶临界转速的75%以上的旋转体，应作为挠性旋转体进行动平衡。对旋转体的不平衡重量可以用补焊、喷镀、铆接、胶结或螺纹连接等方法加配重量，用钻、铣、磨、锉、刮等手段去除重量，还可以在预制的平衡槽内改变平衡块的位置和数量。

修配和配作是在装配现场对装配精度要求高的零件进行进一步的加工，包括零件配合位置的手工修配和配磨，连接孔的配钻、配铰等作业，是装配过程附加的一些钳工和机械加工作业。配刮是关于零部件表面的钳工作业，多用于运动副配合表面精加工。配钻和配铰多用于固定连接。只有在经过认真校正、调整，确保有关零部件的准确几何关系之后，才能进行修配和配作。

6. 检验和测试

在组件、部件及总装配过程中，在重要工序的前后往往都需要进行中间检验。装配前的检验主要包括装配件的质量文件的完备性、外观质量、主要尺寸的准确度、产品规格和数量等。总装配完毕后，应根据要求的技术标准和规定，对产品进行全面的检验和测试。对装配的位置精度、形状精度、连接质量、密封性、力学性能等进行检查，确认符合装配工艺和产品质量的要求。大型装置的总装配测试一般在专用的实验台架上进行，按照详尽的测试规程，对产品进行各项功能测试。

7. 其他装配操作

除上述内容外，油漆、包装也属于装配作业范畴。

1.2.2　机械装配的类型和方法

采用手工或者自动装配，都需要完成零部件的搬运、定位、插入、固定、调整、检验等操作过程，零部件的形状结构对装配操作过程产生影响。在装配作业操作中，装配工人或者装配设备应当按照产品设计要求和装配工艺中的技术要求，严格按照装配工艺进行操作，要求做到以下几点。

（1）以正确的顺序装配。
（2）按照规定的方法进行装配。
（3）按照规定的位置进行装配。
（4）按照规定的方向进行装配。
（5）按照规定的精度进行装配。

机械装配的类型和方法主要取决于产品的种类、生产的批量、成本等。机械装配可以按照机械装配的自动化程度、精度保证方法、零件类型等进行划分。

1. 按照装配的自动化程度划分的装配类型

按照装配中采用人工、装配机器人、自动化装配设备等的自动化程度可以将装配工艺分为手工装配、柔性装配和自动装配。装配工艺的自动化程度要根据生产类型，产品结构、大小、精度，装配件数量，装配的复杂程度等因素综合分析后确定。对于复杂产品的装配生产，可根据不同零部件的结构特点、企业的设备能力、投入的资金等因素，综合应用手工、柔性和自动化的装配方法。不同装配方式的特点和适用范围如表 1-2 所示。

表 1-2　不同装配方式的特点和适用范围

装配方式	工艺特点	适用范围
手工装配	由装配人员利用简单的装配工具，手工完成产品的装配过程；在装配过程中可以采用一定的装配工具、设备，但是设备的控制和工具的使用需要由装配人员根据需要来使用；手工装配的效率、质量等与装配操作的复杂程度、人员的经验密切相关	产品生产批量小、种类多，或产品结构复杂、装配工艺复杂、产品精度高、性能要求高，需要在装配中进行复杂的调试和检验
柔性装配/半自动装配	在装配过程中采用具有一定通用化程度的装配机械和设备完成零部件的装配过程；通常采用可自由编程的装配机器人进行装配，此外还需要具有一定柔性的外围设备，例如零件储藏、可调的输送设备、夹持设备等；在装配过程中，一般不需要装配人员参与装配操作，但是柔性装配设备有时需要装配现场人员进行控制	产品批量不大，装配件数量较多，产品种类经常更换，装配复杂程度一般
自动装配	采用全自动的专业化的装配设备，自动完成零件运送、定位、调整、固定、检验等一系列操作，装配过程中无须现场装配人员的参与；自动装配设备要根据产品结构和装配工艺方法进行设计制造，自动装配设备可以组成流水线式的自动化装配生产线，按照统一的装配节拍完成所有产品的装配过程；自动装配需要较大的设备投入	大批量生产，生产批量稳定，装配复杂程度不高

2. 按照装配的精度保证方法划分的装配类型

零件加工误差的累积会影响装配精度，提高零件的加工精度势必会提高零件的制造成本。在复杂产品的装配中可以通过一定的装配工艺方法来保证最终的装配精度。目前常用的装配工艺方法的内容、特点及适用范围等如表 1-3 所示。

表 1-3　装配工艺方法的内容、特点及适用范围等

装配工艺方法		工艺内容	工艺特点	适用范围	注意事项
互换法	完全互换法	零件不需选择、修配或调整，装配后就能达到装配精度。要求零件完全互换，配合零件公差之和小于或等于规定的装配公差	（1）装配过程简单，生产效率高；（2）便于组织流水作业和自动装配；（3）零件加工精度要求较高		

装配工艺方法		工艺内容	工艺特点	适用范围	注意事项
互换法	不完全互换法	配合零件公差和的平方根小于或等于规定的装配公差。可不加选择进行装配，零件可互换	具有完全互换法中（2）的特点，但零件公差适当放宽，较为经济合理。有可能出现极少量超差产品		
选配法	直接选配法	有关零件按经济精度制造，由装配人员凭经验挑选合适的互配件装配在一起，零件不需事先测量分组	（1）装配精度取决于装配工人的技术水平；（2）装配工时不稳定	零件多、生产周期较长的中小批量生产	注意检查装配质量，不能达到精度要求时应当重新选配
	分组选配法	配合零件的加工公差放大到经济精度公差，加工后的零件按实际尺寸大小分成若干对应的组进行装配，同组零件具有互换性	（1）配合精度很高，加工公差放大，经济性好；（2）增加了对零件的测量分组工作，并需加强零件储存和运输管理；（3）各组的配合零件数不可能相同，为避免库存积压，加工中应采取适当的调整措施	成批大量生产中装配精度较高、零件数很少、又不便于采用调整装配的生产	（1）各零件的公差应相等，放大方向应相同；（2）分组数目不宜过多，一般为 2～4 组；（3）应严格组织对零件的精密测量、分组、识别、储存和运输
	复合选配法	将直接选配与分组选配两种方法复合放大配合零件的加工公差，零件按加工后的实际尺寸分组，装配人员凭经验在几组零件中挑选合适的互配件进行装配	除上述两种选配法的特点外，在不增加分组数的情况下，可提高装配精度		
调整法	固定调整法	选用一个合适的定尺寸调整件，如垫片、垫圈、套筒等来补偿各装配件的误差对装配精度的影响	（1）零件可按经济精度加工公差制造，能获得较高或很高的装配精度；（2）装配较方便，可在流水作业中应用；（3）增加了调整环节，在一定程度上会影响配合件的刚性	除必须采用分组选配法的精密配件外，可用于各种装配场合	定尺寸调整件公差需用尺寸链法计算，应有几组不同的尺寸规格，其分组数按精度要求确定

装配工艺方法		工艺内容	工艺特点	适用范围	注意事项
调整法	可动调整法	采用可动调整件，装配时移动可动调整件来改变装配零件之间的相互位置，满足装配精度要求	除具有固定调整法中（1）（3）的特点外，调整时不必拆下部分零件	除必须采用分组选配法的精密配合件外，可用于各种装配场合	采用可动调整件应考虑防松措施
	误差抵消调整法	改变装配零件之间的相互位置，使各零件在装配中相互抵消其加工误差所产生的影响，以获得最小的装配累积误差	可提高装配精度，但装配质量在一定程度上取决于工人的技术水平		调整时应先测出配合件的误差相位，使装配时配合件之间能处于最好的位置
修配法	单件修配法	选择一合适的零件作为修配件并预留修配量，在装配过程中进行补充加工，以保证装配精度	（1）零件按经济精度加工，通过修配可获得很高的装配精度；（2）增加了装配时的手工修配或切削加工；（3）采用手工修配，装配质量很大程度上依赖于工人的技术水平	单件、小批生产中装配精度要求高的场合下采用	（1）应选易拆装且修配面较小的零件作为修配件；（2）应进行尺寸链计算，使修配量大小适宜；（3）尽量利用切削加工代替手工修配
	综合消除法	将装配尺寸链较长、精度要求较高的配合件，在组装后作为一个整体，再进行一次精加工，综合消除其累积误差	容易保证质量		同单件修配法的（2）

3. 按照装配的零件类型划分的装配类型

按照装配工艺过程中装配的零件类型可以将装配工艺划分为机械结构件装配、电气连接和配线装配和电子线路板装配。机械结构件装配的对象主要是各种机械加工零件，其零件的刚性较高。电气连接和配线装配的对象为各种电气元件、管路和线缆等。电子线路板装配的对象为电子线路板，主要操作是将各种电子元器件、集成电路等安装和焊接到集成电路板上。

1.3 装配的实现

在总体装配设计中，还需要综合考虑人的因素、装配机械的使用、装配顺序以及装配中的防差错处理等问题对设计的影响，在总体设计上，采用相应的设计手段保证装配工艺过程的顺利实现。

1.3.1 人的因素

操作人员有较强的判断能力，但是人的手臂在工作幅度、抓握、举重和支撑力等方面则是有限制的。例如，单个操作人员不能执行需要 3.7 m 手臂工作幅度或者需要 3 只手的装配操作。另外需要一个人以上的装配工序则难以进行和协调，因而应尽量避免。

本书第 3 章将对手工装配中可装配性因素操作人员的特点、生理限制，以及一些需要特殊考虑的设计问题进行详细分析。考虑到人的因素可能与减少装配件中零件数量的愿望相矛盾，在这种情况下，就应优先考虑人的因素。

1.3.2 装配机械的使用

即使在手工装配中，装配工人也需要使用大量的装配机械和辅助设备，在自动装配中，更需要考虑在零件输送、机器抓取、机器装配中辅助装配机械的运动、零件的定向、装配力的控制等因素。

1. 机械判断

自动化的装配机械缺乏类似于人的逻辑判断的能力。当让一个人将轴承装进一根轴时，他可以感觉轴承是否已进入轴。而当一台简单的机器做同样的工作时，它就缺乏根据感觉来调整位置的能力，因此必须将零件精确地定位和定向。在产品设计时，与进行机械加工一样，也必须考虑用于装配工序的精确定位和夹紧的平面。在零件中设计经过机械加工的平面和精确的定位孔，可使机械装配中更容易精确定向和施加装配夹紧力，方便装配工序的实现。如具有供密封用的机加平面的发动机匣、具有供安装齿轮轴用的精密孔的齿轮箱都是这些方法的例子。

2. 装配力

一旦主要零件或壳体已精确地放置在装配机械上，就可以考虑单个零件的装载。一般情况下，装配力是很小的，但是有时用机械加压就会使装配力增大。若想装配件的主体部分承受住装配工具的力量，必须考虑在装配机上进行的加压、机械加工、加热等因素。越高的生产率要求其装配中的装配力越大。

3. 零件运动

零件要以简单的、较短的直线运动放置到装配件主体上，如果不可能，则提供便于工具运动的空隙，应该尽量避免将旋转和直线运动综合在一起，因为这些动作通常需要两个或更多的工作站位。复合装配运动常常需要分开的特殊动作甚至是单独的机器。涡轮机叶片装配就是复合装配运动的典型例子。

装配过程中的装配动作以及连接力和传输力的分布对于装配机械和装配单元的开发

是非常重要的依据。

4. 装配工装

除了装配动作外，也应该考虑装配中放置零件的空间和工具的操作间隙。按照分解来考虑，假如没有供抓紧零件的空间或将其推出来的空间，就难以将零件装入待装位置。如果需要精确对准，则除了空隙以外，还需要工装定位。如有力矩要求的连接部位，要考虑力矩扳手的施工通路和开敞性。对于内部空间紧凑、装配元件和环节多的产品，可设计成单独的装配单元进行成组装配，即设计几个部组件构成组合体，在产品中进行组合体的装配。

5. 装配单元的开敞性

在结构设计中应力求使装配单元具有一定的开敞性，以便于进行整件、成套设备及其附件的拆装、调整、维护和检查，便于装配的清理和工具的更换。如导弹产品设计中为了避免装配过程中多余物的产生，或为了多余物产生后能便于清理，在结构设计上应尽量不采用封闭式结构。若不得已采用封闭式结构，可设计可卸壁板或可卸口盖，预留出结构内部连接、排除故障及清理多余物的通路。

6. 作为装配手段的产品设计

在所有情况下，各种倒角、导向平面都会提高装配件的生产性。铆钉就是一个很好的例子。由于热成形方法和生产厂家不同，铆钉的倒角是不同的，因而在配套零件上增加一个倒角将提高装配件的生产性。

在冲压零件上，冲孔的方向是重要的。只有孔的上部材料能被整齐地剪掉，其下部是被撕掉的，孔的尺寸通常需要扩大 10%，而且冲孔将会使金属变形，使其稍呈凸鼓形，在冲孔的方向有冲孔引起的毛刺。这些情况的任何一种，对自动装配都是有害的。另外配合零件上各种组孔的相互关系对装配也是至关重要的，因为一组孔和另一组孔之间的相互关系能为完成某一正确的装配提供初步的对准。这样的几组孔应采用共同的设计基准，标注尺寸和定位，在装配夹具上也应保持这种共同的基础。

1.3.3　装配顺序

在装配设计中须考虑装配的方便性和装配中的检查以及维修中的装配顺序，应按照合理的装配顺序进行装配，并保证重要零部件的装配顺序。在装配操作顺序上，有两个主要因素是产品设计者应予以考虑的，一是形成产品的装配顺序，它主要影响装配工作的方便性或效率；二是装配过程中对装配件的检查和修理中的拆卸顺序。

1. 装配方向

在手工或自动化装配中，改变被装配单元的位置是多余的动作，因而是有损于生产性的。对于小零件，若不直接从上方进行装配，是很难的。大零件的手工装配可以从侧面进行，若是在零件内部或下面进行装配也是很困难的。因此，除直接从上方进行装配以外，从其他方向进行装配是设计中应该认真考虑的一个主要问题。

2. 装配方法

设计者应该使装配能够呈夹心形式或层状，也就是每个零件置于原先已装配好的零件的上面通过重力使零件的馈送和安放较为容易。工作头和馈送装置位于装配机械的上方，可使装配工人方便地接近和取出已送进的有缺陷的零件。

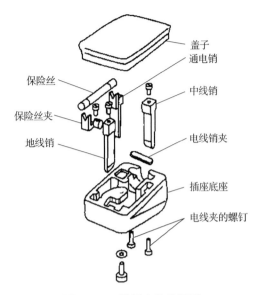

图 1-6　三销插座的分解图

盖子
通电销
保险丝
中线销
保险丝夹
电线销夹
地线销
插座底座
电线夹的螺钉

零件从上方装配也有利于解决在机床换位时间内零件要保持正确位置的问题，特别是在水平面上的加速度力有可能使工件发生移动时。在这种情况下，对自定位零件的正确设计，应使零件在被紧固或卡牢以前，依靠重力保持位置。若零件不可能从上方装配，则最好将装配件分解成构件。图 1-6 为三销插座的分解图。这种产品用机械装配时，电线夹的两只螺钉从下方定位和拧紧是比较困难的。装配件的其他零件（除了主要的固定螺钉外）从上面装进基座则很方便。在这个例子中用主装配机装配以前，可当作构件处理单独装配。

3. 装配过程

在机械化装配中，通常需要一个可以在它上面进行装配工作的基准零件。基准零件要具有便于工件托架快速准确定位的特点。如图 1-7 （a） 所示，为基准零件设计一个合适的托架是很困难的，在这种情况下，如果在 "X" 处施力，除非有适当的夹紧，否则零件会旋转。保证基准零件稳定的一个方法是调整零件使其重心保持在水平的平面内。如图 1-7 （b） 所示，在零件上加工出一个凹台，就可使托架设计得简单而有效，常常使用托架上的定位销使基准零件在水平面定位。为方便基准零件装入托架，可将定位销设计成便于导向的锥形销，如图 1-8 所示。

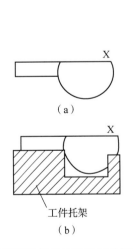

X

（a）

X

工件托架

（b）

图 1-7　便于基准零件定位的工件托架设计

（a）基准零件；（b）带工件托架的基准零件

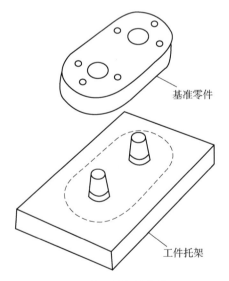

基准零件

工件托架

图 1-8　用锥形销钉简化装配

4. 装配过程中检查和修理的装配顺序

在装配过程中，如果对部分已经装配好的单元尽早测试和检查，可以避免多余的拆卸以及由此引起的元件损坏而造成的花费。为此应该先装配工作单元部分，后装配外壳和箱体。所以只要有可能，产品设计者就应将工作单元同壳体分开。在重要的元件被遮挡不能看到和变成无法接近之前，应能对它们进行测试。

1.3.4　装配中的防差错处理

在装配设计中，应当考虑工人长时间在装配现场进行产品装配，可能出现的各种质量问题。防差错设计可有效地减少或杜绝工人操作失误或装配批量大而产生的装配质量问题。防差错设计包括减少装配差错、防止装配遗漏和消除装配顺序差错等 3 种设计措施。

（1）减少装配差错的设计。

为了减少装配中出现差错的可能性，可采用以下设计措施。

①采用标准件。手工装配中，如果只有种类较少的、标准的零件，则大大降低了装配工人拾取错误零件的可能性。

②设计对称零件。对称零件可防止零件插入错误的方向。

③如果不能将零件设计成对称，则应当使零件设计得明显不对称。

④使不同的零件差异十分明显。如果零件仅在材料或者内部结构上不同，则装配中非常容易出错。应当使不同的零件在外部具有明显的差异。这点对于快速装配线上的手工装配尤其重要。

⑤使错误的零件不能安装。零件应当设计成只能将正确的零件装配到正确的位置。其他零件不能安装。

⑥防止零件装配到错误的位置上。采用适当的防差错设计，使零件无法装配到错误的位置上。

⑦零件不能在错误的方向装配。采用防差错设计，使零件不能按照错误的方向装配。

（2）防止装配遗漏的设计。

在产品设计中可以采用以下措施防止装配中出现装配遗漏。

①应当在设计中保证装配遗漏不可能发生。零件上设计特别的形状。如果装配中遗漏了某个零件，后续装配的零件应当无法安装。

②在后续装配中应当可以察觉到前面装配中遗漏的零件。在装配中，工人应当可以发现前面装配工序中遗漏的零件。如在齿轮传动系统设计中，如果工人装配中不能自由转动齿轮，则可能在前面装配中出现了遗漏。

③在设计中应当使装配中零件的遗漏明显可见，并在检验中也能够非常容易地发现。

（3）消除装配顺序差错的设计。

①为了保证装配顺序，在设计中应该采用独立的装配单元。

②装配中可以采用灵活的装配顺序，使零件的装配顺序与零件无关。

③在设计中，考虑采用特殊的零件形状和结构，使装配中不能按照错误的装配顺序进行装配。

④设计中使零件的装配顺序容易识别。例如，在零件上使用明显的标识表示装配顺序。

1.4 装配工艺规程

装配工艺规程是企业内指导装配工作的技术文件，也是进行装配生产计划及生产准备、车间生产管理的主要依据。装配工艺规程的制定需要在充分研究产品结构和企业生产能力、生产条件的基础上，选择合理的装配方法，确定装配顺序和生产节拍，合理组织安排车间装配作业场所，并设计相关的装配工装，设计装配检验方法和测试设备，最终满足产品性能、精度的要求，满足生产经济性，提高装配效率。

1.4.1 装配工作的原则

在制定装配工艺规程时，应尽量采取各种技术和组织措施，应用科学、可靠的方法和步骤，合理安排装配作业方法、装配顺序和作业计划，以保证产品装配质量，提高装配效率，缩短装配周期，减轻工人劳动强度和节省车间生产面积。装配工作总的指导原则有以下几方面。

（1）提高装配质量，使产品性能具有一定的精度储备，以保证产品质量并延长其使用寿命。

（2）减少装配工作量，尤其是手工调整和修配的工作量。

（3）采用合理的方法和工具，提高装配效率，降低装配劳动强度，提高装配自动化水平。

（4）合理安排工序和装配节拍，使装配过程易于组织和控制。

（5）缩短装配中生产准备、装配操作、质量检验的时间，缩短装配周期。

（6）保证装配中操作的安全。

（7）占车间生产面积小，使单位面积上生产率最大。

1.4.2 装配工艺规划前的技术准备

产品装配工艺人员应当从产品总体设计阶段起就开始参与产品总体方案的制订，在设计中按照装配工艺的要求，确定装配基准、设计分离面与工艺分离面，制定产品设计补偿与工艺补偿方法，从而提高产品的可装配性。在设计过程中进行产品装配工艺性的审查，通过采用新工艺、新方法改进产品设计，根据设计要求提前进行装配工艺的攻关。

在进行装配工艺规划前，工艺人员应当对产品结构、性能要求进行详细深入的研究，对企业的工人技能水平、设备情况有全面的了解，明确零部件供应、生产批量、交货期等生产要求。在详细的装配工艺规划前，具体的技术准备内容包括以下几点。

（1）检查所有产品图样、技术文档的齐全性，检查设计文件的技术状态。

（2）研究产品的总装配图、部件装配图和零件图，弄清楚产品的质量要求及标准，明确装配工作中应保证的技术条件。

（3）进行装配尺寸链计算，进行产品装配工艺性、零件的毛坯制造、机械加工工艺性分析。

（4）进行产品分解，将产品分解为可独立装配的"装配单元"，以便于组织平行装配和流水装配。

（5）根据产品的生产纲领批量、生产周期确定装配周期。

（6）明确装配作业形式，确定装配所需的场地面积、设备和工装。

（7）确定装配作业的技术规范与检验标准。

1.4.3　装配工艺设计的主要内容

大型复杂产品的装配工艺设计主要包括了装配工艺总方案、部件装配工艺和产品总装工艺的设计。不同的企业和产品类型下装配工艺设计的内容和工艺文件不尽相同。装配工艺设计的主要内容包括以下几点。

（1）制订工艺总方案，包括生产的互换性协调原则、工艺装备选用原则、装配中的标准规范等。

（2）制定装配工艺流程图，确定零部件和产品的装配顺序。

（3）按产品的性质、结构特点、设备和人员水平、生产场地等，选择可以保证装配精度高、装配工艺质量稳定、经济性好的装配方法。

（4）按生产规模、装配周期、厂房和设备条件、资金投入等实际情况决定装配的组织形式。

（5）划分装配工序，计算平行作业、流水装配的生产节拍和工时定额，实现均衡生产。

（6）确定装配所用工具、设备，设计专用的工装和测试装置。

（7）按照装配技术要求制定验收标准和方法。

（8）完成工艺文件制定和审核。

1.5　可装配性设计与评价

1.5.1　面向装配的设计

面向装配的设计是指产品的设计需要具有良好的可装配性，确保装配工序简单、装配效率高、装配质量高和装配成本低等。面向装配的设计通过一系列有利于装配的设计指南实现，常用的方法包括简化产品设计、减少零件数量、使用标准件、增加零件装配定位和导向、减少零件装配过程中的调节、零件装配模块化和装配防错等。

面向装配设计的研究对象是产品的每个装配工序，通过产品设计的优化，产品的每个装配工序具有表 1-1 列出的最好的装配工序的特征，每个装配工序都是最好的装配工序。面向装配设计的目的如下：①简化产品装配工序；②缩短产品装配时间；③减少产品装配错误；④减少产品设计修改；⑤降低产品装配成本；⑥提高产品装配质量；⑦提高产品装配效率；⑧降低产品装配不良率；⑨提高现有设备使用率。

1.5.2 可装配性评价

产品的可装配性评价一般兼顾两个方面的要求：技术要求和经济要求。在技术层面，装配必须合理、可行，即装配体的形成必须是可行的，这是前提。可装配性的技术要求包括四个层次：①零件易于识别、便于抓取、易于操作；②装配位置可达、定位可靠；③装配顺序和装配路径合理；④便于检测。可装配性在技术层面也可分为两个方面：①结构设计；②人机功效。在经济层面，在保证装配质量的前提下，尽可能降低装配成本，从而降低总的生产成本，这是产品在市场上占据主动的必要条件。可装配性的经济特性主要考虑装配操作效率、装配资源的消耗和装配公差的分布等。

可装配性评价按照性质可分为量化评价与公理化定性评价。

原理上，可装配性的量化评价方法有两种：成本分析法和加权平均法，二者各具优缺点。可装配性两个方面的特性并非互不相干，用装配操作所需消耗的成本来衡量装配实现的技术难度已被视为一种行之有效的方法。因此，可以通过成本分析量化产品的可装配性。另一种方法是先对各级评价指标赋予相应的权重，按一定标准打分，然后自低向高逐层加权汇总，即可得到可装配性的总评分值。根据量化评价方法，可装配性评价可以分为查表评价、模糊评价、基于信息熵与基于结构复杂度的评价方法。

早期的 DFA 中对产品的可装配性评价为公理化定性评价，在早期的 Boothroyd 的 DFA 方法中，产品的可装配性是通过三条原则进行优化的。Boothroyd 根据大量的实验与经验，总结出影响产品可装配性的因素，并针对每种因素的测量值给出对应的装配时间估计，以理论最短时间与实际装配时间的比值作为产品的可装配性评价指数，即 DFA 指数。Lucas DFA 方法从产品装配设计的功能零件比例、零件操作性与零件匹配性三个方面评价产品装配难度，基于评分表得到产品装配难度的量化值。Hitachi 的 AEM（可装配性评价方法）将装配中可能涉及的动作进行编码，并以"向下装入"动作为基础动作定义了每个动作的惩罚值，最后统计产品装配过程中所有动作的惩罚值计算产品可装配性的量化值，即 AEM 分数。

对可装配性的影响因素的研究中，除了利用专家经验和对照数据库的方式进行定性评价的方法外，许多国内外学者采用建模的方法描述可装配性影响因素对产品可装配性的作用，将其分为基于模型的抽象评价和基于仿真的实践评价。基于模型的抽象评价是指将可装配性影响因素进行抽象化处理，分析其中的数学原理和物理规律，采用数学模型或者物理模型来描述可装配性影响因素对可装配性的影响。基于数学模型的评价方法简便有效，但难以反映可装配性影响因素所包含的物理规律，因此许多学者基于装配过程中的装配特征之间的物理作用以及人体动力学因素建立了基于物理模型的可装配性因素量化模型。基于物理模型的量化评价方法更加全面地考虑了影响因素中的物理规律，很好地解决了对非人为因素的可装配因素量化问题。但由于人的主观能动性难以用数学模型或者物理模型进行描述，基于模型的抽象评价对含有人的因素的可装配性影响因素进行量化表示难以满足真实性要求。因此，许多学者采用仿真方法量化评价含有人的因素的可装配性影响因素。早期的研究多采用 DELMIA、Jack 等产品生命周期管理（product lifecycle management，PLM）软件在虚拟环境中对产品可装配性进行分析和研究，但传统的 PLM 软件一般通过虚拟假人与动画关键帧设置对装配过程中的人的因素进行仿真分析，存在依赖工程师的专业知识、操作烦琐与功能较为单一的问题，随着虚拟现实技术的普及，越来越多的学者采用更具直观性、交互性与启发性的沉浸式虚拟现实系统对产品的可装配性进行研究。

1.6　虚拟现实技术

虚拟现实是从英文 virtual reality 一词翻译过来的，简称 VR，是由美国 VPL Research 公司创始人 Jaron Lanier 在 1989 年提出的，目前在学术界被广泛使用。钱学森院士将其翻译为"灵境"。virtual 是虚拟的、模拟的、接近实际的，本意是表现上具有真实事物的某些属性，但本质上是虚幻的。reality 是现实、实际情况、事实、实际经历、见到的事物，其本义是"真实"而不是"现实"。

1.6.1　虚拟现实及其特点

究竟什么是虚拟现实呢？从功能上讲，首先虚拟现实是用计算机图形学对真实世界的一种仿真模拟，而且这个世界不是静止的，它可以对用户的输入（手势、动作、声音、视线等）做出响应。这样定义了虚拟现实的关键特征——实时交互。实时指的是计算机捕捉到用户的输入并同时修改虚拟世界，人们也希望看到虚拟环境根据他们的命令发生变化，从而被整个仿真模拟所吸引，产生了身临其境的感觉，即沉浸感。实时交互对用户产生沉浸感具有非常重要的作用，即让用户感觉置身于虚拟环境现实的情境中。

作为一种高级的人机接口技术，虚拟现实还应能解决实际工程、医疗和军事等问题的应用。如何才能使虚拟现实解决实际问题呢？众所周知，人类解决实际问题的能力很大程度上依赖于想象力。所谓的想象力是人在已有形象的基础上，在头脑中创造出新形象的能力。比如当说起汽车，人马上就想象出各种各样的汽车形象。因此，想象一般是在掌握一定的知识面的基础上完成的，是在你头脑中创造一个念头或思想画面的能力。基于计算机图形学构建的虚拟现实环境，给人类提供了一种很好的想象力基础，即虚拟现实的构想性。当然，虚拟现实的构想性取决于虚拟现实的应用开发，也取决于强大的人机交互能力，才能把人类的构想通过可视化输出。

VR技术使得人从被动转为主动接受事物，人们从定性和定量两者集成的环境中，通过感性认识和理性认识主动探寻信息，深化概念并进而产生认知上的新意和构想。

美国科学家 Burdea G 和 Philippe Coiffet 在 1993 年世界电子年会上发表了一篇题为"Virtual Reality System and Applications"的文章，在文中首次提出了虚拟现实技术的三大特征，即 immersion（沉浸感）、interaction（交互性）、imagination（想象性），简称 I^3 特征，如图1-9所示。

沉浸感：计算机产生一种人为虚拟的环境，这种虚拟的环境是将通过计算机图形构成的三维数字模型，编制到计算机中去产生逼真的"虚拟环境"，从而使得用户在视觉上产生一种沉浸于虚拟环境的感觉，这就是虚拟现实技术的沉浸感或临场参与感。

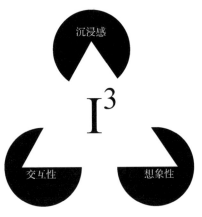

图1-9　虚拟现实三角形

交互性：虚拟现实与通常 CAD（computer aided design，计算机辅助设计）系统所产生的模型以及传统的三维动画是不一样的，它不是一个静态的世界，而是一个开放、互动的环境，虚拟现实环境可以通过控制与监视装置影响使用者或被使用者影响，这是 VR 的第二个特征，即交互性。

想象性：虚拟现实不仅是一个演示媒体，而且还是一个设计工具。它以视觉形式反映了设计者的思想，如当在盖一座现代化的大厦之前，你首先要做的事是对这座大厦的结构、外形做细致的构思。为了使之定量化，你还需设计许多图纸，当然这些图纸只能由内行人读懂，虚拟现实可以把这种构思编成看得见的虚拟物体和环境，使以往只能借助传统沙盘的设计模式提升到了数字化的即看即所得的完美境界，大大提高了设计和规划的质量与效率。这是 VR 所具有的第三个特征，即想象性。

这三个特征都不是孤立存在的，它们之间相互影响，每个特征的实现都是依赖于另外两个特征的实现。具备 I^3 特征的虚拟现实技术，使得参与者能在虚拟环境中沉浸其中、超越其上、进退自如并自由交互。它强调了人在系统中的主导作用，即人的体验在整个系统中最重要，是虚拟现实系统的核心。因此，交互性和沉浸感这两个特征是虚拟现实与其他相关技术（如三维动画、科学可视化、多媒体等）的本质区别。简而言之，虚拟现实是人机交互内容和交互方式的革新。

逻辑上，交互是沉浸的手段、沉浸是构想的基础、构想是虚拟现实的目标。因为人可以和虚拟环境进行交互，你便有置身于虚拟环境的感觉（沉浸），通过沉浸，你才能更好地发挥想象力（构想），有了想象力，你才能利用虚拟现实去解决实际中存在的问题。例如，你很容易看到图1-9中的三角形，但是它只存在于你的想象中。再如，在虚拟环境中，你在轴上装配一个齿轮时，若齿轮可以从轴的一端移动到轴的另一端，且齿轮可以在轴上转动，你就知道轴上缺少齿轮的定位结构，你便可以在轴上添加齿轮轴向定位结构（轴肩）和周向定位结构（平键或花键），这样，你就解决了齿轮在轴上的定位问题。

1.6.2　虚拟现实发展简史

本书从影响虚拟现实技术发展的角度，梳理了 1916 年到 2016 年虚拟现实技术本身在发展历程中的里程碑事件，这些事件可能是技术驱动、市场驱动、一个概念的驱动或市场的力量导致的，以使读者可以基本了解虚拟现实的发展历史。

1929 年，Edwin Link 研制了世界上第一个简易的机械飞行模拟器，包括带有驾驶舱和控制装置的类似机身的装置，可以产生飞行的运动和感觉。令人惊讶的是，他的目标客户军方最初并不感兴趣，所以他转而卖给了游乐园。到 1935 年，陆军航空队订购了 6 套模拟器，到了第二次世界大战结束时，Link 已经售出了 10 000 个模拟器。Link 模拟器最终演变成了宇航训练模拟器和先进的飞行模拟器，包括运动平台和实时计算机生成的图像，即现在的 Link Simulator & Training。自 1991 年以来，Link 高级模拟和培训奖学金计划资助了许多研究生，使之在改进 VR 系统方面做出努力，包括在计算机图形学、延迟问题、立体音频、化身和触觉中的工作。

20 世纪 50 年代，莫顿·海利格设计了一种头戴式显示器（head-mounted display，HMD）和一种地面固定显示器。这种头戴式显示器能够提供 140° 水平和垂直视野的透镜、立体声耳机、不同温度下提供微风感觉的排气喷嘴和气味。他把固定现实装置称为 "Sensorama"，提供了大视场的立体彩色视图、立体声、座椅倾斜、振动、气味和风。

Ivan Sutherland 继承和发展了 Heilig 的头戴式显示器。1966 年，Sutherland 在用户眼睛前绑上了两个 CRT（cathode ray tube）显示器。现在的 HMD 在用户头部安装两个微型 LCD（liquid crystal display），从配置角度和 Sutherland 的 CRT 显示器并没有太大区别。由于那时的 CRT 显示器很重，所以 Sutherland 使用了一副机械臂来负担显示器的重量，如图 1-10 所示，该机械臂还有检测用户视线的功能。现有的 HMD 使用非接触式位置跟踪器，如 HTC 的 Lighthouse 采用红外光学跟踪技术。

在研究头戴显示器的过程中，Sutherland 意识到可以用计算机生成的场景代替照相机拍摄的模拟图像，并开始设计这样的"场景生成器"，这是现代图形加速器的雏形。

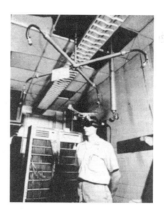

图 1-10　Ivan Sutherland
的头戴显示器

图形加速器已成为 VR 硬件的重要组成部分。早期的图形场景生成器大约于 1973 年由 Evans 和 Sutherland 研制成功，但是只能显示 200~400 个简单多边形构成的场景。

1965 年，Ivan Sutherland 发表 *The Ultimate Display*（《终极显示》），被誉为"虚拟现实之父"。在《终极显示》一文中，Sutherland 对虚拟世界的想法不仅仅局限于图形，他预言触觉和力反馈将加入进来，使用户能感觉到他们看见的虚拟对象。他认为可以把计算机显示器作为通往虚拟世界的窗口。对于这个概念，他是这样描述的："通过这个窗口，人们可以看到一个虚拟的世界，富有挑战性的工作是怎样使那个虚拟世界看起来更加真实，在其中行动真实，听起来真实，感觉就像真实世界一样。"Sutherland 的设想是计算机构建一个虚拟的物理世界，观众可以与其进行交互。

20 世纪 80 年代，最著名的莫过于 VPL Research。这家 VR 公司由 VR 先行者 Jaron Lanier 在 1984 年创办，创立后推出一系列 VR 产品，包括 VR 手套、VR 头显、环绕音响系统、3D 引擎、VR 操作系统等。尽管 VPL Research 公司开发的这些产品价格昂贵，但其是第一家将 VR 设备推向民用市场的公司。1989 年，Jaron Lanier 正式提出了虚拟现实，并得到了大家的正式认可和使用。虚拟现实技术是指采用计算机技术为核心的现代高科技手段生成的一种虚拟环境，用户借助特殊的输入/输出设备，与虚拟世界中的物体进行自然的交互，并通过视觉、听觉和触觉等获得与真实世界相同的感受。

20 世纪 90 年代，与虚拟现实相关的创新继续发展，不再仅仅是简单地呈现视觉图像。新的交互概念开始出现，即使在今天的虚拟现实系统中也被认为是新奇的。1992 年，Sense8 公司开发 "WTK" 软件开发包，极大地缩短虚拟现实系统的开发周期；1993 年，波音公司使用虚拟现实技术设计出波音 777 飞机；1994 年，虚拟现实建模语言的出现，为图形数据的网络传输和交互奠定基础；1995 年，任天堂推出了当时最知名的游戏外设设备之一 Virtual Boy。不过这款革命性的产品，由于各种原因，并没有得到市场的认可。

20 世纪 90 年代，大视野是消费级 HMD 的一个主要缺失部分，没有它，用户就无法获得 "神奇" 的存在感。2006 年，南加州大学 MxR 实验室的 Mark Bolas 和 Fakespace 实验室的 Ian McDowall 发明了一个具有 150°视野的 HMD，命名为 Wide5。该团队还研制了低成本的 Field of View To Go（FOV2GO）头戴显示器，该显示器在加利福尼亚州奥兰治县的 IEEE VR 2012 会议上展出，获得了最佳演示奖，是当今大多数消费级 HMD 的雏形。大约在那个时候，一个名为 Palmer Luckey 的实验室成员和 John Carmack（Oculus 的首任首席技术官）组建了 Oculus。两年之后的 2014 年，Oculus 被互联网巨头 Facebook 以 20 亿美元收购，该事件强烈刺激了科技圈和资本市场，沉寂了那么多年的虚拟现实，终于迎来了爆发。VR 的新时代诞生了。

2014 年，各大公司纷纷开始推出自己的 VR 产品，谷歌放出了廉价易用的 Cardboard，三星推出了 Gear VR 等。消费级的 VR 在此阶段开始大量涌现。短短几年，全球的 VR 创业者暴增，2014 年 VR 硬件企业就有 200 多家。

2015 年 3 月，HTC 与 Valve 联合开发的一款 VR 头显产品，在 MWC2015 上发布。由于有 Valve 的 SteamVR 提供的技术支持，因此在 Steam 平台上已经可以体验利用 Vive 功能的虚拟现实游戏。2016 年 6 月，HTC 推出了面向企业用户的 Vive 虚拟现实头盔套装——Vive BE（即商业版），其中包括专门的客户支持服务。2016 年 11 月，HTC Vive 头戴式设备荣登 2016 中国泛娱乐指数盛典 "中国 VR 产品关注度榜 top10"。

美国马里兰大学教授 Ben Shneiderman 在 *Leonardo's laptop：Human Needs and the New Computing Technologies* 中提出 "The Old Computing is about Computers，The New Computing is about USERS！"。字面直译为"老的计算是关于计算机，新的计算是关于用户"。传统的信息处理环境一直是"人适应计算机"，而当今的目标或理念要逐步使"计算机适应人"，人们要求通过视觉、听觉、触觉、嗅觉，以及形体、手势或语音，参与到信息处理的环境中去，从而取得身临其境的体验。这种信息处理系统已不再是建立在单维的数字化空间上，而是建立在一个多维的信息空间中。虚拟现实技术就是支撑这个多维信息空间的关键技术。

1.6.3　虚拟现实辅助可装配性设计

众所周知，计算机辅助技术（computer aided technology）是以计算机为工具，辅助人在特定应用领域内完成任务的理论、方法和技术，如我们常用的 CAD、CAE（computer aided engineering）、CAM（computer aided manufacturing）和 CAPP（computer aided process planning）等。

CAD 技术主要面向产品详细设计和造型绘图阶段，而不足以支持产品概念设计、布局设计、装配设计，主要原因是 CAD 技术不太符合设计人员的习惯，即不能充分体现设计人员的创新设计思维活动等，此外，设计人员缺少自主性发挥的交互功能，缺乏身临其境的沉浸感，无法从全局上把握设计效果，而且，在这几种设计中都需要频繁地进行修改，而目前的 CAD 无法满足设计人员快速修改的条件。CAD 在产品装配和人机功效中存在的问题具体如下。

（1）产品装配。CAD 装配模块虽然定义了一些装配约束，但仍存在下列问题：①装配过程仅是以约束关系改变空间位姿，没有考虑零件的实体属性，故装配中，零件之间即使相互穿透也可完成装配。②装配是一个从初始位置到装配位置的瞬间变化，无法体现装配过程，缺乏装配路径。③仅是装配特征之间位姿的配合求解，没有约束比较和参数匹配的过程，即使无法装配或者结构设计不合理的零件也能实现装配，不具备产品实际装配的参考价值和指导意义。④约束一经指定，除非解除，不能改变。而实际的装配过程中，零件之间的约束条件是随着零件在空间中所处位置而变化。图 1-11 为 Pro/E 环境下两个零件的装配。

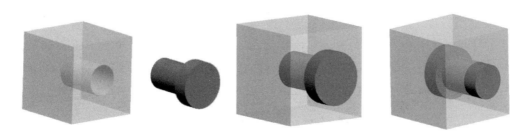

图 1-11　Pro/E 环境下两个零件的装配
（a）零件空间位姿；（b）正确装配；（c）错误装配

（2）人机功效。任何产品都是为人服务的，如设计好的零件要便于工人装配（搬运、定位、固定等）、汽车要便于人们驾驶、乘坐要舒适等。人机功效的研究方法有观察法、实测法、实验法、模拟和模型实验法、计算机数值仿真法、分析法和调查研究法。在人机功效研究中，人体模型是关键。

20世纪80年代，基于计算机辅助人机工程设计的三维数字人体建模系统研究逐渐成为热点。美国宾夕法利亚大学开发的Jack人体建模系统，是一个公认的较成功的人体仿真模型与功效评估软件。Jack的主要优势在于其灵活、逼真的三维人体仿真行为以及详细的三维人体模型，特别是手、脊柱、肩等部位的模型。

法国达索公司的DELMIA提供了工业上第一个和虚拟环境完全集成的商用人体工程模型。DELMIA/Human可以在虚拟环境中快速建立人体运动原型，并对设计的作业进行人体工程分析。人体工学仿真包含了操作可达性仿真、可维护性仿真、人体工学/安全性仿真，提供了姿态分析、视野分析、功效分析、人体作业仿真等。姿态分析：分析人体各种姿态，检验各种百分位人体的可达性和座舱乘坐舒适性，可用于检验装配维修是否方便。视野分析：生成人的视野窗口，并随人体的运动动态更新。设计人员可以据此改进产品的人体工学设计，检验产品的可维护性和可装配性。功效分析：对人体从一个工位到另一个工位运动所需要的时间、消耗的能量自动进行计算。人体作业仿真：在图形化界面下，用鼠标操作人体各个关节（joint），设置人体作业姿态。

Jack和DELMIA都属于计算机辅助设计范畴，虽已提供了丰富的人体模型建模与功能，但这些人体都需要人机交互（鼠标）进行设置，操作烦琐，需要设计人员具备很强的软件操作能力。如图1-12所示，为了模拟人胳膊的运动，设置人体行为和人体操作部件，包括关节、手腕等，还需设置移动速度等参数。

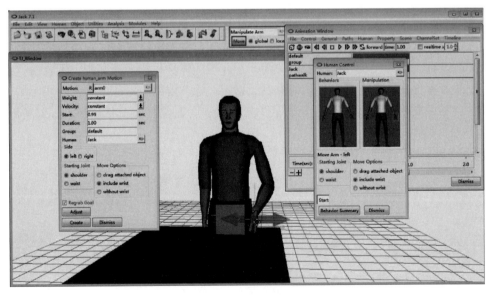

图1-12　虚拟人设置

虚拟现实辅助技术（VR-aided technology）是以计算机为工具，使用人员佩戴头戴式显示器，利用空间定位技术，在虚拟环境中通过手势、语音等人机交互方式与虚拟环境交互，辅助设计人员解决相关工程问题的技术。

目前，虚拟现实一般作为产品可装配性评价系统中的一个组成部分，其仿真结果用于为评价过程提供参考，或者用于修正评价结果。Marzano 等人利用自己开发的虚拟现实辅助可维护性测试平台对产品可维护性进行仿真，仿真结果用于修正 Jack 的预估数据。Yu 等人和 Guo 等人则利用虚拟现实技术对产品的可维护性仿真结果为产品可维护性模糊评价提供参考，以取代原有的利用专家评价与 PLM 仿真软件评价结果作为参考的评价方式。但基于虚拟现实技术的虚拟样机仿真的能力不止于此，Otto 等人提出利用系统的总体装配评价的性能，如是否能准确与自信地判断零件尺寸是否匹配，来评估虚拟装配评价系统的能力。因此，在未来发展中，基于虚拟现实技术的产品装配过程进行仿真应具备对产品装配性能直接预测的能力，可以直接得到产品的装配时间和装配成功率等性能指标，如 Louison 等人利用虚拟现实仿真平台验证了产品维护过程中的可达性。但受制于目前虚拟现实理论与技术水平，相关成熟的研究较少。

1.7　本书结构

本书围绕机械结构，以产品装配中的可装配性设计为重点，基于手工装配，介绍产品装配、可装配性以及评价，围绕可装配研究中的结构属性、人机工程开展介绍。

第 1 章针对产品设计中的装配问题，系统地介绍了产品装配过程、类型和方法，然后梳理了装配的实现、装配工艺规程和可装配性设计与评价，最后引入虚拟现实技术，介绍了虚拟现实及其特点和发展简史，针对计算机辅助设计中装配以及人机功效存在的问题，提出了虚拟现实辅助可装配性设计。

第 2 章围绕产品可装配性设计因素，介绍了零件装配的一些基本概念，并通过产品可装配性对装配工艺的影响，从零件数量、结构设计因素、公差因素、防错设计和人机工程因素等方面详细讨论了产品可装配性设计的方向。

第 3 章针对手工装配的可装配性因素进行分析，提出了影响产品可装配性的三种因素：零部件因素、工艺因素和系统因素，并重点从装配中搬运操作时间和插入操作时间两方面分析了影响因素，建立了分析模型。

第 4 章针对装配操作中影响装配效率的连接和紧固进行了介绍，分析了连接的重要性、目的、方法与分类，并给出了在设计中的考虑因素。

第 5 章针对手工装配的特点，介绍了影响手工搬运、手工插入与固定的一般设计原则，并对产品的可拆卸性和维修性设计进行了介绍，最后介绍了 Boothroyd DFA 评价方法。

第 6 章围绕虚拟现实辅助可装配性设计的需要，以手势识别设备 Leap Motion 传感器、人体捕捉设备 Kinect 为虚拟现实输入硬件，介绍各自原理，同时以 HTC Vive 虚拟现实系统为对象，介绍其构成、安装过程以及 Lighthouse 定位系统等，系统介绍虚拟现实的输入和输出技术。同时针对可装配性验证需要，深入阐述了虚拟手和虚拟人体的建模与交互。

第 7 章基于层次表达，介绍轴向包围盒（axis-aligned bounding box，AABB）、方向包围盒（oriented bounding box，OBB）和包围球（bounding sphere，BS）三种包围盒，分析了凸包、针对空间内的物体介绍了包围盒之间的相交性和刚体碰撞检测，最后简要介绍了虚拟控制手柄和徒手交互的行为建模。

第 8 章针对虚拟现实辅助可装配性验证的装配环节，围绕动态装配，介绍了零件数据信息、零件数据信息的提取及重构、装配约束的定义和求解算法、单一及多约束下动态装配的约束识别和约束管理逻辑等内容。

第 9 章首先介绍了虚拟现实辅助装配（virtual reality aided assembly）平台的开发架构，搭建了虚拟现实辅助装配平台架构，针对装配实例对平台的功能进行实验，验证了虚拟装配的理论可行性和虚拟环境下装配平台功能，同时也验证了该平台的信息反馈辅助机制。

第 10 章为补充章节，主要介绍了计算机 3D 图形学中涉及的一些数学知识，重点介绍了矩阵变换和欧拉角的计算方法，帮助读者系统理解虚拟现实辅助装配中零件位姿变换建模所涉及的理论。

第2章　产品可装配性设计因素

面向装配的设计旨在提高零件的可装配性，以缩短装配时间、降低装配成本和提高装配质量。本章从零件数量、结构设计因素、公差因素、防错设计和人机工程因素等方面介绍面向装配的设计原则，使读者详细了解面向装配的一些关键设计原则。其中最基本的原则就是 KISS 原则（keep it simple, stupid）：产品的设计越简单越好，简单就是美，任何没有必要的复杂设计都是需要避免的。把产品设计得复杂，是一件简单的事情；把产品设计得简单，是一件复杂的事情。最完美的产品是没有零件的产品。

2.1　零件装配基本概念

2.1.1　装配特征

装配是指把多个零件组装成产品，使得产品能够实现相应的功能并体现产品的质量。从中可以看出，装配包含三层含义：①把零件组装在一起；②实现相应的功能；③体现产品的质量。装配不是简单地把零件组装在一起，更重要的是组装后的产品能够实现相应的功能，体现产品的质量。装配是产品功能和产品质量的载体。装配特征是研究结构可装配性以及可装配性验证建模的基础环节，但装配特征的定义一直比较复杂。文献中的一些装配特征的定义如下。

（1）不同零件之间两种形式特征的关联（Shah and Tadepalli, 1992）。

（2）组件之间的基本关系（Lee and Andrews, 1985）。

（3）组件之间包含配合关系的基本连接特征（Chan and Tan, 2003）。

（4）基本关系和配合形式特征的集合（Sodhi and Turner, 1991）。

（5）一个适用于需要由关系相关联的两组零件的通用解决方案，从而解决设计问题（Deneux, 1999）。

（6）指定一对装配元件之间关系的元素（STEP AP 1102）。

（7）由连接器定义的可影响装配操作的特定形式的特征（Zha and Du, 2002）。

（8）零部件和它们形状之间的媒介物约束决定了哪些自由度（DOF）被约束，哪些保持自由（Youcef-Toumi, 2006）。

Hamid Ullah 和 Erik L. J. Bohez 综合了上述学者对装配特征的观点之后，给出了装配特征的定义：与装配意图相关，配合零件之间两种形状特征的联系，装配意图包括装配关系、装配操作和装配自由度。

虽然这两位学者的定义囊括了装配关系、装配操作、自由度等装配信息，很全面地阐释了装配特征，但是，扩大后的装配特征未免显得冗余，大大地削弱了装配特征的实用性，而且混淆了装配特征和装配关系、装配操作以及装配自由度之间的关系，使得装配特征的分类变得很复杂。这一定义的后果就是让读者过度迷茫于装配特征的定义，从而对后续的工作不明确。简言之，很多人看完之后还是不清楚装配特征是什么，无法用一句话描述装配特征。对此，我们给出了装配特征的简化定义，把装配特征和几何特征、装配关系和装配操作等区分开来，明确地阐述了它们之间的关系。新的装配特征定义如下。

装配特征是与装配有关的零件特征的集合。从该定义可以看出，装配特征是一种特征，而不属于关系或者操作的范畴。装配特征包括几何特征中与装配有关的部分等。装配特征与几何特征的关系如图 2-1 所示。装配特征包括参与装配动作的平面、圆柱（轴、销）、球、槽（卡环槽）、凸台、螺纹、圆角、倒角、孔、锥、齿（直齿、斜齿、锥齿）、键（平键、渐开线花键、矩形键）等。

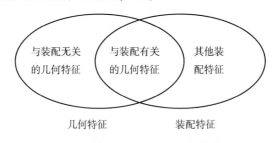

图 2-1 装配特征与几何特征的关系

如图 2-2 所示，零件 a 与零件 b 配合，端面和圆柱面均属于 a 的几何特征，圆孔面和外表面均属于 b 的几何特征，由于 a、b 的除圆孔面和圆轴面之外的其他几何特征均不与孔轴装配发生关系，故只有圆孔面和圆轴面属于装配特征。

图 2-2 轴孔配合

与装配有关的名词还包括装配关系、装配操作、装配自由度、单特征装配和多特征装配等。

2.1.2 装配关系

装配关系是两种或多种装配特征之间的关系，包括对齐关系和配合关系两大类。

1. 对齐关系

对齐关系包括点对齐、线对齐、面对齐。点对齐包括非中心点对齐和中心点对齐，非中心点对齐包括球面与球面之间、球面与平面之间的点接触关系等；中心点对齐包括球心对齐、球心和轴线上的点对齐等，比如球铰支座的球体和壳体就是球心对齐。线对齐包括边界线对齐和轴线对齐，边界线对齐包括圆柱面和平面之间、两圆柱面之间的相切等线接触；轴线对齐即同轴关系。面对齐即平行和共面。

2. 配合关系

配合关系是对齐关系的延伸，配合关系也称体对齐关系，即实现零件之间复杂表面的对齐，并可以根据工程需要实现相对运动。配合关系有轴孔配合、螺纹配合、齿配合、键配合、止口配合、销孔配合等。装配关系的分类可以用图 2-3 很清晰地表示出来。不同装配特征之间的装配关系如表 2-1、图 2-4 所示。

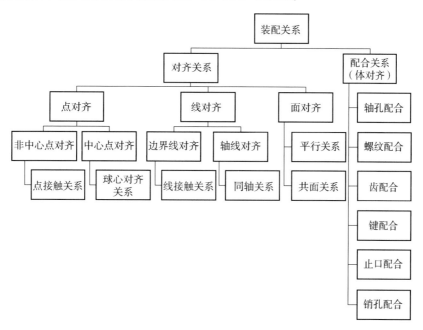

图 2-3　装配关系的分类

表 2-1　不同装配特征之间的装配关系

几何特征	平面	圆柱面	圆孔面	球面
平面	平行 共面	相切	无	相切
圆柱面	相切	相切 对齐	相切 同轴	相切 同轴
圆孔面	无	相切 同轴	同轴	相切 同轴
球面	相切	相切 同轴	相切 同轴	相切 同轴

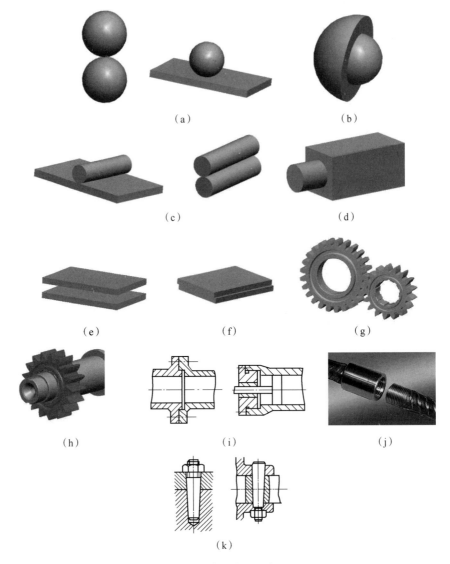

图 2-4 装配关系示意图

（a）非中心点对齐；（b）中心点对齐；（c）边界线对齐；（d）轴线对齐；（e）平行；
（f）共面；（g）齿配合；（h）（花或平）键配合；（i）止口配合；（j）螺纹配合；（k）销孔配合

2.1.3 装配操作

装配操作包括融合操作、配合操作、紧固操作，如图 2-5 所示。

（1）融合操作，即零件有融合过程的接合。例如，电焊、锡焊和铜焊。

（2）配合操作，是用特征实现机械连接或附件的方法。配合操作的关键是创建装配约束而没有装配特征的任何变形。例如平面-平面、楔形榫和肋-槽。配合操作的特殊之处在于无须增加零件而创建装配约束。

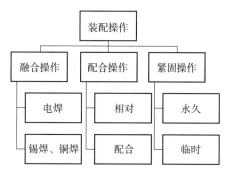

图 2-5 装配操作分类

（3）紧固操作。它需要增加零件来创建装配约束。增加的零件可以是紧固件或连接器。紧固件有两种主要形式：螺纹和无螺纹。螺纹紧固件包括螺栓、螺母和螺钉。无螺纹紧固件包括销子、钉子、铆钉、夹子、挡圈、键和垫圈。

2.1.4 装配自由度

自由度是指在三维空间中指定一个运动物体所需的独立坐标的数量。自由度分为定位自由度和装配自由度。

（1）定位自由度，指在一个组件中定位零件的运动方式所需要的独立坐标数。

（2）装配自由度，它是独立坐标的数量，需要唯一指定组件的运动序列后组装，更进一步地可分为运动自由度和锁定/联锁自由度。

①运动自由度。相对于它的基础组分，它唯一需要指定的是一个配合部件运动序列的独立坐标数目，作为某些功能的结果。它对机床和机器人装配非常重要。运动自由度又分为宏观自由度和微观自由度。

②锁定/联锁自由度。由于紧固件和/或连接件锁定或紧固两个零部件，在这种自由度下，装配的零部件相对于装配基体没有运动。它在机械装配中非常重要。如图 2-6 所示。

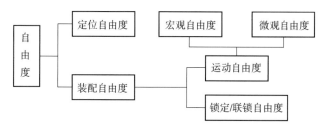

图 2-6 装配自由度分类

2.1.5 单特征装配和多特征装配

依据同时连接在一起的配合部件的特征数目，装配可以分为单特征装配和多特征装配。

（1）单特征装配：这是两组件彼此通过一个单一的配合特征相配合的装配类型。例如，用销配合具有孔的另一个组件，得到一个单一的销孔配合。

图 2-7　多特征装配

（2）多特征装配：这是两组件彼此通过多种特征同时连接配合的装配类型。例如，具有两个或更多个肋特征的元件，能够同时配合具有相同数目槽特征的另一个元件，得到肋-槽装配特征。图 2-7 为某综合传动装置的一个端盖，端盖与箱体通过 8 个螺栓连接，即 8 对螺纹配合同时起作用，这种现象就是多特征装配。

有了上述几个装配相关名词的概念，就可以完整地描述一个装配的过程：基于装配特征和装配关系，利用由装配意图驱使的装配操作实现一个装配过程。图 2-8 为一个装配过程的示意图。装配特征、装配关系、装配操作是一一对应的，对应关系如表 2-2 所示。

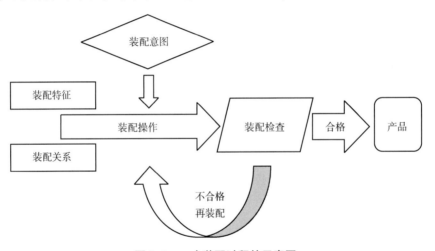

图 2-8　一个装配过程的示意图

表 2-2　装配特征、装配关系、装配操作对应关系

项目	基本		特殊	
装配特征	圆柱、圆孔	平面	花键	螺纹
装配关系	同轴	共面	花键配合	螺纹配合
装配操作	插入	贴合/对齐	定向插入	旋入
计算机辅助装配实现形式	轴线对齐	（1）面面有重合点 （2）法线共线	（1）轴线对齐 （2）使一个内花键齿和一个外花键齿配合	（1）轴线对齐 （2）面贴合

2.2　产品可装配性对装配工艺的影响

2.2.1　产品可装配性的基本概念

产品的可装配性也可以称为产品的装配工艺性、装配生产性，是指产品设计中所确定的材料、形状、结构、连接方式、精度等结构要素，在产品装配过程中对装配成本、装配效率、装配质量等的影响。为了在产品使用过程中进行方便的维修，也必须对产品进行拆卸操作，产品的可装配性一般也要考虑产品在维修过程中的方便性。同时还要考虑在产品报废后进行材料回收和再利用过程中对零部件的分解操作，这也是绿色制造的要求。

可装配性是产品结构工艺性的重要组成之一，产品的可装配性不仅影响了产品制造过程中的装配工艺，也对产品的最终质量、使用方式、产品维护等有一定的影响。

在设计的早期应当尽早从装配工艺过程的角度对产品进行评价，尽早地考虑产品结构、精度等对产品最终装配环节的影响。在设计的早期通过选择合理的零件材料，设计优化的产品结构，减少零部件的数量，采用方便灵活的连接方式等手段，提高最终装配的效率，降低装配成本，缩短整个制造周期，并提高企业设备资源的利用效率。通过指导性的手册对设计师进行指导，通过可装配性分析、仿真软件对装配过程进行评价。

2.2.2　产品可装配性对装配工艺过程的影响

产品的可装配性与产品的结构要素密切相关，主要包括材料、形状、连接方式、精度等。对于手工装配，产品设计应当满足人在操作中的限制，包括搬运的重量、手工抓取、手臂操作的空间和距离、视线的阻碍等。对于自动装配，产品设计应当满足在自动装配过程中零件的搬运、定位、连接、检验等工艺的要求，同时还应当满足在装配生产线上对装配节拍、装配工具、自动装配设备等的使用要求。

产品设计中确定了零部件的数量和组成关系，零件的形状和精度要求。根据产品的装配工艺过程，可以对不同产品的设计对最终的装配工艺的影响进行分析。

1. 对装配工序数量的影响

零件的数量和部件的划分决定了产品最终的装配工序的数量。由于在每个装配工序中都需要进行独立的装配操作，需要分配装配操作的工位和空间，如果需要，还将设计制造装配工装，并按照装配工序安排车间的生产调度、成品/半成品的库存，因此产品的零部件数量对最终的装配效率、装配成本具有重要的影响。

2. 对装配顺序的影响

产品装配中需要按照方便的操作顺序完成零部件的装配，合理的装配结构设计应使装配过程中可以方便地进行零件的搬运、插入和定位，减少由于不合理的装配顺序所引起的产品的重新定位与调整，并且使装配过程中零件稳定，不需要额外的工装进行固定和定位。

3. 对零件输送、搬运、抓取的影响

对于手工装配，零件的重量和尺寸应当易于装配人员的抓取和搬运，对称的设计或者明显不对称的设计可以减少人工识别零件装配方向的时间。对于自动装配，零件应当易于在输送设备上自动定向，并且具有容易由自动设备拾取的形状。

4. 对装配连接固定操作的影响

产品设计中根据零件的材料、性能要求和配合精度选择螺栓连接、铆接、过盈配合等不同的连接方法，不同的连接方法除了对连接的性能产生影响外，还影响了连接操作的效率和装配质量。不同的连接方法一般还要求采用特定的装配工装和装配工具完成最终的装配，也对装配的工艺安排有一定的影响。

5. 对装配精度的影响

对于精度要求高的产品，产品设计中应当包括在装配中进行调整的环节，对于装配连接中需要加热、加压以及容易变形的零件，应当考虑装配过程对零件形状、内部应力的影响，以保证在装配后，依然能保证设计的精度要求。

6. 对装配效率的影响

零件应设计自定位的形状，通过设计导向结构和合理的装配基准，使装配中能快速插入、定位，减少装配中的调整，并减少在装配中采用特定的工装进行测量、定位。

7. 对装配中夹具、工装使用的影响

产品设计中零件的重量、形状和精度等，会对装配过程中使用的工装有一定的要求。精密零件装配中通常需要一定的定位工装。不用装配工夹具，直接用手就能装配的产品装配成本较低，效率也较高。

8. 对装配检验的影响

产品在装配中所有独立装配的部件和最终的成品都需要检验。产品的设计应当使每个独立部件在进入总装前都可以进行功能、性能的检验，以避免在总装后无法直接观察和测量影响总装的质量，或者由于部件的质量问题进行拆卸和重新装配。

2.2.3 影响产品可装配性的主要设计因素

产品的装配成本、装配质量及装配周期的影响因素有多种，如设备的自动化程度及柔性、装配工艺的制定、产品装配的难易程度、工人装配技术的熟练程度、参与装配的零件的加工质量、生产组织管理等。在众多的因素中，产品装配的难易程度（即可装配性）是最主要的因素。产品的可装配性由产品的结构决定，主要与总体结构、零件设计、连接方式、性能要求等有关。因此设计时应在结构上保障装配的可能，采用的结构措施应方便装配，并减少装配工作量，提高装配质量。

产品的可装配性与产品采用的装配工艺方法有关，即采用手工装配、高速自动装配还是机器人柔性装配，或者三者的混合。对于不同的装配工艺方法，相同的设计在装配中所体现出来的难易程度不同。例如，在高速自动化装配中，零件的自动进给的定位简易性标准比手工搬运操作要严格得多。而手工装配由于人类所具有的判断力、操作的灵活性，可以完成复杂的装配操作。但是，采用人工装配时，对于零件的重量、操作中人手臂的可达性、夹紧力量控制的精确性等，则有一定的限制。

影响装配工艺过程的设计要素包括单个零件的因素，也包括产品总体的结构和零部件之间的相互影响关系。影响产品可装配性的设计因素主要包括以下几方面。

（1）零件数量：零件数量的多少直接影响了产品最终装配工艺数量的多少，也影响了与装配工艺相关的工装、夹具等的数量，从而影响了产品的装配效率和成本。大量零件在制品管理中也提高了企业库存和生产管理的成本。

（2）材料特性：零件的材料决定了零件之间所能够采用的装配连接方式。

（3）零件结构：包括结构、尺寸、重量、对称性、变形、柔性，对装配操作过程都有直接的影响。

（4）装配结构关系：包括配合间隙、空间关系等，对装配操作、装配顺序、装配中的视线、装配空间等都有影响。

（5）精度：产品的精度一方面影响了装配操作中工装、夹具的设计，另一方面也影响了装配操作中的插入、定位。对于精度要求高的产品，装配中的调整以及装配后的检验都比较困难、费时。

（6）连接方式：装配工艺中大量的时间都是消耗在产品最终的连接上，采用不同的连接方式其适用范围、成本、设备要求等都不相同。在产品的功能、性能、材料要求等许可的情况下，应当尽可能采用方便的连接形式。

2.3　零件数量的影响

《乔布斯传》中，Jonathan Ive 说："只要不是绝对必需的部件，我们都想办法去掉"，"为达成这一目标，就需要设计师，产品开发人员，工程师以及制造团队的通力合作。我们每一次地返回到最初，不断问自己：我们需要那个部分吗？我们能用它来实现其他部分的功能吗？"比如美国国家航空航天局曾发现，航天飞机上的一个零件总是出故障，不是这里坏就是那里坏，花费很多人力物力始终无法解决，最后一个工程师提出，是否可以不要这个零件。事实证明，这个零件确实是多余的。减少零件数量对产品的质量、成本和开发周期具有非常大的帮助。

（1）更少的零件需要进行设计。

（2）更少的零件需要进行制造。

（3）更少的零件需要进行测试。

（4）更少的零件需要进行购买。

（5）更少的零件需要进行运输。

（6）更小的产品质量出现问题可能性。

（7）更少的供应商。

（8）更少的装配夹具或工具。

（9）更短的装配时间。

2.3.1　减少零件数量

1. 考察每个零件，考虑去除每个零件的可能性

"最好的产品是没有零件的产品"，这是产品设计的最高境界。消费者关注的是产品功能和质量，而根本不关心产品的内部结构以及实现功能的方法。因此，在产品中没有一个零件是必须存在的，每一个零件都必须有充分的存在理由，否则这个零件是可以去除的。

当然，不可能存在没有零件的产品，这只是机械工程师的梦想，尽量以最少的零件完成产品设计是机械工程师努力的方向。在产品设计中，考察每个零件，在确保产品功能和质量的前提下，考虑是否可以和相邻零件合并、是否可以借用别的产品中已经用过的零件，是否可以通过制造工艺实现零件的合并等，从而达到去除零件、减少零件数量、简化产品结构的目的。图 2-9 为一个减少零件数量的实例。在原始的设计中，产品由零件 A 和零件 B 通过焊接，形成卡扣功能。在改进的设计中，仅包含一个零件，通过把卡扣功能合并到钣金件上，减少了零件 B。

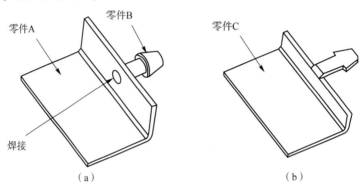

图 2-9　一个减少零件数量的实例

（a）原始的设计；（b）改进的设计

2. 把相邻的零件合并成一个零件

减少产品零件数量的一个重要途径是通过设计的优化，把任意相邻的零件合并成一个零件。判断相邻零件能否合并的原则如下。

相邻的零件有没有相对运动？

相邻的零件是否由一种材料组成？

相邻零件的合并会不会阻止其他零件的固定、拆卸和维修等？

相邻零件的合并会不会造成零件制造复杂、产品整体成本增加？

如果上面四个问题的答案都是否定的，那么相邻零件就有合并的可能。图 2-9 所示就是把相邻的两个零件 A、B 合并成一个零件 C 的实例。

3. 把相似的零件合并成一个零件

在产品设计中，相似零件也是减少零件数量的重点关注对象。由于产品功能需要，产品中经常存在两个或多个形状非常相似、区别非常小的零件。机械工程师需要尽可能地把这些相似零件合并成一个零件，使得同一个零件能够应用在多个位置。当然，这可能使零件变得复杂，有时会造成零件应用在某个位置时出现一些多余特征，带来一定的制造成本浪费。一般而言，相似零件的合并所带来的制造成本浪费与节省的模具成本相比很小。

如图 2-10 所示，零件 A 和零件 B 非常相似，唯一的区别是零件左端折边的位置不同，零件 A 的折边在左中侧，零件 B 的折边在左下侧。零件的相似性为零件的合并提供了基础。通过优化设计，可以把零件 A 和零件 B 合并成零件 C。零件 C 把零件 A 的折边和零件 B 的折边合并成一个大的折边，使得零件 C 即可用于零件 A 的位置，又能用于零件 B 的位置。

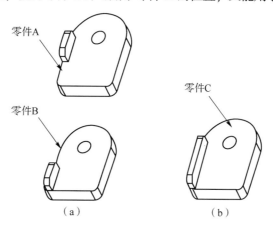

图 2-10　相似零件合并成一个零件

（a）原始的设计；（b）优化的设计

合并相似零件的另一个优点是防错。在装配过程中，相似的零件很容易被装配到错误的位置。若无法将相似的零件合并成一个零件，则需要将它们设计得非常不同，夸大零件的区别。防错是面向装配设计的另一个要求。

4. 把对称零件合并成一个零件

同相似零件类似，对称零件也是减少零件数量的重点关注对象。由于产品功能的要求，对称零件在产品的设计中出现的概率也往往非常大。

如图 2-11 所示，零件 A 和零件 B 是对称的，两者的区别是零件 A 的折边在零件中心线的右侧，而零件 B 的折边在零件中心线的左侧。通过设计优化，将零件 A 和零件 B 合并成零件 C，零件 C 关于零件中心线对称，这样零件 C 既能应用于零件 A 的位置，又能应用于零件 B 的位置。

合并对称零件的另一个优点是防错。因为对称零件往往也比较相似，容易被装配到错误的位置。若无法将对称的零件合并成一个零件，则需要将它们设计得非常不对称，夸大零件的不对称性。这也是防错的要求。

5. 合理选用零件制造工艺，设计多功能的零件

零件制造工艺决定了零件形状的复杂度。有的制造工艺只能制造出简单形状的产品，而有的制造工艺可以制造出复杂形状的零件。在满足产品功能和成本的条件下，选用合理的零件制造工艺，设计多功能的零件有助于减少产品的零件数量和降低产品的复杂度。图 2-12(a) 原始的设计由 3 个机械加工件通过焊接装配，图 2-12(b) 优化的设计采用钣金工艺进行加工，将 3 个零件减少为 1 个零件。图 2-12(c)、(d) 是用压铸件代替钣金件和五金件的例子。

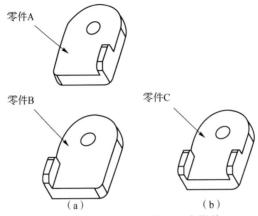

图 2-11　对称零件合并为一个零件

（a）原始的设计；（b）优化的设计

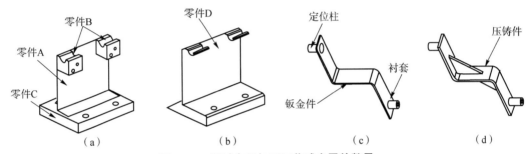

图 2-12　通过合理加工工艺减少零件数量

（a）机械加工件原始设计；（b）使用钣金件代替机械加工件；（c）钣金件和五金件组合的原始设计；
（d）压铸件代替钣金件和五金件的组合

机械工程师只有掌握多种零件制造工艺，在产品设计时才会游刃有余，才能合理选择零件的制造工艺，设计多功能的零件，从而简化产品的设计。

6. 去除标签

机械产品的标签一般都是设计为一个零件，通过螺钉或粘接工艺安装在主机位置上，可以通过模具成型的工艺，去除标签这个零件以及可能的附加装配要求，如图 2-13 所示。

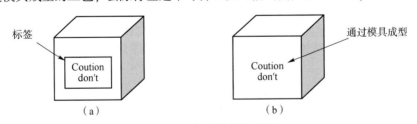

图 2-13　标签的优化设计

（a）原始的设计；（b）优化的设计

7. 减少紧固件的数量和类型

紧固件对零件仅有固定的作用，对产品功能和质量并不带来额外的价值。一个紧固件的开发过程包括设计、制造、验证、采购、储存、拆卸（如果有需要）等，耗时费力；同时，紧固件（特别是螺栓和螺母）的成本通常都比较高，而且紧固件的使用需要工具，非常不方便。因此，要求尽可能减少紧固件的使用。现在比较流行的消费类电子产品都要求"无工具设计"，即不需要专用的工具就可以完成产品的拆卸，为消费者提供产品的快速装配和使用的方便性。

1）使用同一种类型的紧固件

如果一个产品中有多种类型的紧固件，机械工程师需要考虑减少紧固件的类型，尽量使用同一种类型的紧固件。使用同一类型紧固件能够带来以下好处。

（1）减少在设计和制造过程中对多种类型紧固件的管控。

（2）为紧固件的购买带来批量上的成本优势。

（3）减少装配线上辅助工具的种类。

（4）减少操作员的培训。

（5）简化装配、提高装配效率。

（6）防止产生装配错误。

如图 2-14 所示，在一个产品中，原始设计有 5 种不同的螺钉，优化设计后，螺钉的种类减少了 2 种。

如何减少紧固件的类型需要具体问题具体分析。例如在钣金件设计中，螺柱的常用的零件。有时因为功能不同，同一个钣金件中要求的螺柱高度不一致。此时，有的机械工程师往往就设计两种不同高度的螺柱，即两种类型的螺柱。但是，通过在钣金件中增加凸台来调整高度就能够使用同一种螺柱，达到减少螺柱类型的目的。如图 2-15 所示，原始的设计中需要两种不同高度的螺柱 M3×6 和 M3×7。M3×6 是最通用的螺柱，M3×7则需要定制加工。在改进设计中，通过在钣金件中增加 1 mm 的凸台，把螺柱的装配位置提高 1 mm，从而在两个位置都可以使用同一种螺柱 M3×6。

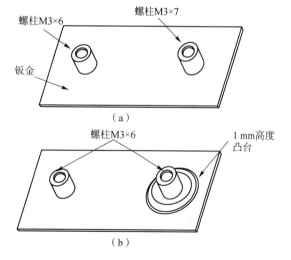

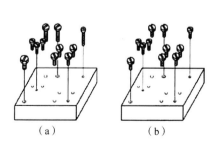

图 2-14　减少紧固件的类型

（a）原始的设计；（b）优化的设计

图 2-15　在钣金件中减少螺柱的类型

（a）原始的设计；（b）优化的设计

2）使用卡扣代替紧固件

装配一个紧固件需要耗费比较多的时间，一个紧固件的装配成本往往是制造成本的5倍以上。如图2-16所示，常用的4种装配方式按成本的高低由左向右排列，即卡扣成本最低，螺栓和螺母成本最高，装配效率反之。除非零件的装配要求特别高，否则永远把螺栓和螺母作为最后的选择。

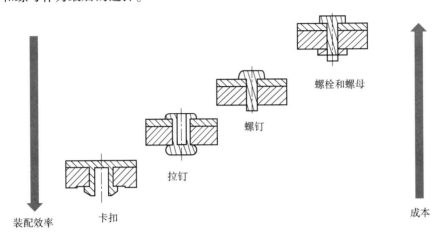

图2-16 四种紧固类型的装配成本和效率

3）避免分散的紧固件设计

把紧固件设计为一体，能够减少紧固件的类型，缩短装配时间，提高装配效率，如图2-17所示。

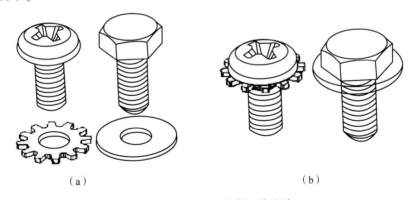

图2-17 避免分散的紧固件设计

（a）原始的设计；（b）优化的设计

2.3.2 标准化、通用化、模块化

在产品的总体设计中采用标准化、模块化设计的思想，尽可能将复杂的产品分解为功能独立、连接关系明确、检查维修方便的独立的单元，并尽可能地采取标准化的组件，这样不仅可以提高产品的质量，同时还可以大大降低制造和装配的复杂性。产品设

计中的标准化、通用化问题不仅影响产品加工生产的组织安排和工艺性，而且影响着产品装配生产的组织和装配工艺性。在当今产品向多品种、中小批量生产发展的形势下，这个问题显得尤其重要。

1. 标准化设计

标准化设计包括采用可以直接购买的符合国际、国家或者行业标准的零件，直接在产品中应用。提高产品的标准化程度，可以降低设计、工艺编制和生产准备等所需要的费用，而且，标准件的材料性质、性能、可靠性等数据是明确的，可以根据有关标准在采购中进行严格检验。在成本方面，与新设计制造的零件相比，采用标准件的成本一般只有新设计零件的10%。在装配过程中采用标准化的工装设备进行装配，可以大大简化装配工艺过程，保证产品的装配质量。

2. 通用化、系列化设计

产品由于品种不同，外形和结构上必然会存在一定的差异。但是如果采用通用化、系列化的设计方法，将产品中的通用部件系列化，使各品种之间有着良好的继承性，将给产品的加工和装配带来极大的方便。通用化、系列化一方面可以降低设计、工艺编制和生产准备的时间和成本；另一方面，还可以采用批量化的生产组织模式，将多个品种中的通用部件进行批量生产，采用先进技术和装备，提高劳动生产率。

进行通用化、系列化设计时，应当考虑以下几点。

（1）将产品分解为部件和装配单元，分析各个部件和单元的用途及技术特性，将功能相同或相似的零部件根据产品品种的要求，采用标准化数列形成产品系列。

（2）选择符合通用化部件或装配单元的最适宜的运动系统和结构。

（3）装配单元或部件结构相同，但技术特性差别相当大时要考虑工艺过程典型化。

（4）尽量使壳体零件通用化。当工艺特性差别很大时，可将这类零件合理地归并成几类结构类似的零件。

（5）尽可能使零件的结构要素通用化。

在此基础上，按照成组技术方法对零件进行分类，可采用典型的成组工艺过程，大大提高零件的工艺性，为采用大规模生产的方式加工和产品装配创造了条件。

3. 单元化、模块化设计

复杂结构的产品，不可能整个通用化时，可按其结构功能，设计成若干可以独立装配的单元或部件，这不仅改善了装配工艺性，而且有利于产品的改进和改型。新型产品的改进设计可在基本型产品的基础上仅对某些部件或装配单元进行改进，可缩短生产准备周期，增强应变能力和产品的市场竞争力。对于独立部件或装配单元，又可以进一步考虑其组成零件的标准化和通用化，从而提高整个产品的标准化、通用化程度。

采用单元化设计的主要目的有以下几点。

（1）使装配工作能分散平行进行，以缩短最终总装的装配工作量和装配时间，提高总装的质量。

（2）独立的装配单元可以进行单独检测，易于保证最终产品的综合性能。

（3）改善装配工作的条件，利于实现装配的自动化，提高装配效率和产品质量。

（4）可以采用简单的装配定位方法，简化复杂产品的装配工装设计。

（5）将具有特殊装配环境要求和特殊实验要求的装配件分离出来，减少专用厂房面积，节约投资费用。

单元不仅是某些系统和设想的简单划分，它作为一种结构必须能够发挥独立的功能。而且如果能组装具有各种功能的单元，即可做出具有各种新组合功能的产品。采用单元化、模块化设计应当注意以下设计原则。

（1）明确单元的功能，一个单元不应当具有过多的功能。

（2）按照专业划分单元，以减少总装中多个专业之间的协调。

（3）设计出的标准单元应尽可能将参数、规格系列化。

（4）用在单元上的各机械零件应标准化，即设计要简单，生产率及可靠性要高。

（5）装配单元的输入输出的接口参数或安装尺寸等应标准化。

（6）单元之间的连接紧固方法应简单容易。

（7）单元的划分应当满足互换性、协调性要求，以减少总装中部件之间的协调性问题。

（8）有特殊装配环境要求和特殊实验要求的部件应当划分为独立的装配单元。

（9）装配单元的划分应考虑部件装配时具有装配的通路，减少单元之间的干涉和协调。

（10）划分的装配单元应具有一定的工艺刚性，以方便装配。

（11）需要考虑大批量装配中流水式装配的工艺节拍的均衡。

2.4 结构设计因素

2.4.1 零件简化

许多方法应用运动学的设计原则来简化设计，从而减少制造和装配成本。通常当定位的零件被过分约束时，必须采用某种方法调整约束项，或者使用更精确的加工操作。图 2-18 就是一个例子，为了把方块定位在水平面上，图 2-18(a) 采用了 6 个点约束，每一个约束都需要调整。根据运动学的设计原则，只需要 3 个点约束，加上闭合力即可实现定位。显然，图 2-18(b) 所示的再设计更简单，需要的零件更少，装配操作更少，调整也更少。在许多情况下，设计中有多余的约束，就说明有多余的零件。在图 2-19 中，设计含有多余约束，其中一个销钉是多余的。通过采用最少零件判据对销钉进行重新设计，把销与主要的零件之一相结合，把垫圈和螺母也结合在一起。

在设计中可以通过两个检查性问题来判断产品是否已达到了设计简化。

第一，这个零件是必要的吗？对装配中的每个零件都应当进行检查，以决定是否可以省掉，同时将其功能并入已有零件。对所有的零件都应当单独和综合地加以考虑。

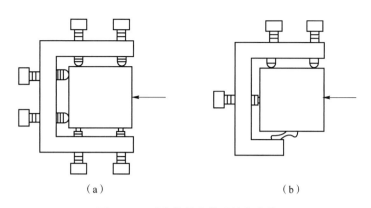

（a）　　　　　　　　　　　　（b）

图 2-18　过多的约束使设计复杂化

（a）过多约束的设计；（b）合理的运动学设计

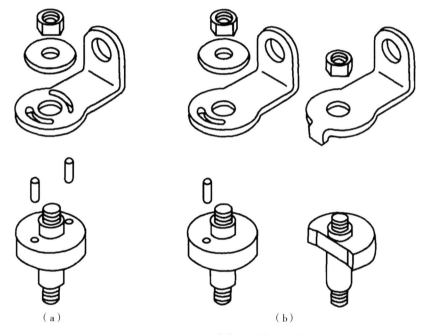

（a）　　　　　　　　　　　　（b）

图 2-19　采用运动学原理简化设计

（a）多余的约束设计；（b）合理的运动学设计

　　第二，这些零件能否合并？在这种情况下，设计者要寻求一种最终外形的加工方法，用来将一组不能自由相互移动的配合或连接的零件作为一个整体零件制造。考虑将零件进行合并时，还需要分析：①零件是否采用同种材料；②零件之间是否需要有运动关系；③零件是否可以通过可行、经济的方法实现加工。

1. 零件形状的简单化

　　所谓零件形状的简单化，主要指的是毛坯、加工工序的缩短或采用容易制造的方法等。可以从材料选择和热处理、加工精度、加工方法等入手，同时考虑零件在装配过程中的搬运、定位等操作，尽量减少零件的形状复杂性，使装配过程中手工操作或者机械自动操作更加容易。

零件的简化有时与机构简化具有一定的矛盾，即简单形状的产品可能导致装配结构的复杂，或者为了简化装配结构、简化连接关系，可能需要设计形状更加复杂的零件。此时，设计者应当在考虑产品性能、零件制造成本和装配成本等综合因素的基础上做出权衡。

在复杂产品设计中还应当认真考虑零件的分离，应当保证各个零件具有较经济的加工实现方法。同时，考虑加工中的误差影响，零部件的分离还应当保证在装配过程中装配精度的实现。分离面的选择既是性能和功能设计的要求，也是在现有的加工制造条件下实现复杂部件制造的有效方法。零件分离面的确定需要综合考虑零件的可加工性与部组件连接中的工艺性。

例如，在导弹设计中，根据功能要求，将弹体划分为弹身、弹翼、尾翼等，但这样尚不能满足导弹结构、材料、装配方法、内部装配的工艺性要求，因此弹身还需要进一步划分出舱段。舱段、弹翼、尾翼还可以进一步划分为板件、组合件等装配单元。这种为满足生产和工艺需要而划分的分离面称为工艺分离面。合理的分离面确定和连接方式应当尽可能保证产品的性能，并降低制造成本，降低装配中的复杂度，降低对各个组成零部件的精度要求。

2. 新材料和新工艺

新材料和新工艺的出现，可以使原来需要分别采用不同材料的零部件，或者由于加工复杂，必须分解为多个零件分别进行加工再进行装配的零件，组合为复杂结构的零件，从而减少了独立零件的数量，减少了许多装配环节。粉末冶金、温锻、热锻、挤铸就是这方面的有效的方法。

例如，在导弹复杂舱体制造中，由于采用了先进的压力铸造加工技术，原先必须分别加工再进行焊接、装配的多个舱体零件可以一次性制造成形，从而减少了装配环节，提高了整体质量。又比如，采用多主轴复合加工机床可以一次进行多个零件表面的加工，完成复杂零件的一次加工成形，避免了由于复杂零件无法加工而必须分解成多个零件再经过装配的环节。还比如，在飞机制造中，采用精密铸造和高速精密切削技术，可以实现复杂整体件的一次加工成形。

3. 连接方法的简化

在机械产品中，通常根据功能、性能、材料和制造的要求，将产品、功能部件分成零件来分别制造，这对于产品的加工、使用和维修保养等都比较方便。因此，一般的机械装置大多是分别制造各种零件，然后根据要求，采用不同的连接方式组装成部件、组件，再装配成产品。而在产品的工作过程中，各种零件必须按照设计要求形成一个整体，并确保所设计的性能。对于连接的部分，不能出现松动、脱开，或产生较大的间隙。

连接方式可以分为可拆卸的非永久性连接和不可拆卸的永久性连接，如图 2-20 所示。例如，汽车发动机的壳体和车门，当损坏时需要更换，运转不正常时必须拆开检查内部。这时零件的连接就需要采用可拆卸的非永久性连接。与此相反，飞机和汽车的机体一旦连接，在使用过程中不需要拆卸，所以应尽可能用焊接、铆接、高分子胶合薄板等连接，使之成为不可拆卸的永久性连接，以提高结构强度、减轻重量、简化结构。

机械连接方法需要根据产品的用途、材料和要求等进行选择，机械连接方法对产品的可靠性、制造工艺性等有重要的影响。如果在某种特定情况下，可以有多种连接方

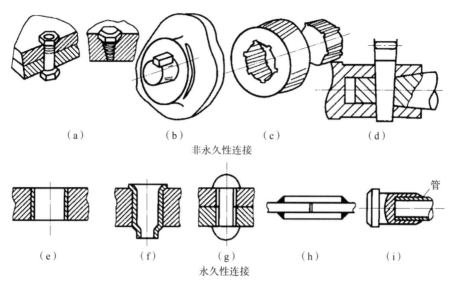

(a)   (b)   (c)   (d)

非永久性连接

(e)   (f)   (g)   (h)   (i)

永久性连接

图 2-20 常用的连接方法

(a) 螺纹；(b) 键；(c) 花键；(d) 销；(e) 衬套压力；(f) 压入，弯曲；
(g) 铆接；(h) 焊接；(i) 钎焊

法，则应当采用连接简单、可靠性高的连接。如可建议用铆钉来代替螺栓、螺母和垫圈，或采用焊接或胶结的方式连接零件。这样至少可以省掉两道装配操作。

4. 采用整体件设计

对于有些复杂大型产品，如飞机、导弹等，应尽可能提高产品结构的整体性，即将原本用许多零件连接成的装配构件改为形状比较复杂的一个整体零件。这样，可以十分有效地减少零件的数量，简化装配中的协调关系，并减少工艺装备，从而明显地降低产品装配工作量在整个制造中所占的比重，有利于减轻产品结构的重量。例如，导弹弹身采用铸造毛坯并机械加工到位的整体舱段代替钣金铆接的薄壁结构的舱段，不仅可减少零件数量、简化装配工作，而且省掉了进行模线样板协调所需要的各种模线、样板、装配型架等大量的工装。

提高结构整体性的措施，除了要求加大板料、型材的尺寸规格，相应减少不必要的连接件之外，主要是采用热模压成形、模锻、精密铸造、化学铣削及数控加工等工艺方法加工的零件代替钣金、铆接或胶结结构的构件。

与提高结构整体性相冲突的主要制约因素是大型复杂的整体零件的加工。模压、模锻、铸造、化学铣削及高效数控加工等工艺技术的不断发展，使形状比较复杂的整体零件的加工越来越容易实现。因此，提高结构设计整体性越来越成为提高大型复杂产品装配工艺性的重要手段。

2.4.2 稳定的基座

产品装配中一个稳定的基座（或装配基体）能够保证装配顺利进行，同时可以简化产品的装配工序，提高装配效率，减少装配质量问题。一个稳定的基座应当满足以下几点要求。

（1）基座必须具有较大的支撑面和足够强度以支撑后续零件，并辅助后续零件的装配。

（2）在装配件的移动过程中，基座应当支撑后续零件的固定而不发生晃动以及脱落。

（3）基座应当包括导向或定位特征来辅助其他零件的装配。

图 2-21 所示为一个产品的基座零件。原始设计中，零件上大下小，很容易倾斜，不利于后续零件的装配。在改进设计中，在零件底部增加了一个较大面积的平面，用于提供一个稳定的支撑面，使得后续零件的装配变得非常稳固，能够提高装配效率，减少装配质量问题。

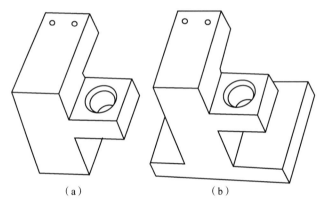

图 2-21　一个产品的基座零件

（a）原始设计；（b）改进设计

2.4.3　零件容易抓取

零件的抓取是装配工艺的一个重要环节，其难易程度对装配效率具有重要的影响，在零件设计时或装配时要避免零件太小、太滑、太热和太软，避免零件具有锋利的边和角，并且设计零件抓取特征。如图 2-22 所示，在原始设计中，两个零件都不易抓取，设计抓取特征，便于零件的抓取。

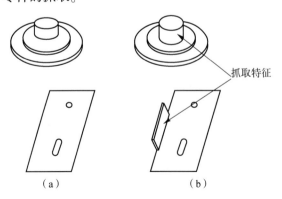

图 2-22　设计零件抓取特征

（a）原始设计；（b）优化设计

此外，在装配过程中，应避免零件卡住（图 2-23），不合适的零件形状可能造成零件在装配过程中卡住，降低装配效率并产生装配质量问题。

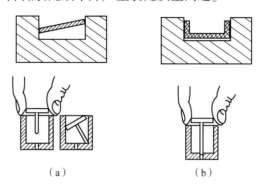

（a）　　　　　　　　　（b）

图 2-23　避免零件在装配过程中卡住

（a）原始的设计；（b）优化的设计

2.4.4　减少零件装配方向

一般可以将零件的装配方向（assembly direction）分为 6 个方向，6 个方向共 3 种类型，分别是：①从上至下的装配，可以充分利用重力，是最佳的装配方向，如图 2-24 所示；②从侧面进行装配（前、后、左、右），是次佳的装配方向；③从下至上的装配，由于要克服重力对装配的影响，是最差的装配方向。装配方向对零件的插入过程以及人体装配强度的影响不可忽视。

1. 零件的装配方向越少越好

零件装配方向过多造成在装配过程中对零件进行移动、旋转和翻转等动作，降低零件装配效率，使得操作人员容易产生疲惫，同时对零件进行移动、旋转和翻转等动作容易造成零件与操作台上的设备碰撞而发生质量问题。图 2-25 为装配方向的改进设计。

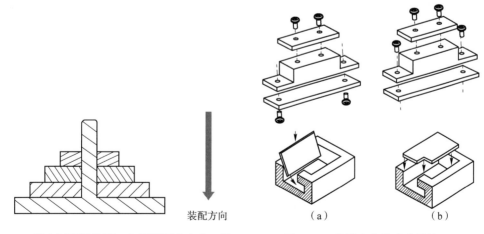

装配方向

图 2-24　从上至下的装配（和零件重力方向一致）

（a）　　　　　　　（b）

图 2-25　装配方向的改进设计

（a）原始设计；（b）优化设计

2. 零件的装配方向从上至下最好

利用零件自身的重力，设计零件的装配方向从上至下，零件就可以轻松地被放置到预定的位置，然后进行下一步的固定工序。如图 2-26 所示，原始的设计需要将零件穿过两个孔，而且需要保持轴的水平，在优化的设计中，零件从上至下装配，充分利用了零件的重力，因此重力是装配的最好助手。

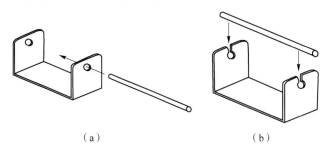

（a） （b）

图 2-26 利用零件重力的装配

（a）原始的设计；（b）优化的设计

2.4.5 导向特征

导向特征能够使得零件自动对齐到正确的位置，从而减少装配过程中零件位置的调整，减少零件互相卡住的可能性，提高装配质量和效率。导向特征一般指倒角特征，便于零件插入。对于盲装（指视线受阻的装配），更应该使用导向特征。如果零件没有设计导向特征，遇到操作人员野蛮装配的情况，就很有可能发生碰撞而损坏。

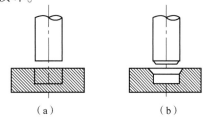

（a） （b）

图 2-27 设计导向特征

（a）最差的设计；（b）最好的设计

如图 2-27 所示，最差的设计中两个零件都没有设计倒角，最好的设计是两个零件都设计了倒角。

此外，导向特征应该位于装配最先接触点，即装配时，导向特征应该先于零件的其他部分与对应装配件接触，否则，不能起导向作用，如图 2-28 所示。同时，在可能的情况下，导向特征越大，导向效果越好，如图 2-29 所示。

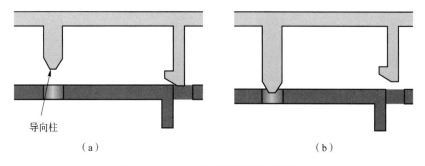

导向柱

（a） （b）

图 2-28 导向特征为装配最先接触点

（a）原始设计；（b）改进设计

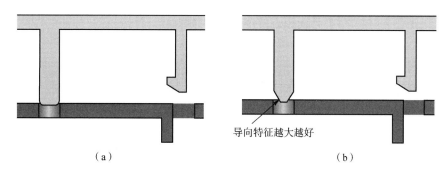

图 2-29 导向特征越大越好

（a）原始设计；（b）改进设计

2.4.6 先定位后固定

零件如果先定位后固定，在固定之前自动对齐到正确位置，就能够减少装配过程的调整，大幅提高装配效率。如图 2-30 所示。特别是对那些需要通过辅助工具如电批、拉钉枪等来固定的零件，在固定之前先定位，能够减少操作人员手工对齐零件的调整，方便零件的固定，提高装配效率。

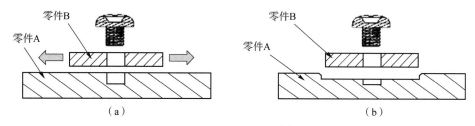

图 2-30 装配时先定位后固定

（a）原始设计；（b）优化设计

2.4.7 零件约束

空间中任何一个自由物体有 6 个自由度，分别是 3 个沿着 x、y、z 轴移动的自由度和绕着 3 个坐标轴转动的自由度。

（1）零件完全约束：如果零件在 6 个自由度上均存在约束，称之为零件完全约束。

（2）零件欠约束：如果零件在一个或一个以上的自由度上不存在约束，称之为零件欠约束。

（3）零件过约束：如果零件在一个自由度上有两个或者两个以上的约束，称之为零件过约束。

在结构设计时要避免零件欠约束和零件过约束。

1. 避免零件欠约束

如果零件欠约束，那么在零件装配好后，零件会在欠约束的自由度上出现不该有的运动，妨碍零件功能的实现。

值得注意的是，如果零件尺寸比较大，那么零件的约束需要尽量覆盖零件的整个范围，而不仅仅是在局部对零件进行约束。

2. 避免零件过约束

零件都通过了检查，尺寸都在公差范围之内，为什么还是装不上？

如果零件过约束，则要么很难进行装配，要么产生装配质量问题，或者装配好之后零件之间存在装配应力。

如图 2-31 所示，在原始设计中，零件 A 和零件 B 在 x 方向上有两个约束，因此零件在 x 方向上过约束。由于零件制造公差，此时很容易发生第一个柱子插入第一个孔后，第二个柱子很难插入第二个孔中的情况，而且由于无法判定哪一个柱子和孔决定零件 A 的位置，很难通过尺寸管控来提高产品的装配质量。在改进的设计中，零件 A 的第二个孔为长圆孔，避免了在 x 方向过约束，零件 A 能轻松插入零件 B 中；同时，零件 B 的第一个柱子和零件 A 的第一个孔决定了零件 A 的位置，通过管控相应的尺寸就能够轻松管控零件 A 的位置。

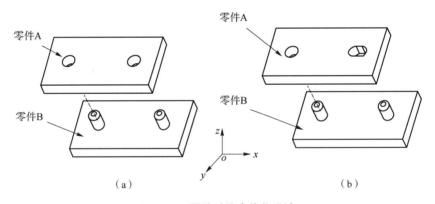

图 2-31 零件过约束优化设计

（a）原始的设计；（b）改进的设计

其他常见的零件过约束设计及其改进的设计如图 2-32 所示。

当零件之间通过多个螺钉固定时，机械工程师常发现最后几个螺钉与螺钉孔没有对齐，很难把螺钉固定上。在这种情况下，可以把一个螺钉孔设计为小孔（即孔的直径比螺钉的直径稍大），另外一个孔设计为长圆孔（即孔的直径和小孔的直径一样大，长度稍大。需要注意的是长圆孔的长度方向平行于小孔与长圆孔之间的直线），其余孔均设计为大孔（即孔的直径比螺钉直径大得多），如图 2-33 所示。其中小孔和长圆孔起到定位作用，大孔设计避免零件过约束。这样既保证了零件装配位置精度，又保证了零件顺利装配。不过这样的设计需要在零件装配时制定螺钉的装配顺序，先固定小孔，然后是长圆孔，最后是其他大孔。

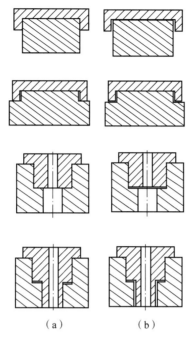

图 2-32　其他常见的零件过约束设计及其改进的设计

（a）原始的设计；（b）改进的设计

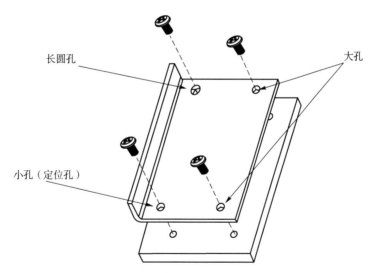

图 2-33　改进多个螺钉固定时过约束的设计

2.5　公差因素

产品中装配体的公差分配不仅会影响到产品最终的性能，还会对产品的制造和装配过程有重要的影响。必须在产品的设计阶段考虑产品系统的要求。与产品的装配和制造过程密切相关的是产品的尺寸公差与形位公差。在产品设计中必须进行面向装配过程的公差设计与分析。

零件公差越严格，零件制造成本越高，产品的成本就越高。严格的零件公差要求意味着：更高的模具费用；更精密的设备和仪器；额外的加工程序；更长的生产周期；更高的不良率和返工率；更熟练的操作员和对操作员更多的培训；更高的原材料质量要求及其产生的费用。图 2-34 为机械加工件公差与成本的关系。

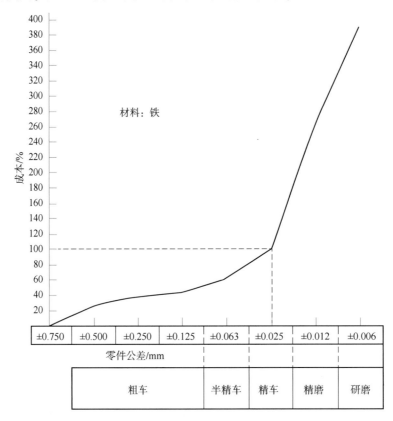

图 2-34　机械加工件公差与成本的关系

由于零部件材料的差异，产品在装配过程中会受到不同装配方式所造成的应力和变形，在使用时会受到力、热变形等的影响，因此，设计时所标注的公差配合在实际产品、成品上很难保持，造成装配过程中的困难，以及使用过程中性能的下降。需在产品设计中采用一定的设计手段、结构和设计原则来保证产品装配公差的实现。

产品设计中考虑装配工艺过程的公差设计主要包括：装配公差分析与综合，考虑装配公差的产品设计原则，考虑公差的设计途径。

2.5.1　装配公差分析与综合

产品设计中的公差分析研究各组成环对封闭环的影响结果和程度，是在已知各组成环的基础上计算封闭环的过程。公差综合是已知封闭环公差，按照一定的方法和约束条件，优化分配各组成环的公差，即已知封闭环，求解各组成环。装配中的公差分析与综合就是对装配配合尺寸和公差，以及与装配尺寸相关的零件尺寸公差、形位公差等进行分析和优化，力求通过最合理的公差分配，在保证装配尺寸精度的前提下，尽可能降低零件的精度要求，从而降低产品的制造成本。

装配公差分析与综合的关键是装配尺寸链的建立与分析。装配尺寸链是产品或部件在装配过程中，由与某项精度指标有关的零件尺寸、部件尺寸或相互位置关系组成的尺寸链。装配尺寸链仍然是以尺寸关系或相互位置关系的封闭性为基本特征，遵循尺寸链的基本规律。

应用装配尺寸链进行装配精度设计与分析时，第一步是建立装配尺寸链，先正确地确定封闭环，再根据封闭环查明组成环，对复杂的装配尺寸关系，常需要对组成环进行简化处理；第二步是确定达到装配精度的工艺方法，也称为装配尺寸链求解的方法；第三步是确定经济的，至少是工艺上可以实现的零件加工公差。第二步和第三步往往需要交替进行，可以合称为装配尺寸链的解算。

1. 装配尺寸链的建立

装配尺寸链的封闭环是间接得到的产品或部件的装配精度要求，组成环是那些对封闭环有直接影响的尺寸或角度，查找组成环的一般方法是：取封闭环两端的两个零件为端点，沿着装配精度要求的位置、方向，以相邻零件装配基准之间的联系为线索，分别由近及远地去查找装配关系中影响装配精度的有关零件，直至找到同一个基准零件或同一个基准表面。这一方法与查找工艺尺寸链组成环的追踪法实质上是一致的。

2. 装配尺寸链的简化

受到角度、尺寸和形位公差的影响，一般情况下产品的装配尺寸链为三维空间模型或平面模型，直接进行分析计算十分复杂，因此需要对尺寸链进行适当的简化。在保证装配精度的前提下，装配尺寸链的组成环可以适当简化。

简化方法之一是忽略一些相对较小的误差；简化方法之二是将某些组成环合并。由于形位公差和配合间隙的基本尺寸通常为零，故可以将它们合并在相关的第一类组成环中；不改变第一类组成环的基本尺寸，但放大其公差带宽度，这时组成环的公差不仅是尺寸公差。

此外，在进行以上分析时，都假定各轴线是平行的，实际上总会有平行度误差。平行度误差也会影响到尺寸误差，而且某一方向的误差会影响到另一方向的误差。当有关平行度误差对封闭环误差的影响较大时，有时需要在装配尺寸链中加上一个由平行度误差折算而来的组成环。装配尺寸链的建立和简化工作有时需要反复进行。在装配尺寸链图上表示出的尺寸和公差应该是有关零件的尺寸和各类公差的综合。有关形位公差的简化及折算工作往往需要结合工艺实验来完成。

3. 装配公差分析

装配公差分析是指已知组成环的尺寸和公差，根据一定的计算方法和公式求解最终封闭环的公差，并分析其是否满足功能要求，亦称积累分析。在机械装配过程中，为确定各零件的尺寸及其公差，需要反复进行分析和计算。若计算结果达不到设计要求，则需调整各零件公差重新计算。目前在尺寸及公差设计中常采用极值法、统计分析法和蒙特卡洛（Monte Carlo）方法等。

1）极值法

极值法是考虑所有零件尺寸都处于最坏情况进行分析，这就意味着如果所有的尺寸都处于最大偏差情况下仍可满足设计要求，那么所有制造出来的合格零件都能满足要求进行装配，这样做可以保证100%地满足装配的正确性及零件的互换性。采用极值法分析就要求所有的尺寸都处于最大偏差尺寸值。

极值法虽然计算量小、理论简单，但由于所有零件的公差同时处于极值情况的可能性很小，因此该方法通常要求零件有较小的公差带以满足设计要求。按照这种方法确定的零件公差偏小，常常导致产品成本提高。同时，采用该方法时，组成环的数量也受到限制。

2）统计分析法

统计分析法并不要求实现100%的装配，而是让尺寸在较宽松的公差范围内满足预期的装配要求，这可以实现设计和生产成本的有效降低。该方法是根据生产的能力或装配的能力，把尺寸偏差描述为尺寸值分布的情况。

这种方法的计算较为复杂。它是从零件实际加工的情况出发，对装配的可靠性进行预测。加工尺寸可能会服从指数分布、瑞利分布、威布尔分布或其他分布，一般的分布情况有两种：标准正态分布和泊松分布。统计分布一般可以通过均值、标准偏差、方差、斜度和峰值这几个参数值来描述。

3）蒙特卡洛方法

蒙特卡洛方法是一种统计仿真方法，此方法的基本思路是首先构造与描述与该类问题有相似性的概率分布模型，以输入和输出的形式构成独立的随机实验。输入由一系列具有特定分布规律的随机数值组成。这一系列随机数值变换所形成的随机实验就构成蒙特卡洛模拟仿真。实验的输出由一系列统计数值组成。

通过蒙特卡洛方法进行公差分析时，首先按照某种概率分布的随机数的生成来模拟每个尺寸链和每个零件尺寸的加工偏差，计算得到各个尺寸链中的每个零件尺寸的分布情况，再通过迭代计算可以求得目标函数的公差成本，最后得到作为约束条件的公差分配模型，以及通过迭代计算得到的合理分配的零件尺寸公差。

2.5.2　考虑装配公差的产品设计原则

除了通过进行详细的装配公差的分析与优化保证产品的装配工艺性，还可以在设计中考虑装配公差的产品设计原则，主要包括以下几方面。

（1）设计基准与工艺基准的统一。

（2）合理分配装配单元的尺寸公差、配合精度和表面粗糙度。

（3）采用调节、补偿环节保证装配准确度并简化装配工作，设计补偿包括垫片、间隙、连接件和可调环节；工艺补偿包括装配时的修配、预留加工裕量，装配时精加工等。

在需要调整零件相对位置的部位，应设置调整补偿环，以补偿尺寸链误差，便于装配。图 2-35 改进的设计中增加了调整垫片以避免必须通过修配丝杠支撑与机体的结合面来调整丝杠支撑与螺母的同轴度。图 2-36（a）中锥齿轮的啮合位置要通过反复修配支撑面来调整，图 2-36（b）靠修磨调整垫片尺寸 a 和 b 来保证啮合精度。

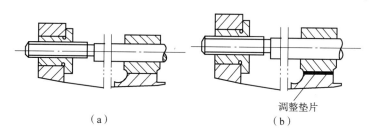

（a）　　　　　　　　　　　（b）

图 2-35　增加调整垫片

（a）改进前；（b）改进后

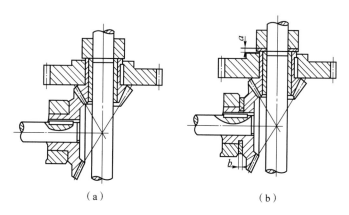

（a）　　　　　　　　　　　（b）

图 2-36　增加调整补偿环节

（a）改进前；（b）改进后

2.5.3　考虑公差的设计途径

公差对产品质量具有重要的影响。考虑公差的设计途径一般有以下几方面。

1. 设计合理的间隙

设计合理的间隙，防止零件过约束，避免不合理的零件间隙设计带来的对零件尺寸不合理、不必要的公差要求。如图 2-37 所示。

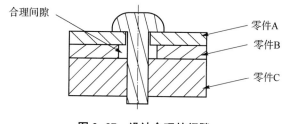

图 2-37　设计合理的间隙

2. 简化产品装配关系，缩短装配尺寸链

对于重要的装配尺寸，在产品最初设计阶段就要重点加以关注，简化产品的装配关系，避免重要装配尺寸涉及更多的零件，从而减少尺寸链中尺寸的数目，达到减少累积公差的目的，产品设计要能够允许零件宽松的公差要求。

3. 使用定位特征

在零件的装配关系中增加可以定位的特征，如定位柱等，定位特征能够使得零件准确地装配在产品之中，产品设计中只需对定位特征相关的尺寸公差进行制程管控，对其他尺寸就可以采取宽松的公差要求。

4. 使用点或线或小平面与平面配合代替平面与平面的配合

使用点或线或小平面与平面配合代替平面与平面的配合，避免平面的变形或者平面较高的粗糙度阻碍零件的顺利运动，从而使零件的平面度和粗糙度具有宽松的公差，如图 2-38 所示。

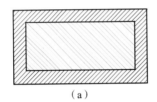 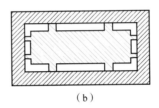

（a）　　　　　　　　　　　（b）

图 2-38　使用点或线或小平面与平面配合代替平面与平面的配合

（a）原始的设计；（b）优化的设计

2.6　防错设计

可能出错的事情，就会出错（If anything can go wrong, it will）。

——墨菲定律

1. 墨菲定律

爱德华·墨菲是一名工程师，他曾参加美国空军于 1949 年进行的 MX981 实验。这个实验的目的是测定人类对加速度的承受极限。其中一个实验项目是将 16 个火箭加速度计悬空装置在受试者上方，当时有两种方法能将加速度计固定在支架上，而不可思议的是，竟然有人有条不紊地将 16 个加速度计全部装在错误的位置。于是墨菲做出了著名的论断："如果有两种选择，其中一种将导致灾难，则必定有人会做出这种选择。"此论断最后演变为"可能出错的事情，就会出错"。

2. 防错设计目的及手段

防错设计是指通过产品设计和制造过程的管控来防止错误的发生。日本丰田公司第一次提出防错的概念。我国台湾称之为防呆法，顾名思义，就是一个呆子来装配也不会发生错误。

防错设计的目的有以下几点。

（1）减少错误，提高产品利润率。

（2）减少时间浪费，提高生产率。

（3）提高产品使用的人性化程度、消费者满意度和产品信誉。

（4）提高产品质量和可靠性。

在进行产品装配时，如果零件存在一个以上的装配位置，但只有一个正确的位置，传统的方法是通过装配过程的管控和操作人员的培训来指导操作人员把零件装配到正确的位置。但是，事实上，零件终会被装配在错误的位置。

防错设计可以分为设计阶段的防错和装配阶段的防错。传统的产品设计关注产品装配阶段的防错，而面向装配的产品设计优先考虑产品设计阶段的防错，只有当设计阶段的防错很难实现或者代价太高的时候，才考虑装配阶段的防错。

设计阶段的防错一般采取以下措施。

（1）采用标准零件：在手工装配中，如果只有种类较少的、标准的零件，则装配工人拾取零件出现差错的可能性就会大大降低。

（2）设计对称的零件，防止装配中将零件插入错误的方向。

（3）如果不可能将零件设计成对称，则应当将零件设计得明显不对称。如图 2-39 所示。在原始设计中，零件左右凸台高度分别为 4 mm 和 5 mm，出于零件功能需求，无法更改高度，使零件获得对称性。在改进设计中，增加了左侧凸台的长度，夸大零件的不对称性，从而避免装配错误的产生。

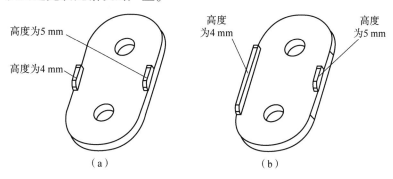

高度为5 mm

高度为4 mm

高度为4 mm

高度为5 mm

（a）　　　　　　　　　　（b）

图 2-39　夸大零件的不对称性

（a）原始设计；（b）改进设计

（4）使不同的零件差异十分明显：如果零件仅在材料或者内部结构上不同，则装配中非常容易弄错。应当使不同的零件在外部具有明显的差异。这点对于快速装配线上的手工装配尤其重要。

（5）使错误的零件不能安装：应当使零件设计成只能将正确的零件装配到正确的位置，其他零件都不能安装。

（6）防止零件装配到错误的位置上：采用适当的防差错设计，使零件无法装配到错误的位置。

（7）采用防差错的设计，使零件不能按照错误的方向装配。图 2-40 为一个具有左右对称结构的零件，因为设计的限制，无法添加不对称的孔、槽以及凸台的防错特征，那么通过添加明显的标识（如符号和文字）来指导装配人员的装配或消费者的使用。

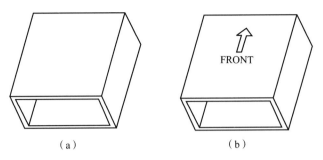

图2-40　符号和文字防错

（a）原始的设计；（b）改进的设计

在装配操作中，应当考虑工人在装配现场长时间进行产品装配所可能出现的各种质量问题。采取防差错设计可以有效地杜绝由于工人操作失误、工作批量大等引起的装配质量问题。在装配操作中的防错设计包括防止装配遗漏和消除装配顺序差错等措施。

1）防止装配遗漏

在产品设计中可以采用以下措施来防止装配中出现装配遗漏。

（1）在设计中应当保证装配遗漏不可能发生。应当在零件上设计特别的形状，如果装配中遗漏了某个零件，其后面装配的零件则无法装配。

（2）在后续装配中应当可以察觉到前面装配中遗漏的零件。在装配中，工人应当可以发现前面装配工序中遗漏的零件。如在齿轮传动系统设计中，如果工人装配中不能自由转动齿轮，则可能在前面装配中出现了遗漏。

（3）在设计中应当使装配中零件的遗漏明显可见，并能够在检验中也非常容易发现。

2）消除装配顺序差错

（1）为了保证装配顺序，在设计中应该采用独立的装配单元。

（2）装配中可以采用灵活的装配顺序，使零件的装配顺序与零件无关。

（3）在设计中采用特殊的零件形状和结构，使装配中不能按照错误的装配顺序进行装配。

（4）设计中使零件的装配顺序容易识别，例如，按照零件的尺寸进行装配，或者在零件上使用明显的标识表示装配顺序。

在面向装配的设计中，防错的设计不仅仅是满足产品制造过程的防错要求，还需要满足消费者在使用产品过程中的防错要求。因为消费者使用产品的过程也是产品装配的一部分，更为重要的是，消费者对于防错的要求更高，不但要做到防错，而且要做到使用过程人性化。因为很多产品（如计算机、电视机和空调等）的消费者，根本不会花时间去阅读产品使用手册。如USB（通用串行总线）的接口设计中采用了孔槽不对称防错设计，但仍有两种插入方向：一种是正确的方向，USB 插头和 USB 接口中的不对称孔槽刚好对应，USB 插头能够顺利插入；另一种是错误的方向，USB 插头和 USB 接口中不对称孔槽不对应，阻止了 USB 的插入，此时必须调整 USB 插头的插入方向。若将 USB 接口设计成耳机接口，这才是人性化的设计。

2.7　人机工程因素

人机工程学是从人的能力、极限和其他生理及心理特性出发，研究人、机、环境的相互关系和相互作用的规律，以优化人、机、环境以及提高整个系统效率的一门科学。

人机工程主要体现在装配时的视线遮挡（可视性）、人的工作范围（可达性）、工具的工作空间（可操作性）、工作强度以及避免人体伤害等。

在产品的设计中，机械工程师必须考虑人的生理和心理特性，使得操作人员更容易、更方便、更有效率地进行操作，提高装配的效率，同时提高装配过程中的安全性，降低操作人员的疲劳度和压力，增加操作人员的舒适度。

2.7.1　避免视线受阻

在产品的每一个装配工序中，操作人员应当可以通过视线对整个装配工序过程进行掌控，需要避免操作人员视线被阻挡的情况，或者操作人员不得不以弯下腰、偏着头或者仰着脖子等非正常方式才能看清零件的装配过程，甚至通过触觉来感受装配过程、通过反复的移动调整才能对齐到正确的位置，这样的装配效率非常低，而且容易出现装配质量的问题。

如图 2-41 所示，原始的设计中视线被阻挡，很难进行固定螺钉的装配，改进的设计能够使装配人员对整个装配过程进行掌控，螺钉的装配非常顺利。当然，原始的设计还存在一个为辅助工具提供装配空间的问题。

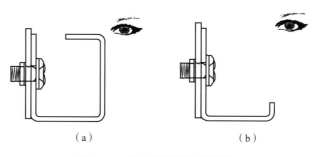

（a）　　　　　　　　　　　　（b）

图 2-41　避免视线受阻的装配 1

（a）原始的设计；（b）改进的设计

如之前所述，为了使零件能够自动对齐到正确位置，在零件上增加导向特征。导向特征必须设置在操作人员容易看见的位置。如图 2-42 所示，零件 A 有两个导向柱，零件 B 具有对应的两个导向孔。在原始的设计中，零件 A 放在零件 B 上进行装配，在对齐导向柱和导向孔时，操作人员的视线很容易被零件 A 本身所阻挡；在改进的设计中，零件 A 放在零件 B 的下面，操作人员很容易进行零件的对齐，两个零件很容易装配。

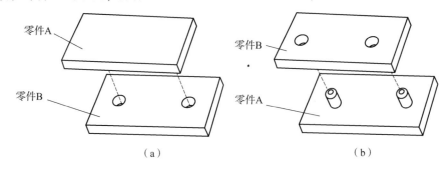

图 2-42　避免视线受阻的装配 2

（a）原始的设计；（b）改进的设计

2.7.2　避免装配操作受阻

在进行装配操作时，操作人员会有诸如抓取零件、移动零件、放置零件、固定零件等动作。产品设计应当为这些动作提供足够的操作空间，避免其受到阻碍，从而造成装配错误甚至造成装配无法进行。

例如，为了产品装配和拆卸的方便，手拧螺钉应用于经常需要拆卸的产品中，但是手拧螺钉的周围需要留有足够的空间，否则操作人员（或消费者）在拆卸产品时，手很容易被周围的零件阻碍，造成手拧螺钉无法正常拧紧或拧松，同时可能使操作人员（或消费者）的手受到伤害。一般而言，手拧螺钉的圆心周围至少预留 25 mm 的操作空间，以保证螺钉的正常拧紧或拧松，如图 2-43 所示。

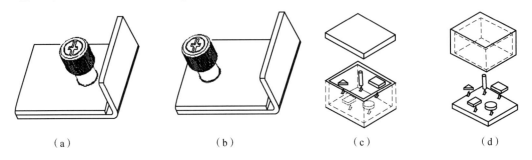

图 2-43　在开阔的空间装配

（a）原始的设计（1）；（b）优化的设计（1）；（c）原始的设计（2）；（d）优化的设计（2）

2.7.3　避免操作人员（或消费者）受到伤害

在产品的装配过程中必须保障操作人员（或消费者）的安全，不正确的产品设计很可能对操作人员（或消费者）造成伤害。例如，零件的锐边、毛刺以及倒角等。在钣金机箱中如果有锋利的边、角，就很容易刮伤操作人员（或消费者）的手指，造成伤害。

因此，对于机箱中操作人员（或消费者）容易接触的边、角，在产品设计时必须增加压毛边的工序，以保障操作人员（或消费者）的安全。

2.7.4　减少工具的使用种类、避免使用特殊的工具

装配工具的种类过多，会增加装配的复杂度，同时会造成操作人员（或消费者）使用错误的工具，引起产品的装配错误。例如，一个产品设计中有 M3、M4 和 M5 等不同种类的螺钉，这就要求产品装配线上使用不同种类的螺钉旋具，往往不利于提高装配效率和装配质量。

特殊的工具会增加装配线的复杂度，同时操作人员（或消费者）熟悉特殊的工具也需要一定的时间。

2.7.5　设计特征辅助产品的装配

操作人员（或消费者）的推、拉、举、按等施力都有一定的极限，产品的装配所需操作人员（或消费者）的施力超出极限容易造成操作人员（或消费者）疲劳，应当通过产品设计减少产品装配过程中所需的施力，辅助产品的装配。

内存是计算机中必不可少的一个重要零件。因为内存形状的关系，在拆卸时操作人员（或消费者）只能通过手指抓住内存来施力，这很容易造成手指的酸痛，甚至无法拔出内存。为了解决这个问题，在内存连接器的两侧增加了两个可以旋转的把手，通过向下按动把手，把力转化为向上的拔出力，从而很顺利地将内存拔出，完成拆卸动作，如图 2-44 所示。利用把手的结构，内存的装配也非常简单，只需向下施力即可固定内存。

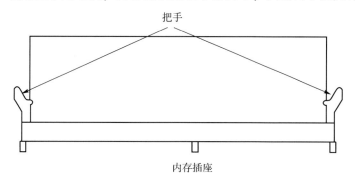

图 2-44　利用把手辅助产品的装配

2.7.6　装配空间设计

装配空间是实现产品功能的关键之一。任何产品都是某种功能的载体。装配空间的设计必须考虑避免零件在装配过程中发生干涉、避免零件在运动过程中干涉、避免用户在使用产品过程中发生零部件干涉以及为装配工具提供装配空间。

1. 避免零件在装配过程中发生干涉

避免零件在装配过程中发生干涉，在产品的装配路线上应当没有零件阻挡装配过程的完成，这是产品设计最基本、最简单的常识，但也是机械工程师最容易犯的错误之一。其可以在三维软件中进行动态模拟。

2. 避免零件在运动过程中干涉

很多产品包含运动零件，运动零件在运动过程中需要避免发生干涉，否则会阻碍产品实现相应的功能，造成产品故障甚至损坏。其可以在三维软件中进行动态模拟。

3. 避免用户在使用产品过程中发生零部件干涉

用户在使用产品过程中发生零部件干涉主要体现在各种外接产品上，其中插座的设计就是一个典型的例子。图 2-45 为一个插座面板的设计，此插座面板为电器提供两相或三相供电功能。在原始的设计中，两种插头并列布置，此时若同时使用两种电器则会使插头产生干涉，造成只能使用其中的一种插头；而优化的设计通过错位设计，为插头提供了更大的空间，满足了两种插头的同时使用。

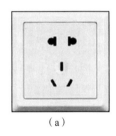 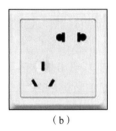

（a）　　　　　　　　　（b）

图 2-45　一个插座面板的设计

（a）原始的设计；（b）优化的设计

4. 为装配工具提供装配空间

零件在装配过程中，经常需要辅助工具来完成装配。例如，两个零件之间通过螺钉固定，则零件的装配需要通过螺丝刀等工具完成。在产品的设计中，需要为辅助工具或设备提供足够的空间，使辅助工具或设备能够顺利完成装配工序。如果产品设计提供的空间不够大，阻碍辅助工具的正常使用，势必影响装配的质量，严重时甚至使装配工序无法完成，如图 2-46 所示。目前的产品都倾向于在更小的空间尺寸内集成更多的功能，这对产品设计提出了很大的挑战，因此在产品装配中会出现辅助工具无法正常使用的情况。至于具体的空间尺寸的获取，这就需要了解辅助工具的尺寸和工作原理，除了向装配式工程师或制造工程师寻求帮助外，还需要一种合适的验证手段进行空间的确认。

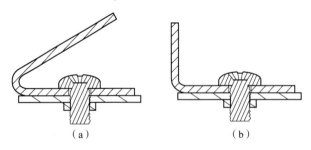

（a）　　　　　　　　　　　（b）

图 2-46　为装配工具提供装配空间

（a）原始的设计；（b）优化的设计

第3章 手工装配的可装配性因素分析

根据产品的生产批量，工艺成熟度、产品特点等不同，产品装配一般分为手工装配、柔性/半自动装配和自动装配三种。一般而言，手工装配的可装配性分析是基础，既是小批量生产的需要，也是自动化装配设计的基础。本章以手工装配为对象，从装配流程中关键的搬运操作时间和插入操作时间两大影响因素进行介绍。

3.1 影响产品可装配性的因素

在手工装配中，影响产品可装配性的因素有零部件因素、工艺因素和系统因素，这三个因素对装配的影响都反映在获取阶段和装配阶段。

3.1.1 零部件因素

在产品装配中，零部件作为装配的基本单元，其自身的性质对产品的可装配性影响很大。

在获取阶段，零部件因素的影响主要表现在零件的尺寸和形状等特征方面。尺寸特别小或特别大的零件难以搬运；零件形状复杂使抓取和定位困难等。

在装配阶段，零部件因素的影响主要反映在零部件的稳定性、易对准及插入等特征方面。零件的稳定性差使零件在连续装配的过程中，必须通过额外操作，才能完成零部件装配。显然如果零件依赖自身的特征可以实现装配操作，则有利于减少装配的时间。

3.1.2 工艺因素

在零部件装配的过程中，工艺因素依赖于产品装配中采用何种方法、过程、途径来实现零部件的装配。

在获取阶段，工艺因素对可装配性的影响有许多方面，如零部件的搬运方式、搬运距离等，它决定了零部件从进料处到达装配位置的难易程度。

在装配阶段，影响产品可装配性的工艺因素是指零部件的连接、紧固方法、装配的路径等。不同的连接和紧固方法，可以反映出不同的装配成本。如直线的装配路径比曲线的装配路径更有利于装配的实现等。

3.1.3 系统因素

系统因素是指产品在装配过程中零件与零件的相互作用及表现的系统特征，如零件数、标准化零件数、装配基准等。

在获取阶段，零部件之间的作用包括零部件之间的嵌套、缠绕，由于嵌套和缠绕使零部件的搬运难度增大，需要人工或专门的机械以改变零部件之间的嵌套和缠绕情况。

在装配阶段，零件之间的相互作用主要表现在配合的两个零部件之间的间隙，显然零件的间隙越小，配合的区段越长，则装配的阻力和难度越大。类似地，由于零部件在装配系统中的空间位置，制约了零部件的装配方向，也影响了零部件的可装配性。

3.2 影响搬运操作时间的因素分析

3.2.1 零件对称性对搬运时间的影响

影响手工抓取和定位零件所需时间的基本几何设计特征之一是零件的对称性。零件的定位通常可以分成两种不同性质的操作。

（1）绕垂直于插入轴的轴线旋转。

（2）绕插入轴旋转。

因此可以定义两种对称类型。

（1）α 对称，取决于零件定位时必须绕垂直于插入轴的轴线旋转的角度。

（2）β 对称，取决于零件定位时必须绕插入轴旋转的角度。

例如，一个要插入正方形孔的正四棱柱，定位时先绕垂直于插入轴的轴线转动，转动的最大角度是180°，因此正四棱柱具有180°α 对称；然后，正四棱柱要绕插入轴转动，最多转动90°棱柱就可插入，因此，正四棱柱又具有90°β 对称。如果把正四棱柱插入一个圆孔，则正四棱柱具有180°α 对称和0°β 对称。图3-1为不同零件的α、β 对称度。

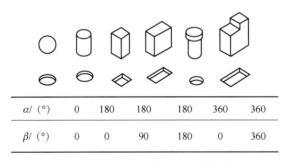

| α/ (°) | 0 | 180 | 180 | 180 | 360 | 360 |
| β/ (°) | 0 | 0 | 90 | 180 | 0 | 360 |

图 3-1 不同零件的 α、β 对称度

已有多种方法用来测定和描述定位一个零件所需要的转动和完成转动所需要的时间之间的关系。使用最广泛的两个系统是 MTM（methods time measurement）系统和 WF（work factor）系统。

在 MTM 中使用了最大可能定位（方位）（maximum possible orientation）的概念，相当于零件的 β 对称度的一半，MTM 没有考虑 α 对称度的影响。考虑到实际应用，MTM 按最大可能定位分为三组，即：①对称；②半对称；③不对称（仅指零件的 β 对称度）。

在 WF 系统中，零件的对称度由可插入零件的方式数与抓取零件方式数的比值确定。在正四棱柱插入正方形孔的例子中，正四棱柱的特定一端可通过 4 种方式插入正方形孔，而它有 8 种合适的抓取方式。因此，按 WF 系统的定义，抓取的正四棱柱的一半需要定位，即定位率为 50%。WF 系统包含了零件的 α 对称度，也包含了零件的 β 对称度。遗憾的是，基于 WF 系统的定义使这种对称度分类方式只适用于有限范围的零件形状。

人们为了寻找零件对称度与定位所花费时间的关系做了大量尝试，最后发现，α 和 β 之和是最有用的参数之一。

$$对称度和 = \alpha + \beta$$

通过实验，可以确定对称度之和对零件搬运（抓取、移动、定向、定位）所需时间的影响（图 3-2）。根据一般工程实际，可以将零件的对称度之和划分为 5 种情况，其中第一种情况对称度之和为零，这是球体的对称度之和，在实际应用中不普遍。因此，零件搬运分类系统中只列出了 4 种情况，涉及正四棱柱、正六棱柱、圆柱体等。图 3-2 中阴影部分表示不常见的对称度之和。对称度之和的范围包括下列几种。

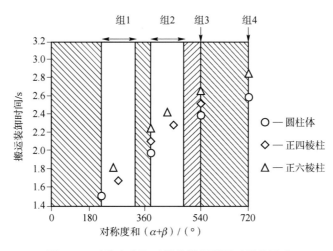

图 3-2 对称度之和对零件搬运所需时间的影响

（1）$180° \leqslant \alpha + \beta < 360° - \delta$。
（2）$360° \leqslant \alpha + \beta < 540° - \delta$。
（3）$\alpha + \beta = 540°$。
（4）$\alpha + \beta = 720°$。

3.2.2 零件厚度对搬运时间的影响

通常认为零件厚度为其最小外接矩形（也称最小包围盒）的最短边长。也可采用 WF 系统的定义，即通常长圆柱形零件厚度指它的直径，非圆柱形零件厚度指零件的最小尺寸沿平面法矢延伸的最大高度。

这里将具有圆形截面或 5 条边以上规则多边形截面的零件定义为圆柱形零件，图 3-3 为零件厚度对搬运时间的影响。由图可见对非圆柱体零件，当零件厚度>2 mm时，不存在抓取和搬运的问题，但是对长圆柱体零件，如果以直径作为厚度，那么临界值将出现在 3.5 mm 以上。从直观意义上看，如果将不同的零件放在地面上，那么，抓起3.5 mm 直径的长圆柱形零件的难度与抓起 2 mm 厚度的长方体零件的难度是等价的。

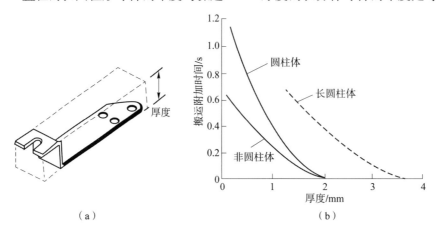

（a）   （b）

图 3-3　零件厚度对搬运时间的影响

（a）零件厚度示意图；（b）零件厚度与抓取时间关系

3.2.3　零件尺寸对搬运时间的影响

零件尺寸（也叫主尺寸）一般可以定义为零件的最小外接矩形的最大边长，也可定义为零件外轮廓投影在平面上的最大非对角线方向的尺寸，通常也是零件的长度。圆柱体和非圆柱体零件尺寸对搬运时间的影响如图 3-4 所示。一般将零件分成 4 种尺寸类型，其中大型零件的尺寸变化对搬运时间几乎没有影响；中型和小型零件的尺寸变化对零件搬运时间影响很大；零件搬运时间对极小零件的尺寸变化极其敏感，这时的装配通常采用镊子操作。

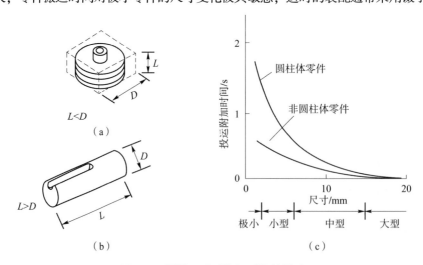

（a）

（b）   （c）

图 3-4　零件尺寸对搬运时间的影响

（a）零件最小外接矩形主尺寸；（b）零件投影主尺寸；（c）零件主尺寸和抓取时间关系

3.2.4　零件质量对搬运时间的影响

零件质量对零件的抓取和操作的影响表现在基本抓取和操作时间上加上一个附加值，对移动的影响则与零件质量成正比，关于零件质量对用一只手搬运零件的影响，采用总的操作时间 t_{pw} 表示，可由式（3-1）给出：

$$t_{pw} = 0.027\ 5m + 0.024\ 2t_h \tag{3-1}$$

式中，m 为零件的质量，kg；t_h 为安装一个不需要定位且仅做短距离移动的"轻的"零件所需的基本时间，s。t_h 的平均值为 1.13 s。由于质量引起的时间消耗大约为 0.055 m。

假设一只手搬运的零件的最大质量为 4.54~9.08 kg，则质量引起的最大的搬运操作时间是 0.25~0.5 s。当然，这里的分析没有考虑零件通常所要移动的更长的距离，显然，距离越长，消耗的时间越多。

3.2.5　双手操作对搬运时间的影响

有些情况下零件需要用双手操作，如零件很重、零件要求操作非常仔细和小心、零件很大或容易弯曲、零件没有适合抓取的结构致使单手操作困难等，在这些情况下，装配零件的时间要长一些。为此可在基本时间的基础上进行一些修正（加 1~2 s），实验表明这是符合实际的。

3.2.6　综合因素的影响

以上考虑了手工装配时影响搬运时间的不同因素，对每个因素给出了对应的附加时间。显然，当各种因素并存时，不能将各个附加时间做线性叠加。例如，假设搬运一个零件从 A 到 B，需要一个附加时间，而在零件搬运过程中，可以对零件进行定向，因此，把影响零件搬运时间的不同因素引起的附加时间相加是错误的，可以根据实验确定类似情形下零件获取所需要的平均时间。这里涉及了多因素影响下产品的可装配性。

3.3　影响插入操作时间的因素分析

3.3.1　零件倒角对插入时间的影响

把一根轴插进孔和使带孔零件在轴上定位是两种常用的装配操作。

传统锥形倒角设计的几何形式如图 3-5 所示，图 3-5（a）给出了具有倒角的轴，其中 d 是轴的直径，w_1 是倒角的宽度，θ_1 是倒角的半圆锥角，图 3-5（b）给出了具有倒角的孔，其中 D 是孔径，w_2 是倒角宽度，θ_2 是倒角的半圆锥角，轴和孔之间的无量纲的径向间隙为 C，可以由式（3-2）定义。

$$C = \frac{D - d}{D} \tag{3-2}$$

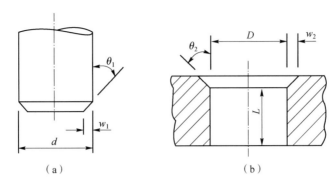

图 3-5　传统锥形倒角设计的几何形式

（a）轴的装配特征；（b）孔的装配特征

典型的实验结果显示了不同倒角设计对将轴插入孔的时间的影响，如图 3-6 所示。从实验结果中，可得出以下结论。

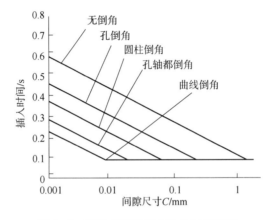

图 3-6　间隙 C 对轴插入孔的时间影响

（1）对于给定的间隙，两个不同倒角设计的插入时间差别通常是一个常数。

（2）轴上倒角的插入时间比孔上同样的倒角更有效。

（3）能有效减少插入时间的轴和孔的最大倒角宽度约为 $0.1D$。

（4）轴和孔上都为圆锥倒角是最有效的设计之一，且：$w_1 = w_2 = 0.1D$；$\theta_1 = \theta_2 < 45°$。

（5）在 $10° < \theta < 50°$ 范围内，手工插入时间对倒角角度变化不敏感。

（6）对小间隙来说，圆形或曲线形倒角比锥形倒角更好。

由轴插入孔的实验可知，小间隙轴、孔在手工插入时，需要较长时间，这是由于在插入最初阶段轴和孔发生的接触引起的，图 3-7 给出了引起困难的两种可能情况，在图 3-7（a）中，在轴外圆与孔接触的两个点使插入阻力增大；在图 3-7（b）中，轴在孔口处被卡住，可以找到一个合适的几何形状以避免出现这种情况。分析结果表明，等宽的倒角是具有希望性质的设计之一（图 3-8），容易发现，对这样的倒角，在 $C > 0.01$ 范围内，插入时间与无量纲间隙 C 无关。因此，对插入操作而言，曲线形倒角是最优设计之一。但是，曲线形倒角的制造费用一般大于锥形倒角的费用，因此曲线形倒角仅在间隙值非常小且插入时间剧减，因而可以补偿较高的制造费用时才值得考虑。曲线形倒角的一个有趣例子是类似弹头的几何形状，这样的设计不仅具有很好的空气动力学特性，而且使轴具有很好的可装配性。

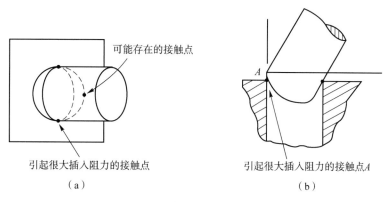

图 3-7　轴孔装配时的接触点

（a）情况一；（b）情况二

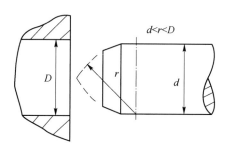

图 3-8　等宽倒角

在锥形倒角和曲线形倒角情况下，估算手工插入时间 t_i。对锥形倒角，手工插入时间 t_i 由式（3-3）给出（单位：ms）：

$$t_i = \max(-80.5\ln C + f_1(w_1, w_2, D) + f_2(d_g) + 1.4L + 289, 1.4L + 15) \quad (3-3)$$

函数 f_1 由式（3-4）给出：

$$f_1 = \max\left\{\left[\frac{(-1\,500w_1)}{D} - \frac{(-1\,200w_2)}{D}\right], -270\right\} \quad (3-4)$$

函数 f_2 则由式（3-5）给出：

$$f_2 = 0.602d_g^2 - 33.2d_g \quad (3-5)$$

这里 d_g 为轴柄直径，mm；L 为插入深度，mm。

对于修正过的曲线形倒角，插入时间由式（3-6）给出：

$$t_i = 1.4L + 15 \quad (3-6)$$

可以根据不同装配的实际情况，对有关公式进行调整。

带孔零件装到轴上时很容易被卡住，这个问题在将垫圈装配到螺栓上时很典型。

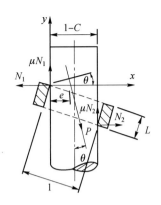

图 3-9　零件和轴装配受力及几何关系

分析零件装配到轴上的实例（图 3-9），孔径可记作一个单位，所有其他长度尺寸以这一单位来度量，它们是没有量纲的。轴径是 $1-C$，这里 C 是两配合件无量纲的径向间隙，装配操作时的合力记作 P，P 的作用线与 x 轴交于点 $(e,0)$，如果满足式（3-7）所列方程，零件将沿着轴自由滑动。

$$P\cos\theta > \mu(N_1+N_2) \tag{3-7}$$

式中，μ 为两物体间的摩擦系数。

在水平方向上，合力为 0：

$$P\sin\theta + N_2 - N_1 = 0 \tag{3-8}$$

在点 $(0,0)$ 处合力矩为 0：

$$\{[1+L^2-(1-C)^2]^{1/2}+\mu(1-C)\}N_2 - eP\cos\theta = 0 \tag{3-9}$$

由式（3-7）~式（3-9）可得

$$[2\mu e/q-1]\cos\theta + \mu\sin\theta < 0 \tag{3-10}$$

其中，$q=(1+L^2-(1-C)^2)^{1/2}+\mu(1-C)$。

这样，当 $e=0$ 和 $\cos\theta > 0$ 时，方程（3-10）变为

$$\tan\theta < 1/\mu \tag{3-11}$$

这种情况下零件可以自由滑动。

当 $e=0$ 和 $\cos\theta < 0$ 时，零件可以自由滑动的条件变为

$$\tan\theta > 1/\mu \tag{3-12}$$

当 $\theta=0$ 时，式（3-10）变为

$$2\mu e < q \tag{3-13}$$

令

$$e = m/2(1-C) \tag{3-14}$$

其中，m 是一个正数，式（3-14）代入式（3-13）后得

$$1+L^2 > (1-C)^2[\mu^{2(m-1)^2}+1] \tag{3-15}$$

当 $m=1$ 时，即力沿着轴线方向，由于 $1+L^2 > (1-C)^2$，因此零件在这样的条件下是不会被卡住的。

再考虑第二种情况，把盘状的零件插入孔中，如果采用专门的装配工具，可以防止零件被卡住。但是更简单、也更经济的方法是在设计时通盘考虑所有的零件尺寸。

同样，如图 3-10 所示，孔径记为 1，圆盘直径为 $1-C$，圆盘厚度为 L。

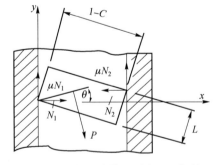

图 3-10　圆盘和孔装配受力及几何关系

当没有倒角的圆盘插入一个孔时，自由滑动的条件由式（3-16）给出：

$$L^2 > \mu^2 + 2C - C^2 \tag{3-16}$$

如果 C 非常小，则式（3-16）可用式（3-17）表达：

$$L>\mu+C/\mu \tag{3-17}$$

而当圆盘很薄时，可以握住圆盘的侧面，放到孔底后再重新定位。

3.3.2　位置阻碍和视角限制对插入时间的影响

关于在不同条件下实现不同类型螺纹连接的时间问题，已进行了大量的研究。这里，首先考虑一个螺钉和螺纹啮合的情况，图 3-11（a）表示装配中存在位置障碍和视觉限制时，装配工人不能观察操作的情况，螺钉头部和孔的形状对连接有影响。当障碍物表面到孔中心的距离 C 超过 16 mm 时，仅有视角限制的影响，在这种情况下，标准螺钉插入沉孔花费的时间最短。对于标准螺钉和标准螺孔，需要增加 2.5 s 时间。当螺孔紧靠障碍物，由于妨碍操作，故需额外增加 2~3 s 时间。

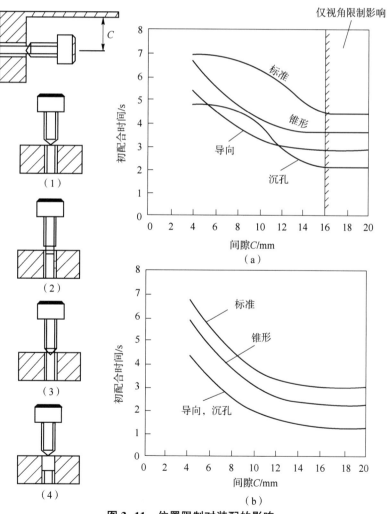

图 3-11　位置限制对装配的影响

（a）位置障碍和视角限制；（b）视角限制

（1）标准螺钉-标准孔；（2）导向螺钉-标准孔；（3）锥形螺钉-标准孔；（4）标准螺钉-沉孔

图 3-11(b) 表示的是在相似条件下，但工人的视线不受限制时得到的结果，和前面的结果相比较，表明位置障碍时，视觉限制的影响很小。这是因为靠近阻碍物表面时，往往以触觉代替视觉，但是当阻碍物移去时，视角限制会引起长达 1.5 s 的附加装配时间。

当螺钉和螺孔啮合时，装配工人使用工具，通过足够的旋转使螺钉拧紧，图 3-12 对比了不同螺钉类型，使用手工工具和使用动力工具操作的时间，这里没有考虑对工具操作的其他限制（如视觉、障碍物等）。最后用图 3-13 表示工具操作受不同程度阻碍时，利用各种手工工具拧紧螺帽所用的时间，可以看到当存在位置障碍时闭口扳手每转所需的附加时间高达 4 s，但是当制订一个新产品的设计方案时，设计者一般不考虑所用工具的类型，而是希望对某一装配操作选择最适合的工具。在图 3-13 所示情况下，六角头起子或者套筒扳手是较好的装配工具。

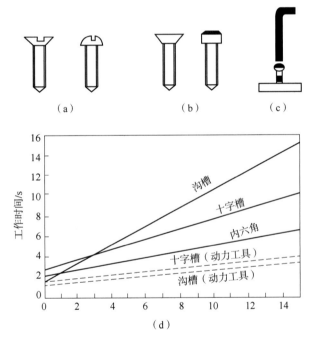

图 3-12　不同螺钉类型的影响

（a）沟槽螺钉；（b）十字槽螺钉；（c）内六角螺钉；（d）螺纹数量与工作时间关系

3.3.3　位置和视角限制对铆接操作的影响

图 3-14 给出了位置和视觉限制对铆接操作的影响的实验结果。在实验中用手拿起工具和铆钉，移动工具到正确位置，插入铆钉，安装并使工具回到初始位置的平均时间是 7.27 s。图 3-14(b) 表示了在位置限制和视觉限制同时起作用的情况下，铆接操作的时间罚值。图 3-14(c) 表示了仅在位置限制起作用的情况下，铆接操作的时间罚值。由图可见，只要间距 A 大于 10 mm，通常时间罚值可以忽略。

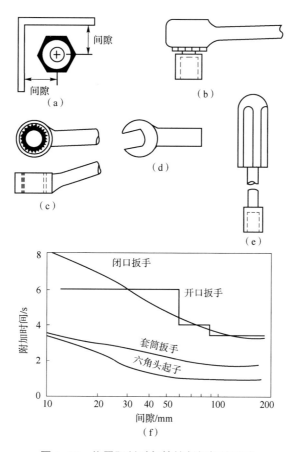

图 3-13　位置限制对每转拧紧螺帽的影响

（a）间隙示意图；（b）套筒扳手；（c）闭口扳手；（d）开口扳手；（e）六角头起子；（f）间隙与每转时间关系

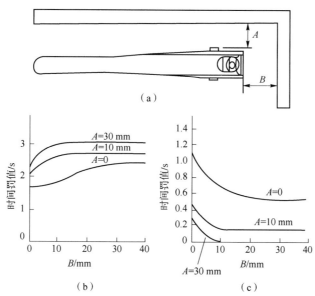

图 3-14　位置和视角限制对铆接操作的影响

（a）铆接操作示意图（从旁边观察）；（b）位置和视角有限制；（c）仅有位置限制

3.3.4 保持方位操作对插入时间的影响

在连续装配过程中经常有这种情况，即当零件插入孔后暂不紧固，零件位置处在不固定状态，但需要保持零件的方位，以便进行后续的装配操作。所谓保持方位操作，是在后续操作之前，保持已定位零件的位置和方向。为了描述保持方位操作的时间，这里引入基本时间 t_b 和额外时间罚值 t_p。把轴垂直插入一个有两个或两个以上叠起零件的孔的时间，可以表达为基本时间 t_b 和额外时间罚值 t_p 之和。当零件已预先对中和自定位时，插入一根轴所需要的时间为基本时间，如图 3-15 所示，t_b 可以表示为

$$t_b = -0.07\ln C - 0.1 + 3.7L + 0.75d_g \tag{3-18}$$

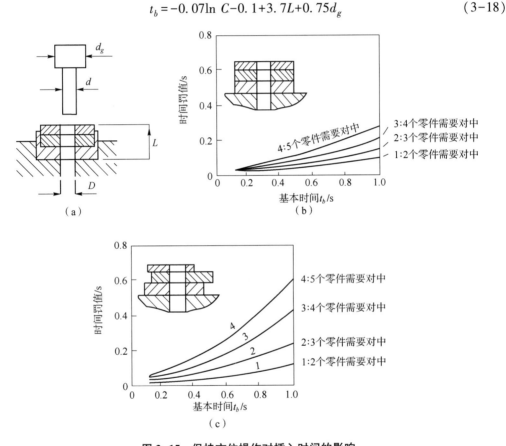

图 3-15 保持方位操作对插入时间的影响

(a) 零件自定位（已对中）；(b) 易对中零件；(c) 不易对中零件

这里 C 为无量纲间隙，$C = (D-d)/D$（$0.001 \leqslant C < 0.1$）；L 为插入深度，m；d_g 为零件端部的尺寸，m（$0.01\,\text{m} \leqslant d_g \leqslant 0.1\,\text{m}$），例如：

$$D = 20\,\text{mm}, d = 19.6\,\text{mm}$$

$$C = (D-d)/D = (20-19.6)/20 = 0.02$$

$$L = 100\,\text{mm} = 0.10\,\text{m}(假定 3 个分界面)$$

$$d_g = 40\,\text{mm} = 0.04\,\text{m}$$

那么，

$$t_b = -0.07\ln C - 0.1 + 3.7L + 0.75d_g$$
$$= -0.07\ln 0.02 - 0.1 + 3.7 \times 0.1 + 0.75 \times 0.04$$
$$= 0.57(s)$$

图 3-15 和图 3-16 中给出了保持方位操作对插入时间的影响。图中额外时间罚值 t_p 有以下 3 种情况。

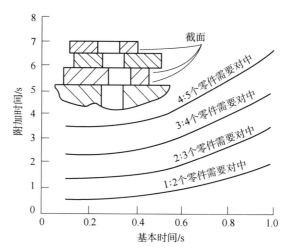

图 3-16　保持方位和需对准操作对插入时间的影响

（1）容易对中的零件已经对中，需保持方位［图 3-15（b）］。
（2）难以对中的零件已经对中，需保持方位［图 3-15（c）］。
（3）难以对中的零件没有对中，需对中和保持方位（图 3-16）。

对上面所给的例子其 $t_b = 0.57$ s，在图 3-15（b）条件下额外花费时间 $t_p = 0.09$ s，图 3-15（c）条件下额外花费时间 $t_p = 0.155$ s，图 3-16 条件下 $t_p = 3$ s。

3.3.5　装配方向对插入时间的影响

一般可以将零件的装配分为 6 个方向。装配方向 1 指零件从上至下进行装配，由于可以充分利用重力，因此是最佳的装配方向，时间最短。装配方向 2、3、4、5 指零件从侧面进行装配（前、后、左、右），是次佳的装配方向，时间次之。装配方向 6 指零件从下至上装配，由于重力对装配有阻碍作用，是最差的装配方向，时间最长。

第4章 装配中的连接与紧固

任何机械结构都是由一定数量的零件与部件组成的，零件的组合形成部件，零件与部件的组合又形成较大的组件。这种零件或部件因组合而必须有的相互接触，便形成了连接关系。连接作业是整个装配过程的关键环节，装配精度在很大程度上由连接的各种属性所决定。其中，连接类型首先决定了装配精度的大致范围。连接和紧固是密不可分的，先连接再紧固。为此，本章针对装配设计中重要的螺纹连接和过盈连接进行单独介绍。

4.1 概述

4.1.1 连接的重要性

连接是装配设计中的重要部分，在某些机械结构的设计中，连接设计更是产品可靠性设计的重点部位。连接设计不良可能是机械故障甚至是某些高科技产品失事的常见根源。就功能而言，连接结构在一定程度上影响到机械结构的技术性能和使用性能。在技术性能方面，如结构的互换性能、再定性能、密封性能、可装卸性能、载荷传递的合理性等均与连接设计有直接关系，拆卸设计更是当代绿色设计的主要内容之一。在使用性能方面，如维修性能、抗腐蚀性能、安全性能、装拆的快速性等均与连接设计有直接关系。

4.1.2 连接的目的

在产品设计中连接的目的可以概括为以下几种。
（1）改善加工工艺，简化零件制造。
（2）为便于检修或更换，要求零件之间能够拆卸。
（3）大型结构分块，便于运输。
（4）通过特定的连接方式，实现对装配的技术要求。
（5）通过连接，节省稀有材料或贵重金属。
（6）通过连接环节保证产品工作使用中的安全。

4.1.3 常用的连接方法与分类

根据装配连接中采用的主要紧固连接方法，可以按照不同的分类标准进行分类，连接的种类及特点如表4-1所示。

表 4-1　连接的种类及特点

分类方法	连接类型	特点
工作状态	静连接	连接件之间没有相对运动，其相互位置在工作时不能也不允许发生变化，如螺纹连接、键连接、过盈连接、铆接等
	动连接	连接件之间在工作时有相对运动，如轴承与轴之间的连接、齿轮连接以及可传动的铰连接
工作原理	力锁合连接	包括摩擦力锁合连接、弹性力锁合连接和磁性力锁合连接，如过盈连接、靠螺栓弹性变形的夹紧连接
	形状锁合连接	利用形状的交错嵌合达到连接的目的，如塑料件的卡入式结构、键连接、销连接，以及金属板材相互卷边的连接
	材料接合的连接	通过材料的变化实现，如焊接、胶结等
有无紧固件	有紧固件连接	采用螺钉、螺栓、键、销等作为附加连接件实现
	无紧固件连接	连接中不需要采用其他连接件，如过盈连接、收口连接、卡紧连接等
能否拆卸	不可拆卸连接	连接拆开后，连接件或被连接件会遭受破坏，如铆接、焊接等
	可拆卸连接	连接件经拆卸后，没有损坏，不影响性能，可以重复使用，对于有装配、维修、调整、检查等要求的连接应当采用可拆卸连接
连接工艺	螺纹连接	通过螺栓、螺钉等进行连接，包括普通螺纹连接和各种新型的螺纹连接
	铆接	采用加压紧固的方法，通过铆钉或零件材料的变形实现连接
	焊接	通过加热使零件表面或焊料熔化，通过材料的熔合实现连接
	胶结	通过胶结剂实现零件的结合

4.1.4　连接方法的选用

各种连接方法的使用因行业而异。机械制造和车辆制造行业比精密仪表行业更多地使用螺纹连接。除螺纹连接以外，最常用的连接方法包括套装、插入、推入和挂接等。所要求的连接动作取决于两个被连接件的配合面的形状和位置。其余的连接方法，如槽连接、通过涂覆密封材料和黏结材料连接、弹簧卡圈的涨入、齿轮副的装配、楔连接、压缩连接以及旋入等只占很少的比例。

结构设计选用连接方法时，除考虑连接强度、刚度、精度的要求外，还应考虑各种连接方法的工艺性。硬铝、超硬铝合金材料的组合结构，常采用铆接连接或螺栓连接方法，有时也可采用点焊连接方法。防锈铝合金、不锈钢、钛合金等焊接性能好的材料，其组合结构一般宜采用焊接连接方法；但对于有复杂形状配合面而刚度又较小的组合结构，不宜采用熔化焊的连接方法。这是因为后者焊接变形大，难以保证复杂形状结构件的协调准确度。在薄壁结构的连接中，胶结和接触焊接也被采用。铆接的强度比较稳定，同别的连接方法相比其可靠性是比较高的。铆接质量容易检查，故障容易排除。铆接对几何形状较复杂和不够开敞的结构适应性好，可用于各种不同材料连接。对于不可拆卸的机械连接结构，凡可采用铆接连接的部位应尽量采用铆接连接。

通常情况下在产品设计阶段连接方式就被确定了，由于可以采用的连接结构很多，所以连接方式也是多种多样的。对于那些结构复杂的产品，越来越多的各种不同的连接方法被采用。各种不同的连接方法还可以结合使用，例如焊接+胶结、贯穿+胶结。贯穿又包括各种不同的方法变种，如贯穿连接、扭接等，适用于那些容易变形的连接材料以及覆盖板料等，当然板料的厚度必须限定在一定的范围。

以上连接方法都有相应的特点，可以根据实际工程要求选用合适的方法。选择连接方式的原则包括以下几点。

（1）连接的作用（刚性的-可动的，可拆卸的-不可拆卸的）。

（2）连接结构（对接、搭接、并接、角接）。

（3）连接位置的剖面形状（板件-实心件，板件-板件等）。

（4）结合的种类（力结合，形状结合，材料结合）。

（5）制造和连接公差。

（6）可连接性（材料结合）。

（7）连接的要求（负荷）及实现的程度。

（8）连接方向与受力方向。

（9）实现自动化的可能性。

（10）可检验性及质量参数的保证率。

4.2　螺纹连接的工艺性

螺纹连接是一种通过压紧产生螺纹面间的力锁而实现的连接，因为被连接件是通过螺钉被相互紧紧地压在一起的，由此产生一对摩擦副。为了能够从数量上精确地控制连接力，必须对有关的因素加以控制。

螺纹连接作为最基本的连接方式在机械装配中有着广泛的应用。螺纹连接包括螺栓、螺钉、螺柱、螺母等具有普通螺纹的紧固件连接和具有自攻螺纹、木螺纹的紧固件连接。螺纹紧固件中还有配合使用的各种附件（垫圈、开口销等）。此外有些零件之间，本身带有螺纹也可以直接连接。

4.2.1　螺纹连接的基本类型及运用

螺纹紧固件连接的基本类型及主要应用有三类，分别是螺栓-螺母连接、双头螺柱连接和螺钉连接。

1. 螺栓-螺母连接

此连接用于通孔，按螺栓与被连接件配合的松紧不同分为两类。

图 4-1（a）为普通螺栓连接。螺栓与通孔之间有间隙，依靠螺栓拧紧后的紧固力使连接件间产生摩擦力来传递载荷。一般被连接件的厚度之和为螺纹大径的 2~7 倍（适用于 M5~M24 的螺栓）。因通孔加工精度低、结构简单、装配方便，又不受被连接件材料限制，所以应用极广。

图 4-1（b）为紧配螺栓连接。用于工作载荷垂直于螺栓轴线时的场合。如采用图 4-1（a）所示普通螺栓连接，连接件接合面间须产生足够的摩擦力以平衡外载荷，这需要足够的预紧力。一般受横向载荷的螺栓，其预紧力为横向工作载荷的 5 倍，所以螺栓螺母的尺寸必然较大。再有，当承受振动、冲击或变载荷时，依靠摩擦力承受载荷并不可靠，因此宜采用紧配螺栓连接。此种紧配螺栓连接也可用于精确定位，阻止两连接件彼此间的相对滑动。配合部分的螺栓杆与通孔需要精加工或进行铰制，一般采用基孔制过渡配合。

2. 双头螺柱连接

图 4-2（a）为双头螺柱连接，应用于两连接件中有一件较厚，不便使用螺栓，而被连接件又需经常拆卸的情况。这样可使螺柱一端拧入厚层机体，另一端拧上螺母；连接件卸离时，仅将螺母拧开，而螺柱不动。再有一种情况是，带螺孔的被连接件的材料强度较低（如铸铁、铝合金等），为避免经常装卸而使螺孔受到损伤，亦采用双头螺柱连接。

图 4-2（b）为螺柱两端各拧入螺母紧固，多用于箱形构件，以代替螺栓-螺母连接。

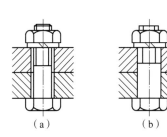
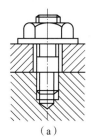
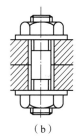

图 4-1　螺栓-螺母连接　　　　　　　图 4-2　双头螺柱连接

（a）普通螺栓连接；（b）紧配螺栓连接　　（a）双头螺柱连接；（b）螺柱两端各拧入螺母紧固

3. 螺钉连接

螺钉直接拧入被连接件的螺纹孔中，多数情况不用螺母，结构简单紧凑，适用于结构上不便采用螺栓、受力不大又不宜经常拆卸的场合。

图 4-3（a）为螺钉头部全部或部分沉入连接件，该结构多用于外表，如仪器面板。

图 4-3（b）为紧定螺钉连接。紧定螺钉连接不是坚固的连接形式，只是靠摩擦力和不大的剪力把零件连接在一起，多是用于固定两个零件的相对位置，以传递不大的力或扭矩。如电器开关旋钮与轴的固定。

图 4-3（c）为自攻螺钉连接。自攻螺钉的表面经淬硬，在拧入时通过挤压形成内螺纹。因螺钉与挤压形成的内螺孔无间隙，所以连接紧密。其常用于连接强度要求不高、固定两个零件的相对位置的情况。

图 4-3(d)为木螺钉连接。其一般用于铁木结构件的连接。金属件应预制通孔,木质件则视其材质软、硬及木螺钉的长、短可以不制出预制孔或制出一定大小、深度的预制孔。

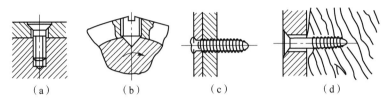

（a）　　　　　　　（b）　　　　　　　（c）　　　　　　　（d）

图 4-3　螺钉连接

（a）螺钉头部全部或部分沉入连接件；（b）紧定螺钉连接；（c）自攻螺钉连接；（d）木螺钉连接

4.2.2　螺纹连接的装配工艺

为保证螺纹连接的可靠性及有效性,装配时的工艺要点是控制适当的预紧力。

1. 螺纹连接装配方法

螺纹连接的装配方法主要取决于对预紧力的要求。

（1）无预紧力的要求。对无预紧力要求的螺纹连接,多采用普通扳手、风动或电动扳手或击紧法拧紧。M6~M24拧紧力矩与螺栓材料的屈服强度如表4-2所示。

表 4-2　M6~M24 拧紧力矩与螺栓材料的屈服强度

螺纹直径 d/mm	螺栓强度级别			
	40.6	50.6	60.6	100.9
	拧紧力矩/（N·m）			
6	3.5	4.6	5.2	11.6
8	8.4	11.2	12.6	28.1
10	16.7	22.3	25.0	56.0
12	29.0	39.0	44.0	97.0
14	46.0	62.0	70.0	150.0
16	72.0	96.0	109.0	240.0
18	100.0	133.0	149.0	330.0
20	140.0	188.0	212.0	470.0
22	190.0	256.0	290.0	640.0
24	240.0	325.0	366.0	810.0

注：螺栓强度级别表示方法：小数点前的数字为$\sigma_{bmin}/10$,小数点后的数字为$\sigma_{smin}/\sigma_{bmin}$或$\sigma_{0.2}/\sigma_{bmin}$

（2）规定预紧力的螺纹连接（表 4-3），如需精确控制预紧力，可采用千分尺或在螺栓光杆部分贴应变片，精确测量螺栓伸长量或应变量，以达到精确控制预紧力的目的。此方法易受结构等因素限制，只用于特殊场合。

表 4-3　规定预紧力的螺纹连接方法

名称	控制预紧力方式	说明
定扭矩法	用定扭矩扳手控制，误差较大	定扭矩扳手在使用前应校核，在使用过程中也必须经常校核，操作方便
扭角法	将螺母拧紧消除间隙后，再将螺母扭转一定角度控制预紧力。由于受螺栓的伸长变形、应力分布不均匀及被连接件的接触情况等因素影响，误差较大	不需专用工具，操作方便
扭断螺母法	在螺母圆周上切一定深度的环形槽，扳手套在环形槽上部的螺母上，达到规定的预紧力时，螺母即沿环形槽扭断，误差比上述方法小	此法为变扭矩法的改型，操作简便，但拆卸后重装螺母时，必须用其他方法控制预紧力或更换螺母
液力拉伸法	用液力拉伸器使螺栓达到规定的伸长量以控制预紧力，螺栓不承受附加扭矩，误差较小	
加热拉伸法	用加热法（加热温度一般小于 40 ℃）使螺栓伸长，然后采用一定厚度的垫圈，或螺母热紧弧长来控制螺栓的伸长量；借以控制预紧力，误差较小	用喷灯或氧乙炔加热器进行火焰加热，操作简便；将电阻加热器放在螺栓轴向深孔或通孔中，加热螺栓的光杆部分进行电阻加热 在螺栓轴向通孔中通入蒸汽进行蒸汽加热

对大型螺栓，常用液力拉伸法及加热伸长法。采用热紧弧长控制预紧力时，沿螺母外接圆应转过的弧长值 $S(\mathrm{m})$ 可按式（4-1）近似计算：

$$S = K\frac{\sigma_0 D}{Ep}H \tag{4-1}$$

式中，σ_0 为规定的预紧应力，$\mathrm{N/m^2}$；D 为螺母外接圆直径，m；E 为螺栓的材料的弹性模量，$\mathrm{N/m^2}$；p 为螺距，m；H 为被连接件厚度，m；K 为系数，对于汽轮机连接螺栓取 1.2~1.5。

2. 光孔拧螺钉（或螺柱）

把螺钉（或螺柱）直接拧入无螺纹的光孔，是提高劳动生产率和产品质量的有效途径。

1）对螺柱的基本要求

螺柱的拧入端一般常用三种结构（图 4-4），凡冷态下能产生塑性变形的材料，如铅、镁合金，不锈钢及薄钢板等，可采用产生挤压作用的结构（Ⅰ型和Ⅱ型），Ⅰ型还可用于被连接件孔轴线有偏差的场合。对于铸件则采用能产生切削作用的Ⅲ型，其圆锥头部有切削刃口。

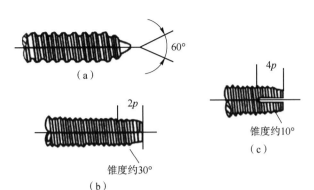

图 4-4 螺柱拧入端的几种结构牙型（p 为螺距）

(a) Ⅰ型；(b) Ⅱ型；(c) Ⅲ型

螺纹材料一般为 45 钢或合金钢，其硬度高于基体材料。用于铸铝基体的螺柱，硬度为 27~32 HRC，用于不锈钢、薄钢板、铸铁的自攻螺钉，常经碳氮共渗处理后硬度为 54~62 HRC。

2）光孔尺寸

光孔拧螺钉（或螺柱）所用的光孔尺寸除与螺纹规格有关外，还与零件材料、螺纹拧入端结构、连接要求等因素有关。具体尺寸可参阅相关资料。

3）光孔拧螺钉（或螺柱）注意事项

螺柱不允许有影响使用的凹痕、毛刺、浮锈和氧化皮等，拧入时应在螺柱上涂少量润滑油，拧入深度不应超过规定，不允许用返回螺柱的方法调整高度。

3. 螺纹连接装配时的工艺要求

（1）螺栓杆部应不受附加力矩的影响及不产生弯曲变形，头部、螺母底面应与被连接件接触良好。

（2）被连接件应均匀受压，互相紧密贴合连接牢固，符合规定要求。

一般应根据被连接件形状、螺栓的分布情况，按一定的顺序逐次（常为 2~3 次）拧紧螺母（图 4-5）。如有定位销，最好应从定位销附近开始。

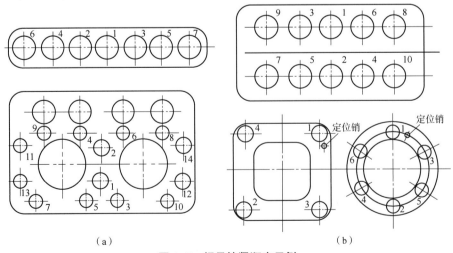

图 4-5 螺母拧紧顺序示例

(a) 无定位销；(b) 有定位销

4.2.3　螺纹连接在设计时的考虑

任何一种连接形式在设计时首要考虑的是该方式是否可以满足连接的功能性要求，以及连接的持久可靠性。根据不同的功能要求，需要在设计时相应地加以考虑。

对于螺纹连接，其特点是：在螺纹紧固件拧紧后，能够增强连接的刚性、紧密性和防松能力；对于拧紧后的受拉螺栓能够提高螺栓的疲劳强度；对于受剪切力的连接结构，有利于增大连接接合面的摩擦力。但如果在拧紧螺纹紧固件之后，出现并未紧固的情况，那么这样的连接便是失效的。所以要注意保证螺纹紧固件能够有效持久紧固的问题。针对螺纹连接的上述特点，设计过程中必须从材料、结构等方面加以保证。

1. 螺纹紧固件要有合理的结构

应使螺母全部拧合。螺纹开始和收尾处要设置退刀槽或倒角，保证螺栓（螺钉）与螺母的内外螺纹能完全拧合。如图 4-6(a) 所示，因无退刀槽，则在螺纹收尾处，由于加工时退刀的影响，必然有一段形成不完整部分（深度较浅、牙根略高），致使螺栓（螺钉）不能全部进入螺母，达不到紧固目的。图 4-6(b) 所示为有退刀槽的情况，螺栓（螺钉）能够全部旋入螺母。

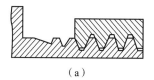 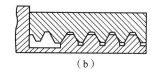

（a）　　　　　　　　　　　　（b）

图 4-6　设置退刀槽

（a）不合理；（b）合理

要防止端部螺纹受到破坏。螺杆顶端和螺纹孔边易被碰坏，使装拆困难，应在结构上采取保护措施。图 4-7 所示在螺杆端部倒角并设圆柱以保护螺杆端部螺纹；图 4-8 所示将螺孔孔口倒角以保护螺孔口部螺纹。

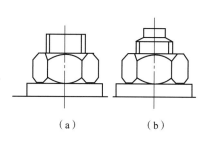 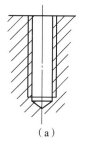 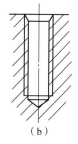

（a）　　　　　（b）　　　　　　　　　　　　（a）　　　　　（b）

图 4-7　螺杆端部倒角　　　　　　　　**图 4-8　螺孔孔口倒角**

（a）较差；（b）较好　　　　　　　　（a）较差；（b）较好

表面有镀层的螺钉，镀前加工尺寸应留有裕量。如加工裕量不足，会使旋拧困难并使镀层破坏。如表面镀铬或镀镍的螺钉，镀层厚度可达 0.01 mm 左右，在制造这种螺钉时，镀前切削加工尺寸必须留有裕量，使镀后尺寸符合国家标准。

2. 螺纹紧固件与连接件之间要避免难以拧紧的配合关系

要有正确的螺纹旋合部位。图4-9中(a)、(b)所示均不合理,图4-9(a)所示螺钉光杆部分长度与连接件1的厚度相等,螺纹部分长度与螺座2的厚度相等。在这种情况下:由于螺尾存在,螺纹的有效长度是不够的,所以螺纹拧不到位,无法拧紧。图4-9(b)所示两连接件均为螺孔,但两螺孔一般不会同时加工,所以连接件1的螺纹收尾一般不会与连接件2螺纹始点重合,在螺钉旋拧后连接件接合间必存有间隙而无法拧紧。图4-9(c)所示螺纹有足够的螺纹退刀距离,旋合部位螺纹的长度有保证拧紧的裕量,是合理结构。

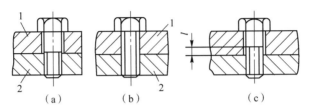

图4-9 螺钉连接应有合理结构

(a) 不合理 (1);(b) 不合理 (2);(c) 合理

注意采用多个沉头螺钉难以紧密连接的问题。简单地使用多个沉头螺钉固定一个零件时,由于孔间距加工误差等原因,螺钉头的锥面无法全部保持良好的结合,各螺钉都限于一处的线接触。连接件的位移易造成螺钉连接的松动,在变载荷作用下更是如此。

3. 在结构设计上防止螺栓在旋紧过程中转动与窜动

一般安装条件下,无须特别的螺栓(螺钉)结构或连接件结构,也无须特殊的旋拧工具,用两个扳手分别卡在螺栓与螺母上就能旋紧或旋松。但安装条件受到限制时,例如无法用旋拧工具施力于螺栓/螺钉头上,则须采取结构措施保证顺利旋拧。

对于螺栓连接,防止转动一般有以下几种方法:螺栓头的锥面设计[图4-10(a)],连接件的台阶设计[图4-10(b)],使用止动垫圈[图4-10(c)]等。

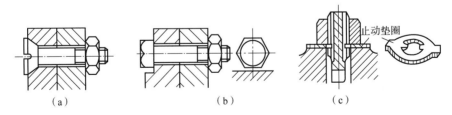

图4-10 拧紧螺母时防止螺栓转动的方法示例

(a) 螺栓头的锥面设计;(b) 连接件的台阶设计;(c) 使用止动垫圈

对于螺钉连接,防转措施一般有以下几种:销钉防转[图4-11(a)],止动垫圈防转[图4-11(b)],连接件上设置限位槽孔[图4-11(c)]。

防止螺栓轴向窜动一般有以下几种方法:防窜螺钉法[图4-12(a)],连接处加置垫片[图4-12(b)]。

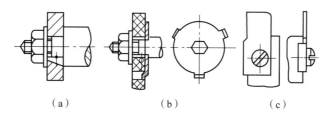

图 4-11　单螺钉连接的防转措施

（a）销钉防转；（b）止动垫圈防转；（c）连接件上设置限位槽孔

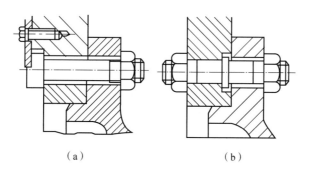

图 4-12　轴向防止螺栓窜动的方法示例

（a）防窜螺钉法；（b）连接处加置垫片

除了以上措施可以保证螺纹连接的持久可靠外，还有其他一些方法，诸如增加紧固件与连接件的摩擦阻力可以使螺柱拧紧，增加专门的防松结构来防止螺纹在振动下松动，进而提高装配的可靠性。

4.3　过盈连接的工艺性

过盈连接不易拆卸。若拆开过盈连接要用很大的力，又会使零件表面受到损坏，这种情况的过盈连接属于不可拆连接。但若装配过盈量不大，或者过盈量虽较大而采取适当的拆卸方法，可以多次拆卸而不破坏零件，则这种情况的过盈连接属于可拆卸连接。

4.3.1　过盈连接的工作原理

过盈连接常用于精密定位与传递载荷，过盈连接具有这些功能的原因在于零件具有弹性及连接具有装配过盈。因为装配过盈使配合面间产生压力，所以工作时载荷就靠着相伴而生的摩擦力来传递。载荷可以是轴向力、扭矩或两者的组合。

4.3.2　过盈连接的装配方法

为保证装配的正确与可靠，相配零件在装配前应清洗洁净，并检查有关尺寸公差和形位公差，必要时测出实际过盈量，分组选配。装配时，首先找出被包容件与包容件的相对位置，选择适当的装配方法与装配工夹具，以正确的工艺措施，保证装配质量。过盈连接装配方法及适用范围如表 4-4 所示。

表 4-4 过盈连接装配方法及适用范围

装配方法		主要设备和工具	工艺特点	适用范围
压入配合法	冲击压入	手锤或重物	简单，但导向性不易控制，易歪斜	适用于配合要求低、长度较短、较松过渡配合。如销、键、短轴等，多用于单件生产
	工具压入	螺旋式、杠杆式、气动式压入工具	导向性比冲击压入好，生产率较高	适用于较紧的过渡配合和轻型的过盈配合的连接件，如小型齿轮、轮圈、套筒和一般要求的滚动轴承
	压力机压入	齿条式、螺旋式、杠杆式、气动式压力机和液压机	压力范围在 1~1 000 kN，配用夹具可提高导向性	适用于中大型采用轻中型过渡配合的连接件，如车轮、飞轮、齿圈、衬套、滚动轴承等，易于实现压合过程自动化，成批生产中应用较广
	液压垫压入	液压垫（一般用钢板制成空心盒，注入压力液体）	压力常在 10 000 kN 以上	用于压入行程短的大型、重型连接件，多用于单件或小批生产
热膨胀配合法	火焰加热	喷灯、氧乙炔、丙烷加热器、炭炉等	加热温度<350 ℃，丙烷（或其他气体燃料）加热器，热量易集中，温度易于控制，操作简便	适用于局部受热和热胀尺寸要求严格的中大型连接件，如汽轮机、鼓风机、涡轮压缩机的叶轮，组合式曲轴的曲柄等
	电阻加热和辐射加热	电阻炉、红外线辐射加热箱	加热温度可达 400 ℃以上，热胀均匀，表面洁净，加热温度易于自动控制	适用于小型和中型连接件，大型连接件需专用设备。成批生产中广泛应用
	介质加热	沸水槽、蒸汽加热槽、热油槽	沸水槽加热温度为 80~100 ℃，蒸汽加热槽为120 ℃，热油槽为 90~320 ℃，可使连接件脱脂干净，热胀均匀	适用于过盈量较小的连接件，如滚动轴承和液体静压轴承，连杆衬套、齿轮等
	感应加热	感应加热器	加热温度可达 400 ℃以上，热胀均匀，表面洁净，加热温度易于自动控制	适用于采用特重型和重型过盈配合的中大型连接件，如汽轮机叶片

续表

装配方法		主要设备和工具	工艺特点	适用范围
冷缩配合法	干冰冷缩	干冰冷缩装置（或以酒精、丙酮、汽油为介质）	可冷至 -78 ℃，操作简便	适用于采用特重型和重型过盈配合的中大型连接件，如汽轮机叶轮
	低温箱冷缩	各种类型低温箱	可冷至 -140 ～ -40 ℃，冷缩均匀，表面洁净。冷缩温度易于控制，生产率高	适用于配合面精度较高的连接件，在热态下工作的薄壁套筒件。在过盈连接装配自动化中常用
	液氮冷缩	移动式或固定式液氮槽	可冷至 -195 ℃，冷缩时间短，生产率高	适用过盈量较大的连接件，如发动机连杆衬套等，在过盈连接装配自动化中常用
液压套合法		高压油泵、扩压器或高压油枪、高压密封件、接头等	油压达 150～200 MPa，操作工艺要求严格，拆卸方便	适用于过盈量较大的大中型连接件，如大型联轴器等，特别适用于套合定位要求严格的部件，如大型凸轮轴凸轮和轴的套合
爆炸压合法		炸药及安全措施	在空旷地进行，注意安全	适用于中大型连接件，如高压容器的薄壁衬套等

4.3.3　过盈连接在设计时的考虑

通常情况下，过盈配合表面需要精加工而且有产生细屑的危险，而且这种紧固方法的费用明显较高，然而这种紧固方法的功效足以补偿精加工的费用。对于设计者而言，需要着重考虑的是将两个零件配合在一起所需的压力的大小，必须确保零件和装配结构能承受住这种压力。表 4-5 提供了干涉量从 0.025 mm 到 0.38 mm 的不同直径的钢零件过盈配合所需的一些压力指标。

表 4-5　压配合载荷

零件直径/mm	总载荷（压入深度 25.4 mm）/t
102	1.25
76	1.27
51	1.31
25	1.36

在细节设计中，还需注意以下一些问题。

（1）保证足够的配合长度。在过盈连接的配合设计中，配合直径 d 和配合部分长度

L 存在一定的约束关系，如果配合部分长度太短，此配合的可靠性将大大降低。当配合长度 L 较大（$L>16d$）时，配合面应制成阶梯形，以改善加工和装配工艺中的难度。

（2）配合面应该有合理的配置。

①避免装配中同时压入两个配合面。

②避免在一根等径轴上用过盈配合安装多个零件。一方面，它们的安装、定位及拆卸都很困难，另一方面操作过程中易损伤配合面。

③避免使两个同一直径的孔做过盈配合。在同一轴线上使等径轴压入两等径孔，当轴压入第一个孔后，难免有些歪斜或表面损伤。此轴再压入第二个孔时就比较困难。在这种情况下两孔直径应有不同，并且不应同时压入。

④避免过盈配合的套上有不对称的切口。套形零件一侧有切口时，其外形将有改变，不开口的一侧将外凸。在切口处将包围件的尺寸加大，可以避免装配时产生干涉。最好的方案是用 H/h 配合，轴端部做成凸缘用螺钉固定，或用 H/h 配合，在套上做开通的缺口并将端部用螺钉固定。

⑤锥面配合的锥度不宜过小。

（3）配合面的表面粗糙度 R，一般不大于 $3.2~\mu m$。

（4）由于过盈配合面受力较大，应设法从结构设计上减轻零件配合面的应力集中。可以采取以下一些方法。

①减小非配合部分的直径。

②在被包容件或包容件的断面加工出卸载槽。

（5）过盈配合件应有明确而合理的定位结构。由于过盈配合的装配操作通常比较困难，特别是用压入法和温差法装配，不易控制零件的位置，装配完毕也不易调整，所以应有明确的定位结构。

（6）设计中考虑过盈配合件的装拆操作。

第5章　手工装配中的可装配性设计及 DFA 方法

在产品设计中，进行面向装配的设计时，总需要以手工装配的方法和原则为基础。即使在高度自动化的产品装配中，也难以避免采用一定的人工装配操作，因为有一些操作必须依靠人工装配完成。

本章在手工装配工艺过程分析的基础上，对手工装配中的零件搬运和插入固定过程中的设计原则进行了说明，介绍了 Boothroyd 的 DFA 方法。

5.1　手工装配的工艺特点

手工装配就是由装配工人利用装配工艺设备并借助必要的工具来完成装配工作。手工装配适用于产品的生产批量不大，或生产批量虽大，但装配件数多、装配复杂程度高的场合。

手工装配在现在制造业中占有重要的地位，在现有技术条件下，还不可能用自动化装配装置完全代替手工装配操作。而且相当一部分产品更适合手工装配，如果全部采用自动化装配，则装配技术将十分复杂，装配设备也十分昂贵。

手工装配中装配工人的操作主要是零部件的搬运、抓取、定位、插入、紧固和检查。由于人生理条件的限制，对零部件的设计应当使手工装配中的操作可行、安全、方便。手工装配的特点使面向手工装配的产品可装配性设计与面向自动装配的产品设计具有很大的差别。由于人在零件的识别、判断的能力和操作的精细性上远远高于任何自动化机器，一些手工装配中极为简单的操作对于自动装配设备而言反而是十分困难的。因此，面向手工装配的零部件设计不用像自动装配那样考虑更多零件识别、定位等问题，但是必须在设计中考虑零件的对称性、尺寸、重量、厚度、柔软性等对最终装配操作和装配效率的影响。

手工装配工艺可分成两个独立的部分：搬运（获取、定向和移动零件）和插入及固定（配合和组合零件）。在大批量装配中，操作工人必须在有限的时间内按照工作节拍完成装配操作，因此，产品的设计结构应当能够将整个装配过程分解成具有均衡节拍的装配过程。

20 世纪 70 年代，一些专家学者探讨了面向手工装配的零件设计问题，对零件的对称性、尺寸、质量、厚度和柔软性等进行了深入细致的实验研究，关于经济的装配工艺和简易手工装配操作方面的研究有了很大进展，在实验和理论分析的基础上，提出了易于手工搬运和插入的零件设计方法。

手工装配的特点使产品的易装配性设计明显区别于自动装配，一些手工装配中极为简单的操作，对自动化装配而言，则极为困难。

可装配性设计的原理、方法和规则，很大程度上取决于产品是手工装配、高速自动化装配还是机器人装配，或者是三者的混合。例如在高速自动化装配中，零件自动进给的定位简易性标准，比手工搬运操作要严格得多。在面向手工装配设计中，一般着重考察零部件的搬运与插入操作，并且一般只评价完成各种装配任务的时间，如抓取、定位和紧固等所用的时间。根据装配工人的生产效率来计算装配费用，进而通过分析，考察产品的可装配性。通常以手工装配的费用作为各种装配方法的比较基础。

以一个最简单的手工装配过程——轴与轴套的装配过程为例对手工装配过程进行分析。

若一批轴与轴套分别存放在料箱里，在手工装配情况下，装配活动主要包括两个主要的步骤：零件的搬运和定位、轴与轴套的插入与固定。

轴的搬运和定位操作主要包括以下几点。

（1）工人将手移动到盛放轴零件的料箱，通过视觉或手的触觉定位到轴上可以握住的表面。

（2）工人的手抓取轴，并将轴移向装配夹具。

（3）根据轴的表面形状和装配夹具的方向调整轴的方向。

（4）将轴按要求位置放置在夹具上，由夹具保证轴的定位精度。

（5）如果需要，调整夹具上的夹紧装置，使轴的位置固定。

轴套的装配活动由以下基本操作组成。

（1）工人将手移动到盛放轴套的料箱，通过视觉或触觉定位到轴套零件上可以握住的表面。

（2）工人的手抓取轴套，并将轴套移向放置在夹具上的轴。

（3）将轴套的孔对准轴的轴线方向。

（4）将轴套装配到轴上。

装配完成后，工人需要将完成装配的单元搬运到盛放装配单元的料箱中，操作步骤包括以下几步。

（1）工人松开装配夹具上的夹紧装置，工人的手移向装配单元。

（2）工人的手抓取装配单元。

（3）将装配单元放入料箱内。

从上述装配活动的分析中可以看出，手工装配主要分为两个阶段：零件搬运阶段和零件插入与固定阶段。零件搬运阶段主要完成零件的搬运、零件定位；零件插入与固定阶段主要完成零件的插入、位置调整和固定操作。手工装配过程可以分解为如下的一些基本装配操作。

（1）工人判断零件的形状和方向。

（2）抓取装配件。

（3）将装配件移向装配夹具或另一个相配合的装配件。

（4）调整装配件与装配夹具或者另一个基准零件的相对位置和方向。

（5）按照装配要求将两个装配件连接、固定。

（6）将完成装配的装配单元搬运、放置到指定位置。

5.2　手工装配的一般设计准则

许多专家和学者对面向手工装配的产品设计问题进行了深入的实验和研究。应用面向装配的设计的经验告诉我们完全有可能开发通用的设计准则，用于强化制造知识，并且以设计时所要遵循的简单规则的形式提供给设计人员。手工装配工艺可以自然分成两个独立的部分：搬运（获取、定向和移动零件）和插入及固定（配合和组合零件）。面向手工装配的设计准则规定了这两个部分的情况。

5.2.1　影响手工搬运的一般设计原则

1. 影响手工搬运的零件特征

影响手工搬运效率的零件特征主要包括以下几点。

（1）零件外形和尺寸：零件尺寸越大，搬运越不方便，甚至需要利用双手操作，然而如果零件尺寸太小，则手指抓取困难，或由于视线受阻而难以预先定位。零件的外形如果没有适于人工抓取的形状，也使零件的搬运困难。

（2）重量：零件的重量越大，搬运、定向和插入都越困难，可装配性就越差。如果零件的重量超过人手所能搬运的极限，就必须采用装配设备，这必然导致装配成本和装配时间的增加。

（3）相互嵌套或缠绕：零件相互嵌套或缠绕则使得装配中需要增加额外的时间进行零件的分离。

（4）脆性、柔性：易碎、柔软的零件难以进行搬运，并且难以在装配中定位。

（5）滑性、黏性：零件表面黏滑使零件抓取困难。

（6）零件的尖角、锐边：零件的尖角、锐边容易使插入过程中发生堵塞，并且使工人抓取困难。

2. 简化零件搬运的设计原则

一般来说，为了简化零件搬运，产品的设计应当遵循以下原则。

1）使零件的方向易于识别

在大多数情况下，零件的方位识别对人来说是不成问题的，在手工装配中不用识别或简单识别对提高装配效率也具有重要意义，所以在设计阶段采用对称结构或留有识别特征是提高装配效率的有效途径。

（1）将零件设计成对称结构，因彼此无差别，不用识别，如球体、立方体、圆柱体。

（2）在零件不能对称的地方应该把零件设计得在几何形状或重量上明显不对称，如图 5-1 和图 5-2 所示。

图 5-3 所示的圆柱定位销设计，如果将定位销设计成一端是球面而另一端是倒角，由于两端只有微小的差异，在装配中没有显著的差别，难以快速定向。可以将定位销设计成两端倒角或者圆形，以简化装配中的定向。其他的零件设计实例如图 5-4 所示。

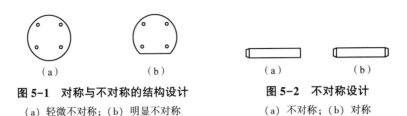

图 5-1　对称与不对称的结构设计

（a）轻微不对称；（b）明显不对称

图 5-2　不对称设计

（a）不对称；（b）对称

图 5-3　圆柱定位销设计

（a）不太好的设计；（b）推荐采用的设计

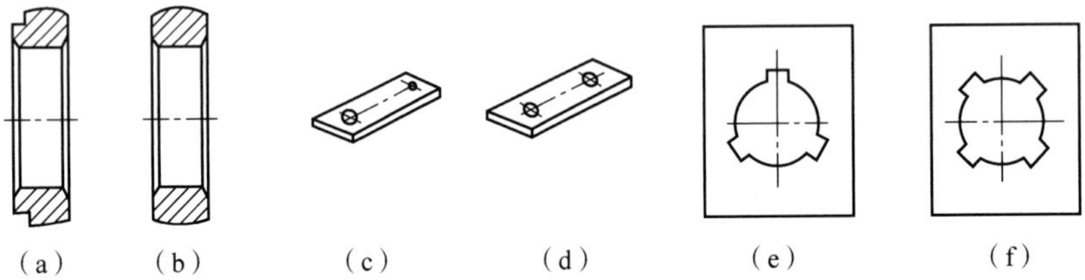

图 5-4　其他的零件设计实例

（a）不合理结构（1）；（b）合理结构（1）；（c）不合理结构（2）；
（d）合理结构（2）；（e）不合理结构（3）；（f）合理结构（3）

（3）如果零件在不同方向上的材料、物理特性等存在差异，必须在装配中保证装配的方向，则应当通过几何形状或重量表示其方向性。例如，图 5-5 中的零件一个是上下两段硬度不同，另一个是电流方向只允许向上，这些特征都是非几何量，难以识别。因此，应采用附加的外部几何特征来表示其方向性。

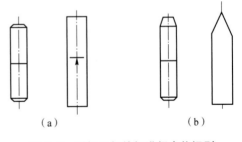

图 5-5　附加几何特征进行方位识别

（a）不合理结构；（b）合理结构

（4）如果零件的内部形状特征有方向性，而从外部难以观察，则应将内部特征表面化，通过显著的外部形状予以区别，如图 5-6 所示。

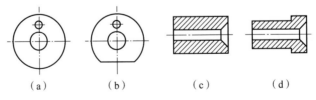

图 5-6　内部特征表面化

（a）不合理结构（1）；（b）合理结构（1）；（c）不合理结构（2）；（d）合理结构（2）

（5）一些结构由于功能要求或其他限制不能设计成对称结构，但它们又非常接近对称结构，这种似是而非的近似对称结构是难以识别的，应当尽量避免。改变方法是扩大其不对称性，如图 5-7 所示。

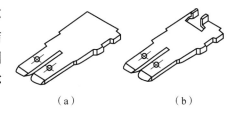

图 5-7　避免近似结构

（a）不合理结构；（b）合理结构

2）避免零件存放、搬运中的套接和缠绕

在装配过程中零件需要从库存地运送到装配现场，如果成批零件出现套接或缠绕，则需要在装配中用双手来分离，增加了装配的时间和难度。应当尽量避免采用易于缠绕的零件。开口螺旋状弹簧和宽间隔线圈是两种严重套接或缠绕零件的例子。

采用一些特殊的结构对零件稍微做些修改就能消除缠绕问题。如可以采用两端封口的压缩弹簧。图 5-8（a）所示的开口型自锁弹簧垫圈就会产生缠绕，但是图 5-8（b）所示的封口型只是在压力作用下才会缠绕。这种改动并不影响其功能。图 5-9（a）中一条笔直的连续开槽会引起问题，但如果采用图 5-9（b）的设计则可以避免产生麻烦。一端开口的零件堆叠在一起会带来麻烦。图 5-10（a）中原设计的零件是必然会堆叠的。而图 5-10（b）中零件内部带 4 条筋则可以避免零件堆叠。

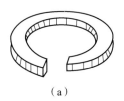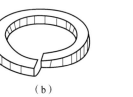

图 5-8　开口型自锁弹簧垫圈

（a）开口型；（b）封口型

图 5-9　直通的开槽

（a）不合理结构；（b）合理结构

图 5-10　一端开口的零件

（a）原设计的零件；（b）带筋条的零件

3）采用易于抓取的设计

从输送带上或零件存放箱中将待装配件抓起、夹牢是进行装配的先决条件，抓取零件既可用手，还可用工具。不论采取哪种抓取方式，结构设计时都应考虑留取抓取空间，保证能抓牢，不损伤工作面。图 5-11(a) 所示结构难以抓牢，因为夹持面是斜面。而图 5-12(a) 结构重心和夹持点不在一个平面内，由于自重，在夹持过程中，零件有转动趋势，难以夹牢。

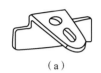 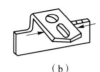   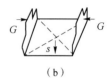

(a)	(b)	(a)	(b)

图 5-11 斜面不易抓取　　　　　　**图 5-12 零件重心影响抓取**

(a) 不合理结构；(b) 合理结构　　　　(a) 不合理结构；(b) 合理结构

另外，如果零件尺寸很小，或者在零件温度高、零件放置的位置手指难以进入等情况下，手工抓取零件都十分困难，需要镊子进行操作，也影响了产品的装配性。图 5-13 为零件需要用镊子操作的场合。

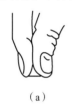  

(a)	(b)	(c)	(d)

图 5-13 零件需要用镊子操作的场合

(a) 厚度太小而手指很难抓；(b) 长度太小、视线受阻而很难事先定位；
(c) 太热而不能接触零件；(d) 太深而手指够不着所指定位置

(1) 零件厚度太小，以致手指抓取困难。

(2) 视线受阻，由于尺寸小难以预先定位。

(3) 零件不可触摸，比如高温。

(4) 手指不能抵达所要求的位置。

如果零件太滑、太细软、太柔顺、太小或者太大，或者对搬运者有危险，比如零件尖利、容易碎等都不利于零件的搬运，零件的重量应当不大于适合一般工人手工搬运的重量（图 5-14）。

4）避免双手操作

零件在下列情况下需要用双手操作。

(1) 零件很重。

(2) 搬运要求十分精确或者十分小心。

(3) 零件很大或者很软。

(4) 零件没有可握特征，单手抓取困难。

采用双手操作需要付出额外的代价，可能需额外的装配时间或工装，因为另一只手

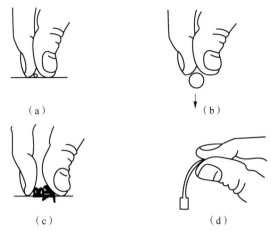

图 5-14　影响零件搬运的其他一些特征

（a）太小；（b）太滑；（c）太尖；（d）太软

可能正在从事另一个操作，或抓取另一个零件。

5.2.2　影响手工插入与固定的一般设计原则

1. 影响手工插入与固定的设计特征

手工插入与固定操作的难度与两个装配件的接触方式、连接方法以及装配过程中其他零部件的相互影响有关，对大多数产品来说，手工插入和固定由不同的基本装配任务组成，如将零件插入孔、拧紧螺栓、焊接、铆接、过盈配合等。影响手工插入和紧固的设计特征包括以下几点。

（1）装配位置的易进入性（可达性）。

（2）取放装配零件的容易程度。

（3）装配工具操作简易性。

（4）装配位置可见性。

（5）装配时对准和定位的简易性。

（6）插入的深度。

（7）插入与固定零件中的运动方式。

（8）零件配合的精度与长度。

（9）零件插入中的稳定性。

（10）零件的刚度。

2. 简化手工插入与固定的设计原则

1）设计合理的配合精度

装配时要求的精度越高，需要装配工人的技术越高，调整的时间也越长，所以可装配性就差，应当根据产品的性能要求设计合理的配合精度。

2）采用易于插入的设计

装配时零件插入阻力的大小是影响可装配性的一个重要因素，如果阻力不大，则可用手插入，否则必须使用专用设备，从而影响装配效率和成本。设计零件使得插入操作阻力极小甚至没有。用倒角来引导两个配合零件的插入操作，零件配合面不应当过长，并应该提供适当的间隙。但要注意必须避免过大的配合间隙导致插入操作时零件的堵塞或者挂起，如图 5-15 所示。如果同时有几个表面相配合，应避免同时插入孔装配，如图 5-16 所示。

图 5-15　零件几何形状不合理可能导致堵塞

（a）零件在棱角处堵塞；（b）避免零件在棱角处堵塞

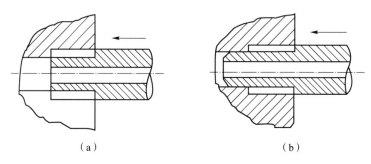

图 5-16　避免两配合面同时插入

（a）插入困难；（b）插入容易

除非特殊需要，装配时形成密封腔处应有排气通道，如图 5-17 所示，圆柱销与盲孔配合，应考虑放气措施。可以采用工件加孔、销钉加孔或销钉上加工出平面的结构作为排气装置以方便零件插入。

配合面不宜过长，如与轴承孔配合的轴径不要太长，否则装配较困难。图 5-18(a)中，轴承右侧有很长一段与轴承配合的轴径相同的外圆。应改为图 5-18(b)的设计，减小轴承右侧的轴径，以方便装配插入，同时也可以减少制造的成本。

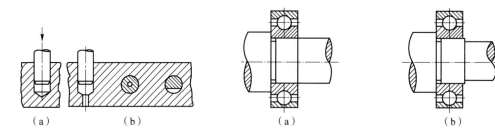

图 5-17　加排气通道方便零件插入

（a）无排气通道；（b）有排气通道

图 5-18　配合面不宜过长

（a）轴径太长；（b）减小轴径

3）采用易于定位和导向的设计

零部件在整个系统中都有自己唯一确定的位置，即必须定位。所以在设计阶段应考虑便于装配定位，否则需要调整，影响装配效率。方便定位的结构措施有定位挡肩、自动定位。自动定位是最理想的，一边测量一边定位或者在定位过程中需要额外的手工把持操作是非常麻烦的，应避免。

此外，在定位以前还有导向问题。为方便导向，应在最先接触的部位上设计有导向功能的结构，比如倒角、锥形体等结构。如孔轴配合时，为保证装配顺利进行，应设计倒角结构，以起导向作用，能使外露部分比较美观，如图 5-19 所示。

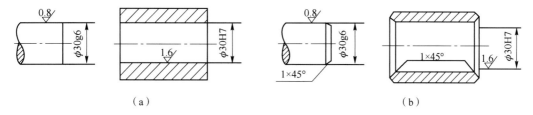

（a）　　　　　　　　　　　　　　　（b）

图 5-19　配合进入的端面应有倒角设计

（a）未设计倒角；（b）设计倒角

设计零件在被释放之前首先定位。有时候由于设计的限制，零件在装配时还没有到位就不得不放手，这样就会造成定位困难。在这种情况下，就需要用某种导轨来确保零件能够重复一致地定位，如图 5-20、图 5-21 所示。

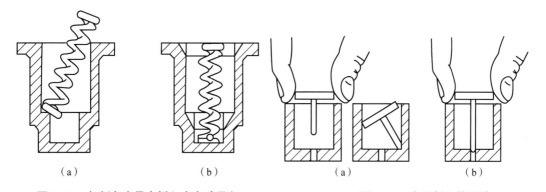

（a）　　　　　　　　　　　（b）　　　　　　　　（a）　　　　　　　　　　（b）

图 5-20　加倒角容易在插入中自动导向　　　　**图 5-21　有利插入的设计**

（a）零件容易挂住；（b）零件容易就位　　　　（a）零件定位前就必须放手；（b）零件在放手前定位

尽可能避免在处理组件或放置另一个零件时，握住零件并保持它们的方向（图 5-22）。如果需要握住零件，那么应该改进设计使得零件插入后尽快安稳下来。

（a）　　　　　　　　　　（b）

图 5-22　加自定位特征省去多余操作

（a）需要握住且对准；（b）增加自定位

4）避免装配过程中的重新定位

利用金字塔式装配，采用一根参考轴来帮助进行渐进的装配，从相同的方向进行装配，以避免在装配中进行装配单元的重新定位，并且通常最好从上面安装，以利用重力保证零件的装配位置。应当避免底部螺钉的设计，如图5-23所示。

5）简化装配操作的运动形式

任何一种装配操作行为都有一定的运动形式。在装配时，操作越简单越好。为了简化装配操作，最好装配操作都沿直线运动。

6）采用方便装配操作的设计

在装配操作中除了需要手工进行零件的定位、插入操作外，还需要采用各种装配工装和工具，应当使装配中操作进退自如，工人具有良好的视线，装配工具的使用不受其他零件的影响。这样不仅有利于装配操作，也有助于质量检查和质量监控。例如，采用螺钉连接时，螺钉与零件壁及螺钉与螺钉之间，应留扳手操作空间，并要留出安放螺钉的空间。图5-24（b）、图5-25（b）、（d）、（f）、（h）中设计更利于装配操作。

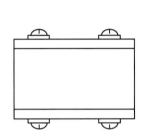

图5-23　从相对方向插入
需要装配件重新定位

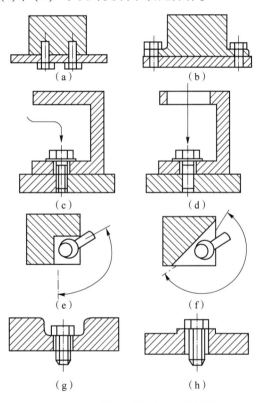

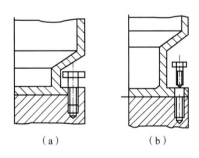

图5-24　应留有螺钉装配的空间

（a）未留有装配空间；（b）留有装配空间

图5-25　装配工夹具应当便于介入

（a）工夹具不便介入（1）；（b）工夹具便于介入（1）；
（c）工夹具不便介入（2）；（d）工夹具便于介入（2）；
（e）工夹具不便介入（3）；（f）工夹具便于介入（3）；
（g）工夹具不便介入（4）；（h）工夹具便于介入（4）；

图 5-26 为一个小型组件的两种替换设计概念。在第一个概念设计中螺钉的安装十分困难，这是因为在盒状基座中进退非常受限制。在第二个概念设计中进退比较不受限制，因为在平的基座上装配零件。

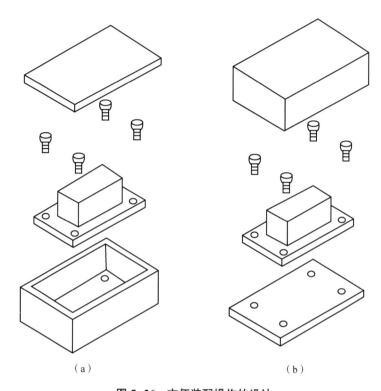

（a）　　　　　　　　　　　　　　　　　（b）

图 5-26　方便装配操作的设计

（a）螺钉取放受到限制；（b）改进后的设计

另外在产品设计中还可以添加一些工艺结构，如工艺孔，来辅助装配过程。如图 5-27(a) 所示，螺栓在内部装配十分困难，可以在旁边开设工艺孔，通过工艺孔可方便地进行螺钉装配，如图 5-27(b) 所示。或者采用双头螺钉连接，如图 5-27(c) 所示，装配工艺较好。

同样，如图 5-28 所示，装配中的紧固件应当尽量设计在产品的外部以方便装配。

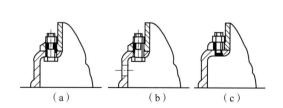

（a）　　　（b）　　　（c）

图 5-27　采用工艺孔或双头螺钉设计

（a）原设计；（b）开设工艺孔；

（c）采用双头螺钉

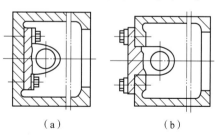

（a）　　　　　　（b）

图 5-28　从外部进行紧固件的装配

（a）紧固件在内；（b）紧固件在外

7）避免装配中的调整

图 5-29 表示两个不同材料的零件由两个螺钉固定，这个组件的总长度必须进行调节。要是组件采用较贵材料制造的单个零件代替，就可以避免既困难又费钱的调整操作。这些节省可能会补偿材料费用的增加。

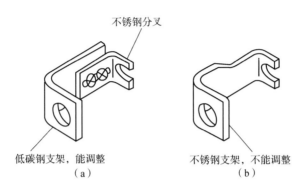

图 5-29 避免装配中的调整

（a）改进前；（b）改进后

8）设计合理的连接方式

采用普通的机械紧固件时，不同固定工艺的成本不同，图 5-30 为按手工装配成本增加的次序列出的几种普通的装配连接方法。

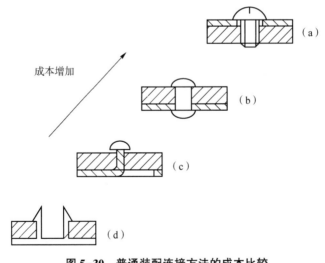

图 5-30 普通装配连接方法的成本比较

（a）螺钉连接；（b）铆接；（c）塑性折弯；（d）咬合

采用简单的连接件可减少装配工作量，从而减少装配成本。因螺栓螺母连接方式装配工作量大，可以采用搭式连接、胶结、卡夹等取代螺栓螺母连接件，如图 5-31 的塔式连接和图 5-32 所示的卡夹连接。

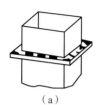 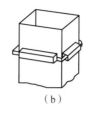

图 5-31　采用搭式连接代替螺栓连接

（a）螺栓连接；（b）搭式连接

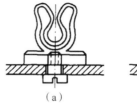 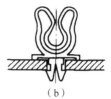

图 5-32　采用卡夹连接代替螺钉连接

（a）螺钉连接；（b）卡夹连接

5.3　产品的可拆卸性和维修性设计

在产品的维修和回收过程中都需要对产品进行拆卸。产品的拆卸过程与装配过程类似，要求拆卸过程简单、快速、方便。在产品维修过程中，还应当尽量减少部件维修对整机的影响，保证零件的装配连接关系、装配精度等不受到破坏，产品的性能不受到影响。产品的拆卸过程同样需要考虑手工操作的方便性、操作中工具的使用，以及合理的拆卸顺序等。面向产品拆卸和维修的设计原则主要包括以下内容。

5.3.1　设置合理的调整环节

产品应尽量设计简便而可靠的调整机构，以便于排除因磨损或漂移等原因引起的常见故障。对易发生局部耗损的贵重件，应设计成可调整或可拆卸的组合件，以便于局部更换或修复。避免或减少互相牵连的反复调校。

5.3.2　具有良好的可达性

产品的配置应根据其故障率的高低、维修的难易、尺寸和重量的大小以及安装特点等统筹安排，凡需要维修的零部件，都应具有良好的可达性；对故障率高而又需要经常维修的部位及应急开关，应提供最佳的可达性。

产品的检查点、测试点、检查窗、润滑点、加注口以及燃油、液压、气动等系统的维护点，都应布置在便于接近的位置上。需要维修和拆装的产品，其周围要有足够的操作空间。维修通道口的设计应使维修操作尽可能简单方便；需要物件出入的通道口盖应尽量采用拉罩式、卡锁式和铰链式等不用工具就能快速开启的设计。

维修时一般应能看见内部的操作，其通道除了能容纳维修人员的手或臂外，还应留有供观察的适当间隙。在允许的条件下，可采用无遮盖的观察孔；需遮盖的观察孔应采用透明窗或快速开启的盖板。大型复杂装备管线系统的布置应避免管线交叉和走向混乱。

5.3.3　提高产品拆卸与维修操作方便性

要合理安排各组成部分的位置，减少连接件、固定件，使其检测、换件等维修操作简单方便，尽可能做到在维修任一部分时，不拆卸、不移动或少拆卸、少移动其他部分，以降低对维修人员技能水平的要求和工作量。

1. 采用独立单元结构

采用独立单元结构，即产品应按其功能设计成若干个具有互换性的模块或独立单元结构，尤其是产品上的一些易于发生故障的机构和部件，应该设法划分成独立且可换的部件并当机器需进行计划修理或部件发生事故性修理时，可方便地将备件装上去。模块从产品上卸下来以后，应便于单独进行测试、调整。在更换模块后一般不需要进行调整；若必须调整，应简便易行。

成本低的产品可制成弃件式的模块，其内部各件的预期寿命应设计得大致相等，并加标志。应明确规定弃件式模块报废的维修级别及所用的测试、判别方法和报废标准。模块的尺寸与重量应便于拆装、携带或搬运。重量超过4 kg不便握持的模块应设有人力搬运的把手。

2. 维修作业时应尽可能使用通用工具

在机器的整个使用期内，专用工具的长期保存和维修是一件麻烦的事情，重新配备又比较困难。因此在拆装时，使用通用工具可方便和简单地进行维修工作，省掉寻找和配置专用工具的时间，提高维修工作的效率。

3. 相邻部件的固定互不妨碍

为避免产品维修时交叉作业，可采用专舱、专柜或其他适当形式的布局。整套设备的部件应相对集中安装。产品特别是易损件、常拆件和附加设备的拆装要简便，拆装时零部件出进的路线最好是直线或平缓的曲线。

部件在机器中的配置应尽量做到：更换其中一个部件时不会妨碍相邻部件的固定。这样可减少拆装工作量，有利于减少维修时间。图5-33(a)中若要拆卸左边调整垫圈，需将右边轴上零件全部拆掉，给拆卸和装配带来不便。改成图5-33(b)所示结构，拆卸左边调整垫圈时，可从左端开始拆卸，不影响右边轴上零件，便于拆卸。

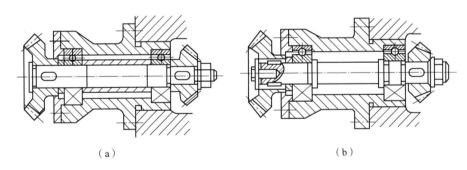

（a）　　　　　　　　　　　　　　　　（b）

图5-33　便于拆卸的设计

（a）改进前；（b）改进后

4. 配合零部件间应定位迅速

在结构中应设置可靠的定位面和定位元件，使相配的零件与零件、零件与部件、部件与部件间有明确的相互位置关系。安装时能迅速地达到规定的位置，不仅可缩短装配时间，也容易保证其装配精度。

相配合的零件间有相互位置要求时，要在零件上做出相应的定位表面，以便能在修配后迅速找正位置。如图 5-34 所示，改进后的结构增加了配作定位销，可迅速确定两零件的相互位置。

5. 设置拆卸结构或装置

静配合的两个零件应在零件上设计拆卸螺孔。轴、法兰盘、后盖和其他零件上，如本身有螺孔或螺纹，可利用这些结构来帮助拆卸；如没有这些结构，则应在这些零件的适当位置设置拆卸螺孔。过盈配合零件、配合面有油的零件的拆卸都很困难，应增设拆卸螺钉。如图 5-35(a) 所示，轴承端盖与箱体支撑孔有配合要求。拆卸轴承端盖时，由于配合面有油，将轴承端盖粘住，不易拆卸。增设拆卸螺钉，即可解决此问题，如图 5-35(b) 所示。

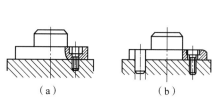

图 5-34　配合零件间的快速定位

(a) 改进前；(b) 改进后

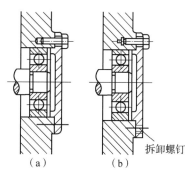

图 5-35　增设拆卸螺钉

(a) 改进前；(b) 改进后

6. 应有吊运装置

对于重量较大的装配单元或模块，如果需要手工搬运，应当设计握持的把手。对重量大、需要机械搬运的零部件，均应在适当的地方设置吊环之类的结构，以便拆卸和装配时的吊运。

5.3.4　考虑零件磨损后修复的可能性和方便性

对于一些大型零件，加工成本大或材质稀缺、价格昂贵的零件，在设计时应考虑磨损或损坏后修复的可能性和修复的方便性。

1. 修复的可能性

修复的可能性是当零件磨损或损坏时，其结构具备修补的条件。

与轴有相对运动的齿轮等，可在齿轮上装有铜套。零件磨损后可以更换铜套修复。一些重要的轴，当其轴颈发生磨损影响使用时，可采取的措施是：①原设计的轴颈适当增大，磨损后可将轴颈适当磨细一些，配上相应内径的滑动轴承，即可恢复使用性能。②采用喷涂、氧乙炔火焰喷焊、刷镀等方法加大轴颈。其中刷镀的方法设备最为简单、成本也低。

在此要注意的是，轴类零件的修复过程总需要适当的机械加工，所以要尽量保留加工的定位基准（如中心孔等）。图5-36(a)中未保留中心孔，是不合理的。图5-36(b)是合理的。为了保留轴上的中心孔，如遇轴端中心有紧固用螺孔，则应设计有螺孔的中心孔，图5-36(c)中只有螺孔，没有中心孔，是不合理的。图5-36(d)有螺孔也有中心孔，是合理的。

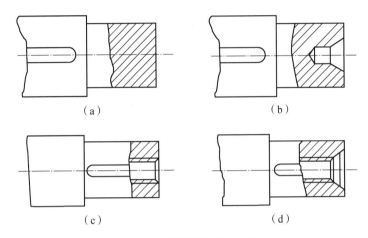

图5-36　保留轴上的中心孔

（a）未保留中心孔；（b）保留中心孔；（c）有螺孔而没有中心孔；（d）有螺孔也有中心孔

贵重的大齿轮，常由于个别齿的折断损坏而无法使用，所以在结构上应考虑修补或更换个别齿的可能性，如采用补焊的办法修复，则要求轮缘的厚度应适当加大些。

2. 修复的方便性

修复的方便性是指零件的修复尽可能地只用一些常规手段或通用设备来实现。单向转动的大型开式齿轮，轮齿在一个面磨损大，而另一齿面则基本上没有磨损，设计时可将齿轮设计成对称形式，当齿轮的一个面超差后可将齿轮调转180°，重新装上使用。对那些装有铜套的齿轮等，当铜套发生磨损而需更换时，应注意更换后装上的铜套能与齿圈（亦即齿轮分度圆）方便地保持同轴，尽量避免用齿圈定位来加工铜套孔以保证其同轴度。为此，应保证齿圈与齿轮上的底孔有较好的同轴度（以此底孔定位加工轮齿），再者应注意铜套本身的同轴度。

5.4　可装配性评价的 DFA 方法

可装配性评价的主要方法有 Boothroyd 方法、Hitachi 方法和 Lucas 方法三种。本书主要介绍 Boothroyd 方法，其他方法可参考相关文献。

5.4.1　Boothroyd 方法

Boothroyd 方法可以用于手工装配，也可以用于自动化装配。Boothroyd 方法首先选择产品适用的装配模式，即手工装配、高速的自动化装配或机器人装配，这一选择建立在产品生产纲领、零件数量、装配费用等的分析基础上。

Boothroyd 认为，对产品可装配性影响最大的因素之一是参加装配的零件和部件的数量。可装配性设计通常首先判别零件是否冗余，即考察零件是否具有单独存在的理由。没有单独存在理由的零件或者应该删去，或者应该与其他零件合并。这一过程等价地称为产品的最小零件数判别。Boothroyd 方法通过减少零件数量，改善产品的可装配性。

Boothroyd 给出了最小零件数判别准则，即单独存在的零件必须满足以下三条基本准则之一。

（1）零件与已装配的其他零件有相对移动。

（2）零件与已装配的零件采用不同材料。

（3）零件单独存在以利于其他零件的装配与拆卸。

可装配性评价是 Boothrayd 可装配性设计的基本方法之一，它通过评价零部件装配的费用，追踪设计缺陷，为再设计提供依据。对手工装配而言，主要评价内容是零部件搬运和插入的时间，对自动化装配和机器人装配而言，还要考虑设备的费用以及工夹具更换的时间等。

在 Boothroyd 的可装配性评价中，用两位数字组成可装配性评价的分类代码，代码表示了某种装配操作，可以根据用户回答系统的提问确定。对于零件搬运而言，提问的内容涉及零件的定向、尺寸、搬运难度等；对于工件插入而言，则包括紧固方法和对准方式等。在数据库的支持下，由两位代码可确定零件的装配时间，这些数据是在大量实验研究与分析的基础上得到的。在可装配性分类代码基础上，组成了 Boothroyd 的可装配性评价模型。

在 Boothroyd 方法中，采用了装配设计效率的概念，装配设计效率定义为理想装配时间除以估算的装配时间，而理想装配时间则与最小零件数有关。

5.4.2　手工搬运操作评价分类模型

影响手工搬运操作难易的零件特征依次为下列几点。

（1）零件的外形尺寸。

（2）零件的厚度。

（3）零件的质量。

（4）零件相互嵌套性。

（5）零件相互缠绕性。

（6）零件的脆性。

（7）零件的柔性。

（8）零件的表面光滑度。

（9）零件的尖角锐边。

（10）零件必须用双手操作。

（11）零件必须用夹持工具。

（12）零件必须用放大镜。

（13）零件必须用机械辅助设备。

手工装配搬运评价分类模型的有关定义及相应操作的时间标准（s）如表 5-1~表 5-4

所示。分类代码由两位数字组成。

表 5-1　手工装配搬运评价分类模型（第 1 组）

单手、不需辅助工具		易于抓取和操作					存在抓取困难				
		厚度>2 mm			厚度≤2 mm		厚度>2 mm			厚度≤2 mm	
		尺寸>15 mm	6 mm≤尺寸≤15 mm	尺寸<6 mm	尺寸>6 mm	尺寸≤6 mm	尺寸>15 mm	6 mm≤尺寸≤15 mm	尺寸<6 mm	尺寸>6 mm	尺寸≤6 mm
		0	1	2	3	4	5	6	7	8	9
$\alpha+\beta<360°$	0	1.13	1.43	1.88	1.69	2.18	1.84	2.17	2.65	2.45	2.98
$360°\leq\alpha+\beta<540°$	1	1.50	1.80	2.25	2.06	2.55	2.25	2.57	3.06	3.00	3.38
$540°\leq\alpha+\beta<720°$	2	1.80	2.10	2.55	2.36	2.85	2.57	2.90	3.38	3.18	3.70
$\alpha+\beta=720°$	3	1.95	2.75	2.70	2.51	3.00	2.73	3.06	3.55	3.34	4.00

表 5-2　手工装配搬运评价分类模型（第 2 组）

单手抓取、需用工具		需要镊子操作								标准工具	特殊工具
		不需要放大镜				需要放大镜					
		易于抓取操作		抓取困难		易于抓取操作		抓取困难			
		0	1	2	3	4	5	6	7	8	9
$\alpha\leq180°$	0°≤β≤180°　4	3.60	6.85	4.35	7.60	5.60	8.35	6.35	8.60	7	7
	$\beta=360°$　5	4.00	7.25	4.75	8.00	6.00	8.75	6.75	9.00	8	8
$\alpha=360°$	0°≤β≤360°　6	4.80	8.05	5.55	8.80	6.80	9.55	7.55	9.80	8	9
	$\beta=360°$　7	5.10	8.35	5.85	9.10	7.10	9.55	7.85	10.1	9	10

表 5-3　手工装配搬运评价分类模型（第 3 组）

零件严重缠绕或易弯		没有额外的抓取困难					有额外的抓取困难				
		$\alpha\leq180°$			$\alpha=360°$		$\alpha\leq180°$			$\alpha=360°$	
		尺寸>15 mm	6 mm≤尺寸≤15 mm	尺寸<6 mm	尺寸>6 mm	尺寸≤6 mm	尺寸>15 mm	6 mm≤尺寸≤15 mm	尺寸<6 mm	尺寸>6 mm	尺寸≤6 mm
		0	1	2	3	4	5	6	7	8	9
8		1.95	2.75	2.70	2.51	3.00	2.73	3.06	3.55	3.34	4.00

表 5-4　手工装配搬运评价分类模型（第 4 组）

需用双手、两人或机械辅助设备	单人操作、不需机械辅助设备								零件易于缠绕或弯曲	需两人或机械辅助设备
	零件不会严重缠绕、不易弯曲									
	质量<5 kg				质量≥5 kg					
	易于获取		有获取困难		易于获取		有获取困难			
	$\alpha \leqslant 180°$	$\alpha = 360°$	$\alpha \leqslant 180°$	$\alpha = 360°$	$\alpha \leqslant 180°$	$\alpha = 360°$	$\alpha \leqslant 180°$	$\alpha = 360°$		
	0	1	2	3	4	5	6	7	8	9
9	2	3	2	3	3	4	4	5	7	9

手工装配中，搬运评价分类系统的第一位代码分为 4 组，其中包括：

第 1 组 0~3：尺寸和质量适中，可以用一只手很方便地夹持和操作，不需辅助工具；

第 2 组 4~7：尺寸较小，需用工具才能操作；

第 3 组 8：大批量堆放时，零件嵌套和缠绕严重；

第 4 组 9：操作时需要双手、两人或机械辅助设备。

以上第 1 组和第 2 组两组可以按照对称度进一步细分。

分类代码的第二位取决于零件的柔性、光滑度、尖锐度、脆性和相互嵌套特性，并且和第一位代码有关，其中：

第 1 组即当第一位代码为 0~3 时，第二位按零件的尺寸和厚度来分类；

第 2 组即当第一位代码为 4~7 时，第二位按装配过程中所需工具的类型和是否要用放大镜分类；

第 3 组即当第一位代码为 8 时，第二位按零件的尺寸和对称性分类；

第 4 组即当第一位代码为 9 时，第二位按大批量零件的对称性、质量和嵌套特性来分类。

5.4.3　手工插入和紧固操作评价分类模型

手工插入和紧固分类系统与两零部件接触和组合时的相互作用有关，对大多数产品来说，手工插入和紧固由不同的基本装配任务组成（如螺栓连接、焊接、铆接、过盈配合等），影响手工插入和紧固的相关特征有以下几个。

（1）装配位置的易进入性。

（2）装配工具操作简易性。

（3）装配位置可见性。

（4）装配时对中和定位的简易性。

（5）插入深度。

插入和紧固评价分类模型的有关定义及相应操作的时间标准(s)如表 5-5~图 5-7 所示。和手工装配搬运评价分类模型相同，手工插入和紧固代码也是从 00 到 99，其中第一位代码分成三组。

第1组0~2：零件插入后没有立即固定。

第2组3~5：插入后零件能立即保证自身或其他零件的方位。

第3组9：插入过程中零件已经定位。

表5-5 插入和紧固评价分类模型（第1组）

不能立即定位的装配工艺		不需压紧操作				需要压紧操作			
		易对中		不易对中		易对中		不易对中	
		无插入障碍	有插入障碍	无插入障碍	有插入障碍	无插入障碍	有插入障碍	无插入障碍	有插入障碍
		0	1	2	3	6	7	8	9
没有位置阻碍或视角阻碍	0	1.5	2.5	2.5	3.6	5.5	6.5	6.5	7.5
有位置阻碍或视角阻碍	1	4.0	5.0	5.0	6.0	8.0	9.0	9.0	10.0
有位置阻碍且视角有阻碍	2	5.5	6.5	6.5	7.5	9.5	10.5	10.5	11.5

表5-6 插入和紧固评价分类模型（第2组）

能够立即定位的装配工艺		非螺纹连接、无塑性变形		插入后即有塑性变形						插入后立即螺钉紧固	
				塑性弯曲或剪切			铆接或类似操作				
		易于对中和定位	不易对中和定位	易于对中和定位	不易对中和定位		易于对中和定位	不易对中和定位		易于对中和定位	不易对中和定位
					无阻碍	有阻碍		无阻碍	有阻碍		
		0	1	2	3	4	5	6	7	8	9
没有位置阻碍或视角阻碍	3	2	5	4	5	6	7	8	9	6	8
有位置阻碍或视角阻碍	4	4.5	7.5	6.5	7.5	8.5	9.5	10.5	11.5	8.5	10.5
有位置阻碍且有视角阻碍	5	6	9	3	9	10	11	12	13	10	12

表 5-7　插入和紧固评价分类模型（第 3 组）

零件已定位的装配工艺	机械紧固工艺				非机械紧固工艺				非紧固工艺	
	无或仅局部塑性变形			很大塑性变形	冶金工艺			化学工艺	配合连接	其他工艺
	弯曲及类似工艺	铆接及类似工艺	螺钉连接及类似工艺		不需其他材料	需其他材料				
						锡焊	高温焊接			
	0	1	2	3	4	5	6	7	8	9
9	4	7	5	12	7	8	12	12	9	12

考虑到装配位置障碍和视角限制对装配时间的影响，对第 1 组和第 2 组代码做了进一步的分类，装配代码的第二位建立在第一位分组代码基础上。

第 1 组即当第一位为 0~2 时，第二位按零件约束的难易和在插入时是否需要用手保持零件方位分类；

第 2 组即当第一位为 3~5 时，第二位按零件约束的难易和紧固时采用钩扣连接、螺栓连接或塑性变形连接分类；

第 3 组即当第一位为 9 时，第二位按机械、冶金和化学及非紧固工艺分类。

对于每个装配代码，给出了相应的手工装配操作时间，这些时间标准来自大量的实验或工程实践，使用者可以按照实际工况，对评价模型进行修改，以满足自己的需要。

5.4.4　Boothroyd DFA 方法实例——风机活塞可装配性设计

图 5-37 为手工装配风机活塞的部件图（改进前），图 5-38 为再设计后的风机活塞的部件图，表 5-8 为风机活塞最初的可装配性评价结果，表 5-9 为再设计后的可装配性评价结果。

Boothroyd 采用表格形式进行可装配性评价。表格的各行分别列出了参加装配的所有零件（$i=1,\cdots,n$），表格的各列则列出了基本手工装配操作的名称、代码、操作次数、对应基本手工装配操作的可装配性评价值及理论最少零件数（$j=1,\cdots,m$）。

假设通过分析已经确定风机活塞部件适合采用手工装配。Boothroyd DFA 方法通过零件分析、检查设计特征、计算设计效率，确定导致高的装配费用的原因，并根据计算结果，对风机活塞部件进行再设计，以便减少手工装配费用。

在这一技术中，对参与装配的每一个零件进行判别的两个重要步骤如下。

（1）零件是否可以删去或与其他零件结合在一起。

（2）对抓取、搬运和插入的操作时间的估计。

计算实际零部件总装配时间，并将其与理想设计的总装配时间相比。

Boothroyd 方法的可装配性设计过程如图 5-39 所示。

手工装配产品的 DFA 步骤如下。

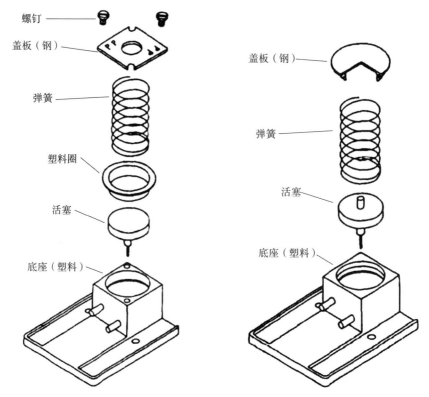

图 5-37　手工装配风机活塞的部件图（改进前）　图 5-38　再设计后的风机活塞的部件图

表 5-8　风机活塞最初的可装配性评价结果

1	2	3	4	5	6	7	8	9
零件序号	连续操作次数	二位手工搬运代码	手工搬运时间/s	二位手工插入时间/s	手工插入时间/s	操作时间/s	操作费用/美元	理论最少零件个数/个
6	1	30	1.95	00	1.50	3.45	1.38	1
5	1	10	1.50	10	2.50	4.00	1.6	1
4	1	10	1.50	00	1.50	3.00	1.20	1
3	1	05	1.84	00	1.50	3.34	1.34	1
2	1	23	2.36	08	6.50	8.86	3.54	0
1	2	11	1.80	39	8.00	19.6	7.84	0
设计效率　$\eta = \dfrac{3 \times NM}{TM} = \dfrac{3 \times 4}{13.29} = 0.9^*$								

*注：NM 为理论最少零件数量；TM 为总装配时间；η 为设计效率

表 5-9　再设计后的可装配性评价结果

1	2	3	4	5	6	7	8	9
零件序号	连续操作次数	二位手工搬运代码	手工搬运时间/s	二位手工插入时间/s	手工插入时间/s	操作时间/s	操作费用/美元	理论最少零件个数/个
4	1	30	1.95	00	1.50	3.45	1.38	1
3	1	10	1.50	00	1.50	3.00	1.20	1
2	1	05	1.84	08	1.50	3.34	1.34	1
1	1	10	1.50	39	2.00	3.50	1.40	1
设计效率　$\eta=\dfrac{3\times NM}{TM}=\dfrac{3\times4}{13.29}=0.9^{*}$								

*：NM 为理论最少零件数量；TM 为总装配时间；η 为设计效率。

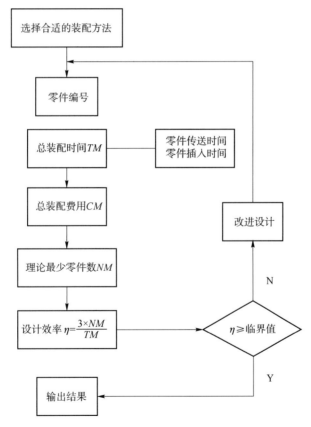

图 5-39　Boothroyd 方法的可装配性设计过程

步骤 1：获取产品装配的全部信息，其中包括以下几点。

（1）零件图。

（2）产品装配图或爆炸的三维视图。

（3）产品设计的技术要求。

（4）产品的装配工艺。

步骤2：把部件分解或拆开，移去每一个零件并给出一个顺序编号。如果这个部件包括子装配单元，那么将子装配单元看作"零件"，然后再进行分析。

步骤3：根据表5-1~表5-4列1至列8的内容，分别填写表5-8中手工装配操作代码和装配操作时间［装配操作时间=连续操作次数×（手工搬运时间+手工插入时间）］。

步骤4：开始重新装配零件，首先装配最高顺序编号的零件，然后一个一个地装上其他零件。

总的操作费用=0.4×装配操作时间，0.4是典型的每秒装配操作的费用因子。

步骤5：完成列9，即确定理论最小零件数目。对每一个加入装配单元的零件，根据Boothroyd判别准则，判别零件是否可以与其他零件合并或删除该零件。

在这个例子中，活塞相对底座运动，所以活塞必须与其他零件分开，弹簧相对活塞和底座运动，故弹簧也必须与其他零件分开。当所有的选择完成后，列7、列8、列9给出了各自的结果。

步骤6：给出手工装配设计效率的计算结果。即

$$\eta = \frac{3 \times NM}{TM}$$

这个公式包括理论上最小零件数量及每个零件具有的理想装配操作时间（3 s）。理想的装配中，1.5 s用于零件搬运，1.5 s用于零件插入。

在完成以上分析后，可以获取两个主要方面的评价信息。

（1）最少零件数量准则确定了可能减少的零件的数量，一般情况下，减少零件数需要考虑设计的其他约束，如加工经济性或其他有关设计要求。

（2）改进搬运和插入操作的信息。

应严格检查任何导致额外装配时间的操作，基于以前分析得到的信息改进装配设计，一般可采用以下步骤进行。

步骤1：检查列9，当列9的零件数目少于列2，存在删去零件的可能，减少零件通常是改进可装配性的最有效的方法。

步骤2：检查列4和列6，这些数字表明了减少装配时间的潜力，数字越大，潜在的节约越大，考察通过可能的设计变化来减少操作时间。

在最初的设计分析中，理论的零件数量比实际使用的零件数量少3个，这说明原有设计存在冗余，进一步分析表明，螺钉和盖板可以省略或合并。

螺钉固定盖板，仅起紧固作用。因为弹簧作用在盖板上的力不大，即使在最高压力时，带弹性卡头的盖板对活塞腔来说也是足够的，故螺钉是冗余的。为此需要重新设计活塞腔，以便在上面刻出槽，使盖板能和活塞腔夹紧，新盖板可以采用柔性的塑料浇铸模生成。对活塞卡来说，因为盖板和活塞卡不需要不同的材料，它们也不需要分开，故盖板和活塞卡应该合并为一体，并且设计成带卡头的盖板，使其卡在活塞腔中。

　　检查表 5-8 列 4 与列 6，可知装配时间较长的零件是盖板和螺钉，前者已重新设计，后者应省去。

　　进一步分析发现，活塞抓取操作容易，但装配困难，因为在活塞心轴与底座轴孔接触以前，抓取活塞的手必须松开，但此时活塞将处于无支撑状态，很难顺利将活塞心轴插入底座轴孔中。为此，应在装配活塞时，使活塞心轴具有导向作用，或在活塞心轴插入轴孔前，使活塞装配的运动方向可以控制。基于以上分析，可以采用两种解决方法。

　　（1）适当延长活塞心轴，以便在手松开活塞前，轴可以伸入孔中。

　　（2）活塞的顶部设计一突出部分，装配时，可用手抓住突出部，控制活塞的装配方向，直到活塞心轴完全与底座轴孔配合为止。

　　再设计的风机活塞部件，总的手工装配时间是 13.29 s，理论最小零件数是 4，设计效率是 90%，节省装配时间 28.96 s。

第6章　虚拟现实输入输出及人机交互

本章围绕虚拟现实辅助可装配性验证的需要，以手势 Leap Motion 传感器、人体运动 Kinect 传感器为虚拟现实输入硬件，介绍各自原理，同时以 HTC Vive 虚拟现实系统为对象，包括其构成、安装过程以及 Lighthouse 定位原理等，系统介绍虚拟现实的输入和输出技术。同时针对可装配性验证需要，深入阐述了虚拟手和虚拟人体的建模与交互。

6.1　手势识别设备 Leap Motion 传感器

Leap Motion 是一种可以检测并跟踪手、手指和类似手指的工具的体感控制器，它具有较高的软硬件结合的能力。它只有在安装过驱动软件和对应的 SDK（软件开发工具包）后，才能够开始正常的运行。

首先 Leap Motion 传感器会构建一个右手笛卡儿直角坐标系，如图 6-1 所示。该坐标系以物理世界中的毫米为单位。坐标系的原点在传感器的中心，X 轴平行于传感器指向右，Y 轴指向上方，而 Z 轴由右手法则确定方向。在摆放 Leap Motion 体感控制器时，图 6-1 中的指示灯要正对操作者。

6.1.1　Leap Motion 的原理

Leap Motion 采用的是双目立体视觉定位原理。人通过双眼观察物体，会有一种立体效应，即在大脑中产生对物体远近或者位置深浅程度的感知。其在摄像头安装了高帧率的传感器，其功能类似于人的双眼。这两个摄像头平行放置，在观察物体的时候，是从不同的角度去观察该物体的，与此同时每个摄像头会获取自己拍摄到的一幅图像。如图 6-2 所示。其中，点 P 代表摄像头观察的物体，C_1 和 C_2 分别表示两个摄像头，这两个摄像头的光心分别用 O_1 和 O_2 表示，图中的正方形为这两个摄像头的成像平面，物体 P 在两个摄像头的成像平面的成像像素点分别为 P_1 和 P_2。通过 P_1 和 P_2 的信息、两个摄像机自身的成像参数信息以及摄像头之间的相对位置，再根据视差原理，就可以得知被观察物体的三维坐标信息。直线 O_1P_1 和直线 O_2P_2 在 P 点相交，有且仅有一个交点，所以可以确定物体 P 在三维空间的位置坐标。

上述的双目立体视觉定位原理是 Leap Motion 体感控制器进行手势识别的依据，具体过程如下。

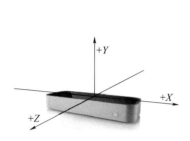

图 6-1　Leap Motion 采用的右手笛卡儿坐标系　　图 6-2　双目立体视觉定位原理示意图

（1）通过 Leap Motion 上的两个摄像头分别采集获取用户所做出的手势的左右视觉图像，运用立体视觉算法进行匹配，此时可以获取视差图像，然后用摄像机的外参数和内参数来做三角计算处理，从而得到深度图像。

（2）进行手势分割算法处理，处理对象是左视觉图像或者右视觉图像，经过处理之后，即可获得人手的初始位置信息，而手势跟踪算法的初始位置则可以定为该位置。

（3）继续使用手势跟踪算法跟踪人手的运动。

（4）继续根据跟踪得到的结果对操作者的手势进行识别。

双目手势识别流程图如图 6-3 所示。

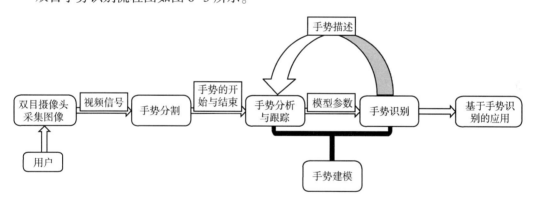

图 6-3　双目手势识别流程图

6.1.2　Leap Motion 检测的信息

当 Leap Motion 设备检测到它观察范围的手、手指或者类似手指的物体之后，就会将其位置以及其他信息储存在一帧中，并且 Leap Motion 软件会分配给其一个唯一的 ID（身份识别号），再通过算法生成运动信息。而且为了保持虚拟手交互的连续性，Leap Motion 控制器可以达到每秒至少构建 15 帧的处理速度，这样才能使得虚拟手的运动更好地具有实时性。Leap Motion 可以追踪到手部的微小运动，精度可以达到 0.01 mm。每一个这样的帧可以检测到的数据信息如下。

对于每只手，Leap Motion 控制器可以检测到的信息有以下方面。

（1）手掌的中心位置、姿态变化、移动速度。

（2）手掌的法向量以及指向方向。

（3）手掌弯曲形成的虚拟球体。

对于每只手指，Leap Motion 控制器可以检测到的信息如下。

（1）每根手指的中心位置、姿态变化、移动速度。

（2）指尖的位置和运动速度。

（3）判定出手指的类型。

（4）判定手指的伸展情况。

其中，手掌的方向和法向量如图 6-4 所示。

"手掌球"的圆心和半径如图 6-5 所示。其中，虚拟球体的中心和半径由手掌弯曲的弧度确定。

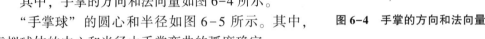

图 6-4　手掌的方向和法向量

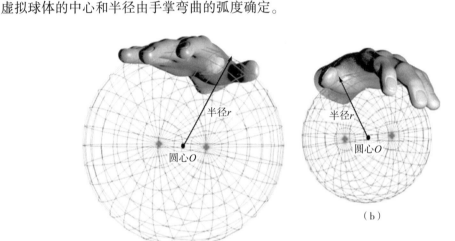

（a）

（b）

图 6-5　"手掌球"的圆心和半径

（a）大半径"手掌球"；（b）小半径"手掌球"

6.1.3　Leap Motion 采用的算法

在算法上，Leap Motion 采用的主要是能够精准地跟踪目标，但是计算量较大的 TBD（tracking before detection）技术。TBD 即检测前跟踪方法，它对数据的储存和处理，是在检测和目标航迹确认之前的一段时间内进行，其目的是对低信噪比下的运动目标进行检测和跟踪。TBD 可以对过程中每个阶段的信息进行充分的处理和利用，这样可以大大提高检测能力。图 6-6 所示为 TBD 技术的结构原理简图，可以看出，它不是对每一时刻有目标或者没有目标进行判断，而是跟踪所有可能的航迹，其选取的检测统计量是可能航迹中的某些参量，最后 TBD 技术进行判断是依据某种判决准则［最大后验（maximum a posteriori，MAP）概率判决准则、贝叶斯（Bayes）判决准则、CFAR（恒虚警）检测判决准则、最大似然（maximum likelihood，ML）估计判决检测准则、极小极大（minimax）判决检测准则等］，同时实现目标检测和确认目标航迹。

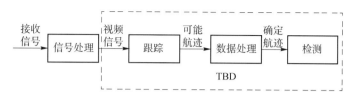

图6-6 TBD技术的结构原理简图

Leap Motion 上有一个 USB 接口,如图6-7所示,它是将 Leap Motion 捕捉到的信息与计算机相联系的纽带,即 Leap Motion 捕捉到的静态手势信息、向量信息、动态手势信息等,就是通过这个 USB 接口传送到计算机,之后在计算机中对这些信息进行一系列加工处理,并且进行手势的提取和识别工作。

图6-7 Leap Motion 的 USB 接口

6.1.4 Leap Motion 的应用

Leap Motion 在虚拟现实中较为广泛的应用是跟踪人手数据,在 Unity3D 环境中进行虚拟手建模,并且以帧的形式进行数据的更新,从而应用虚拟现实人机交互。接下来将介绍 Leap Motion 跟踪的手部数据,以及建立虚拟手模型需要的主要关键数据。

Leap Motion 跟踪数据的内容如图6-8所示。

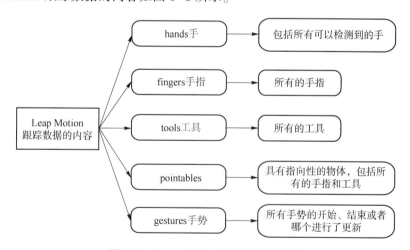

图6-8 Leap Motion 跟踪数据的内容

Leap Motion 设备可以追踪到帧的运动信息,通过当前帧和前一帧的比较,产生了帧运动信息。描述合成运动的属性如图6-9所示。

手对象属性如图6-10所示。

手指和工具的构成如图6-11所示。

手指和工具都是端点物体,其物理属性如图6-12所示。

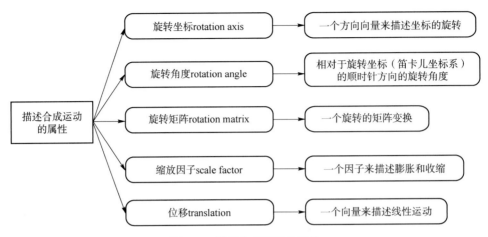

图 6-9　描述合成运动的属性

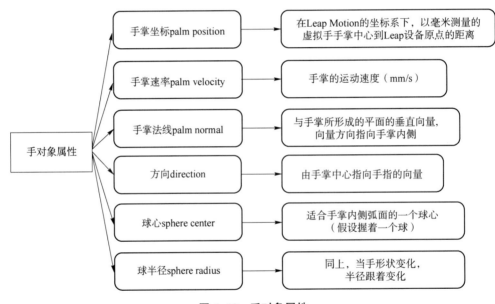

图 6-10　手对象属性

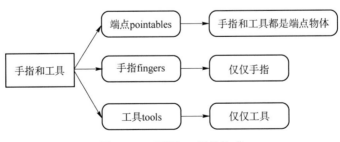

图 6-11　手指和工具的构成

图 6-12 端点物体物理属性

Leap Motion 可以识别到的运动模式如图 6-13~图 6-17 所示。

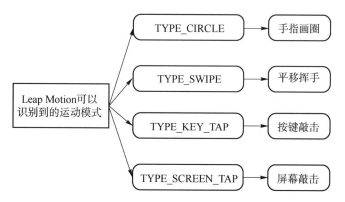

图 6-13 Leap Motion 可以识别到的运动模式

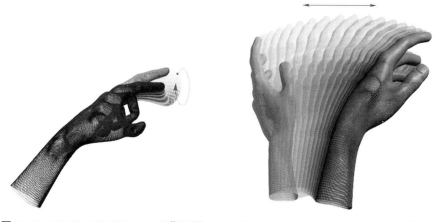

图 6-14 TYPE_CIRCLE——手指画圈   **图 6-15 TYPE_SWIPE——平移挥手**

图 6-16　TYPE_KEY_TAP——按键敲击　　**图 6-17　TYPE_SCREEN_TAP——屏幕敲击**

采用 Leap Motion 设备提取人手数据可以建立虚拟手模型，主要关键数据：①手掌坐标（palm position）数据：手掌中心到 Leap 设备原点的距离。②手掌法线（palm normal）方向数据：与手掌所形成的平面的垂直向量，其方向指向手掌内侧。③手掌宽度（palm width）数据：手掌的宽度。④手掌掌骨位置坐标（palm bone position）数据：手掌掌骨到 Leap 设备原点的距离。⑤手掌方向（palm direction）数据：手掌中心指向手指的向量。⑥手指尖端坐标（tip position）数据：手指尖端的位置。⑦手指尖端长度（bone length）数据：手指尖端骨头的可视长度。⑧手指尖端宽度（tip width）数据：手指尖端骨头的平均宽度。⑨手指尖端方向（tip direction）数据：一个方向与指尖指向相同的单位向量。

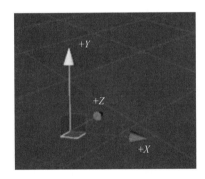

图 6-18　Unity3D 的世界坐标系

本书中的虚拟手应用于 Unity3D 平台，而 Unity3D 中的三维坐标系与 Leap Motion 坐标系是不一样的，所以需要进行坐标的转换。Leap Motion 采用的是右手笛卡儿坐标系（图 6-1），坐标轴方向为：X 轴指向屏幕右侧，Y 轴指向屏幕上方，Z 轴指向操作者。Unity3D 中的三维坐标系（图 6-18）的指向是 X 轴指向屏幕右侧，Y 轴指向屏幕上方，Z 轴指向屏幕内部。所以，对于这两个坐标系，其 Z 轴指向是相反的。

如果用 u_x、u_y、u_z 来表示 Unity3D 中的坐标系，则 $u_x=(1,0,0)$，$u_y=(0,1,0)$，$u_z=(0,0,1)$。用 u'_x、u'_y 和 u'_z 来表示 Leap Motion 坐标系的坐标轴在 Unity3D 三维坐标系中的方向，且两个坐标系的原点重合，则 $u'_x=(1,0,0)$，$u'_y=(0,1,0)$，$u'_z=(0,0,-1)$。所以我们需要通过转换公式，将 Leap Motion 读取到的手的位置信息，在 Unity3D 坐标系中表示出来。由于 Leap Motion 主要采集的是手掌和手指的信息，为了将虚拟手在 Unity3D 中绘制出来，需要知道手掌中心点位置的三维坐标，以及以方向向量表示的手掌和手指的方向。所有上述的位置信息以及方向向量都需要在 Unity3D 坐标系中表示。变换公式如下：

$$\begin{cases} (x,y,z)=sf\cdot(x',y',z')\cdot\boldsymbol{R} \\ m=m'\cdot\boldsymbol{R} \end{cases} \tag{6-1}$$

式中，(x,y,z) 为每一手掌或者手指转化到 Unity3D 三维坐标系中的坐标；(x',y',z') 为 Leap Motion 采集到的每一手掌或者手指的坐标；m 为每一手掌或者手指转化到 Unity3D 三维坐标系中的方向；m' 为 Leap Motion 采集到的每一手掌或者手指的方向；sf 为缩放因子，用来表示坐标转换的尺度变换；$\boldsymbol{R}$ 为坐标变换矩阵，为

$$\boldsymbol{R}=\begin{bmatrix} 1 & 0 & 0 \\ 0 & 1 & 0 \\ 0 & 0 & -1 \end{bmatrix}$$

Unity3D 和 Leap Motion 所使用的单位也不相同，Unity3D 以米为单位，Leap Motion 使用毫米。所以就要将 Leap Motion 的单位和坐标转化为 Unity3D 的标准，Leap Motion 配备的 Plugin 模块内部对坐标系统进行转化。

6.2　人体捕捉设备 Kinect

6.1 节介绍了 Leap Motion 体感控制器，它是采集手部姿态的体感交互设备。本节介绍人体捕捉设备 Kinect，它是采集全身姿态的体感设备，用以驱动全身虚拟交互。

6.2.1　Kinect 概述

Kinect 是微软开发的一款专门为人机交互设计的人体捕捉设备，它是一种 3D 体感摄影机，具有即时图像识别、动态骨骼追踪、麦克风语音辨识、社群互动等功能，可获取 RGB（红、绿、蓝）彩色图像和深度信息，主要用于捕捉人体骨架结构，以此实现以身体作为控制器的构想。传统的目标识别与跟踪采用普通的摄像机，获取的彩色数据容易受光线等外界条件影响，Kinect 是一款价格低廉的 RGB-D 体感摄像机，可以得到 RGB 彩色图像、含有空间深度信息的图像以及人体骨骼关节点数据，有较高的精度和实时性，并且不需要用户穿戴其他设备。单个 Kinect 捕获的人体骨骼的水平角度为 70°左右，跟踪距离范围是 0.5~4.5 m，所以单个 Kinect 的使用范围约为 12 m²，应用范围会受到限制，Kinect 识别范围示意图如图 6-19 所示。

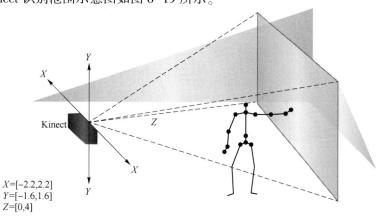

$X=[-2.2,2.2]$
$Y=[-1.6,1.6]$
$Z=[0,4]$

图 6-19　Kinect 识别范围示意图

6.2.2　Kinect 骨骼追踪原理

骨骼图是由深度图获取的。Kinect V1 是采用 PrimeSense 公司的 Light Coding 技术生成 3D 深度图像的，Light Coding 技术理论是利用连续光（近红外线）对测量空间进行编码，经感应器读取编码的光线，交由晶片运算进行解码后产生一张具有深度的图像。Kinect V2 则采用了更为先进的 TOF（飞行时间）技术，红外发射器主动投射经调制的近红外光线，红外光线照到视野里的物体上就会发生反射，红外相机接收反射回来的红外线，采用 TOF 技术测量深度，计算光的时间差（通常是通过相位差来计算的），根据时间差，可以得到物体的深度，即物体到深度相机的距离。Kinect 骨骼追踪不受周围光照的影响，因为是通过获取红外光线信息来产生 3D 图像。骨骼追踪算法步骤为：首先通过设备的深度摄像头获取目标人体和周围物体的深度图像，然后将捕捉到的人物从背景环境中分离出来，最后利用提取算法识别出人体的骨架，通过机器学习的方法对人体关键骨骼关节点进行识别，识别出关节点后，通过动作识别算法识别出目标人体的动作，进而进行追踪识别。Kinect 骨骼追踪算法流程图如图 6-20 所示。

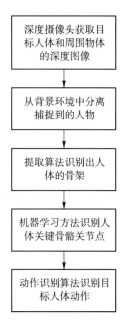

图 6-20　Kinect 骨骼追踪算法流程图

Kinect 骨骼追踪算法具体说明如下。

（1）Kinect 采用分隔策略将人体从复杂的背景中区分出来，在这个阶段，为每个跟踪的人在深度图像中创建分割遮罩（分割遮罩为了排除人体以外背景图像，采取图像分割的方法），图 6-21 为一个将背景图像（比如椅子和宠物等）剔除后的深度图像。在后面的处理流程中仅仅传送人体图像即可，以减轻体感计算量。

图 6-21　剔除背景的 Kinect 深度图像

（2）Kinect 对景深图像（机器学习）进行评估，来判别人体的不同部位，寻找图像中较可能是人体的物体。

在识别人体的各部位之前，微软是通过开发的一个人工智能［被称为 Exemplar（模型）系统］，数以 TB 计的数据输入集群系统训练模型。训练分类器的分类，是用一种含有许多深度特征的分类器来识别物体，该特征虽然简单却包含必要的信息来确定身体的部位，如图 6-22 所示。

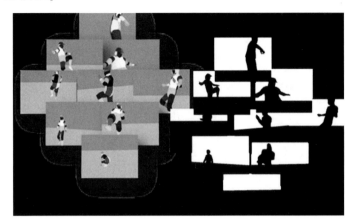

图 6-22　测试与训练数据

（3）训练一个决策树分类器。决策树森林即众多决策树的集合，每棵树用一组预先标签的身体部位的深度图像来训练，决策树被修改更新，直到决策树为特定的身体部位上的测试集的图像给出了正确的分类。用 100 万幅图像训练 3 棵决策树，利用 GPU（图形处理器）加速，在 1 000 个核的集群去分析。这些训练过的分类器指定每一个像素在每一个身体部分的可能性，Kinect 人体节点识别过程如图 6-23 所示。

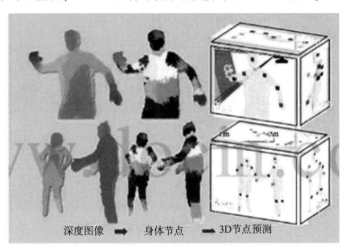

深度图像　➡️　身体节点　➡️　3D节点预测

图 6-23　Kinect 人体节点识别过程

（4）为每一个身体部位挑选最大概率的区域。因此，如果"手臂"分类器具有最大的概率，这个区域则被分配到"手臂"类别。最后一个阶段是计算分类器建议的关节（节点）相对位置作为特别的身体部位。

另外，只要有"大"字形的物体，Kinect 都会努力去追踪。但是，所追踪的物体是接近人体的大小比例，尺寸小的物体是无法识别的。因为红外传感器所捕捉到的只是一个人体轮廓，如果在 Kinect 设备前放一个没有体温的塑料人体模特，或者一个挂有衣服的衣架，Kinect 会认为那是一个静止的人，区别不出真正的人体，图 6-24 所示为 Kinect 骨骼追踪结果的一个示例。

图 6-24　Kinect 骨骼追踪结果

（5）使用之前阶段输出的结果，根据追踪到的 25 个关节点来生成一副骨架系统。Kinect 会评估 Exemplar 输出的每一个可能的像素来确定关节点。通过这种方式 Kinect 能够基于充分的信息最准确地评估人体实际所处位置。另外模型匹配阶段还做了一些附加输出滤镜来平滑输出以及处理闭塞关节等特殊事件，Kinect 生成的骨架图如图 6-25 所示。

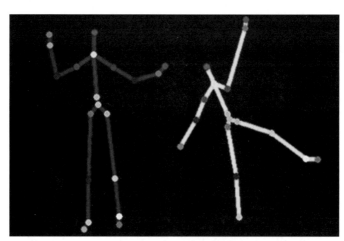

图 6-25　Kinect 生成的骨架图

6.2.3　Kinect for Windows SDK 的功能与介绍

Kinect for Windows SDK 目前支持 Windows 7 操作系统和 Windows 8 操作系统，开发环境使用 Visual Studio 2010 Express 及以上版本，支持的开发语言包括 C++、C# 和 VB.NET。

Kinect for Windows SDK 主要包括以下三个功能。

（1）骨骼追踪：对在 Kinect 视野范围内移动的一个或两个人进行骨骼追踪，可以追踪到人体上的 20 个节点（一般是 24 个节点）。此外，Kinect 还支持更精确的人脸识别。

（2）深度摄像头：利用"光编码"技术，通过深度传感器获取到视野内的环境三维位置信息。这种深度数据可以简单地理解为一张利用特殊摄像头获取到的图像，但是其每一个像素的数据不是普通彩色图片的像素值，而是这个像素的位置距离 Kinect 传感器的距离。由于这种技术是利用 Kinect 红外发射器发出的红外线对空间进行编码的，因此无论环境光线如何，测量结果都不会受到干扰。

（3）音频处理：与 Microsoft Speech 的语音识别 API（应用程序接口）集成，使用一组可有效消除噪声和抑制回波的四元麦克风阵列，能够捕捉到声源附近有效范围之内的各种信息。

6.3　HTC Vive 虚拟现实系统

人们对客观环境的感知总是通过视觉、听觉、触觉、嗅觉及味觉等自动地获取，对系统的控制也自然地借助自动跟踪系统，即利用性能先进的传感器对人体位置及力度进行有效的探测。换言之，人们对客观世界的感知方式有多种，借助视觉所能获得的信息量远远超过了通过听觉、触觉、嗅觉及味觉等其他方式所能获取的信息量，而且视觉可产生客观景物的深度感，即提供客观景物的立体三维信息。

6.3.1　立体显示概述

立体显示是虚拟现实的一个实现方式。立体显示原理是由于人两眼有 4~6 cm 的距离，所以实际上看物体时两只眼睛中的图像是有差别的。两幅不同的图像输送到大脑后，看到的是有景深的图像。这就是计算机和投影系统的立体成像原理。

以头戴式显示器来解释立体显示原理。头戴式显示器是虚拟现实系统中普遍采用的一种立体显示设备，它通常安装在头部，并用机械的方法固定，头与头盔之间不能有相对运动，在头戴式显示器上配有空间位置跟踪设备，能实时检测出头部的位置，虚拟现实系统能在头戴式显示器的屏幕上显示出反映当前位置的场景图像。它通常由两个 LCD 或 CRT 显示器分别向两只眼睛提供图像，这两个图像由计算机分别驱动，存在着微小的差别。类似于"双眼视差"，通过大脑将两个图像融合以获得深度感知，得到一个立体的图像。

如图 6-26 所示，在左右两个显示屏上的像素分别为 A_1 和 A_2，它们在屏幕上的位置之差，就是立体视差。这两个像素点在虚像显示屏上的对应像素分别为 B_1 和 B_2。从每只眼睛到虚像显示屏上像素 B_1 和 B_2 的视线在三维空间中相交于 C 点，C 点就是用户看到的像素在空间中的位置。

立体显示主要有以下几种方式：双色眼镜、主动立体显示、被动同步的立体投影设备、立体显示器、真三维立体显示、其他更高级的设备。

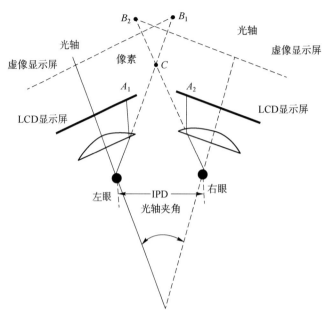

图 6-26   双眼立体光学模型

1. 双色眼镜

这种模式下，在屏幕上显示的图像将先由驱动程序进行颜色过滤。渲染给左眼的场景会被过滤掉红色光，渲染给右眼的场景将被过滤掉青色光（红色光的补色光，绿光加蓝光）。然后观看者使用一个双色眼镜，这样左眼只能看见左眼的图像，右眼只能看见右眼的图像，物体正确的色彩将由大脑合成。这是成本最低的方案，但一般只适合于观看无色线框的场景，对于其他的显示场景，丢失了颜色的信息可能会造成观看者的不适。

2. 主动立体显示

这种模式下，驱动程序将交替地渲染左右眼的图像，例如第一帧为左眼的图像，那么下一帧就为右眼的图像，再下一帧再渲染左眼的图像，依次交替渲染。然后观测者将使用一副快门眼镜。快门眼镜通过有线或无线的方式与显卡和显示器同步，当显示器上显示左眼图像时，眼镜打开左镜片的快门同时关闭右镜片的快门；当显示器上显示右眼图像时，眼镜打开右镜片的快门同时关闭左镜片的快门。看不见的某只眼的图像将由大脑根据视觉暂存效应保留为刚才画面的影响，只要在此范围内的任何人戴上立体眼镜都能观看到立体影像。

3. 被动同步的立体投影设备

这种模式下，驱动程序将同时渲染左右眼的图像，并通过特殊的硬件输出和同步。一般是使用具有双头输出的显卡。输出的左右眼图像将分别使用两台投影机投射，在投射左眼图像的投影机前加上偏正镜，然后在投射右眼图像的投影机前也加偏正镜但角度旋转90°，观测者也将佩戴眼镜，左右眼的偏振镜也实现了相应的旋转。根据偏振原理，左右眼都只能看见各自的图像。这是最佳的模式，但显卡和投影机硬件上的成本将会翻倍。

4. 立体显示器

虽然被动同步的立体投影能达到很好的效果，但是还是需要戴偏振眼镜观看。很多公司正在开发不需眼镜的立体显示器,例如在液晶中精确配置用来遮挡光线行进的"视差屏障"(barrier)。视差屏障通过准确控制每一个像素遮住透过液晶的光线,只让右眼或左眼看到。由于右眼和左眼观看液晶的角度不同,利用这一角度差遮住光线就可将图像分配给右眼或左眼。这样无须戴上专用的眼镜便可以看到立体图像。

5. 真三维立体显示

真三维立体显示是一种能够在一个真正具有宽度、高度和深度的真实三维空间内进行图像信息再现的技术,因此又被称为空间加载显示(space-filling display)。真三维显示装置通过适当方式激励位于透明显示体积内的物质,利用可见辐射的产生、吸收或散射形成体素。

6. 其他更高级的设备

HMD 和 CAVE(cave automatic virtual environment,洞穴式自动虚拟环境)系统通过特定接口也可以实现立体显示。HMD 是更高级的一种显示方式,左眼和右眼的图像将直接由距离很近的显示屏分别显示在眼睛前,或直接把图像投射到视网膜上。HMD 可以获得很大的视角覆盖范围,同时可以追踪并把视角和头部运动同步。CAVE 也是一种被动同步的立体投影系统,但 CAVE 的投影是一个空间的上下左右前后的所有面,这样视觉上就可完全沉浸在一个虚拟空间中。

6.3.2　HTC Vive 构成

HTC Vive 系统的构成如图 6-27 所示。每套 Vive VR 系统均包含如下配件。

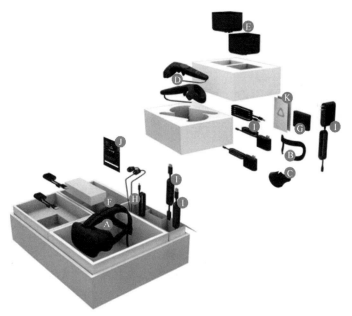

图 6-27　HTC Vive 系统的构成

A—Vive 头戴式设备;B—2 个面部衬垫;C—1 个鼻部衬垫;D—2 个 Vive 无线操控手柄;
E—2 个 Vive 定位器;F—三合一连接线;G—串流盒;H—耳机;
I—连接线、充电器和其他配件;J—免费体验 Vive PORT 会员订阅服务;K—文档

Vive 产品参数如下。

1. Vive 头戴式设备参数

屏幕：双 AMOLED（有源矩阵有机发光二极管）屏幕，对角直径 3.6 寸（1 寸 = 3.33 cm）。

分辨率：单眼分辨率为 1 080 像素×1 200 像素（组合分辨率为 2 160 像素×1 200 像素）。

刷新率：90 Hz。

视场角：110°。

安全性特色：Vive 陪护人引导系统和前置摄像头。

传感器：SteamVR 追踪技术、G-sensor 校正、gyroscope 陀螺仪、proximity 距离感测器。

连接口：HDMI（高清多媒体接口）、USB2.0、3.5 mm 立体耳机插座、电源插座、蓝牙支持。

输入：内建麦克风。

双眼舒压设计：瞳距和镜头距离调整。

头戴式显示器采用了一块 OLED（有机发光二极管）屏幕，单眼有效分辨率为 1 200 像素×1 080 像素，双眼合并分辨率为 2 160 像素×1 200 像素。2K 分辨率大大降低了画面的颗粒感，用户几乎感觉不到纱门效应，并且能在佩戴眼镜的同时戴上头显，即使没有佩戴眼镜，400 度左右近视依然能清楚看到画面的细节。画面刷新率为 90 Hz，实际体验几乎零延迟，也不让人觉得恶心和眩晕。Vive 头戴式设备的正面和侧面如图 6-28 所示。

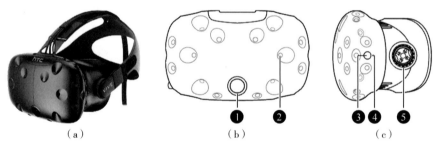

（a） （b） （c）

图 6-28 Vive 头戴式设备的正面和侧面

（a）实物图；（b）正视图；（c）侧视图

1—相机镜头；2—追踪感应器；3—头戴式设备按钮；4—状态指示灯；5—镜头距离旋钮

2. Vive 操控手柄参数

传感器：SteamVR 追踪技术。

输入：多功能触摸面板、抓握键、双阶段扳机、系统键、菜单键。

单次充电使用量：约 6 h。

连接口：Micro-USB。

使用操控手柄可与虚拟现实世界中的对象互动。操控手柄具有可被定位器追踪的感应器。图 6-29 所示为 Vive 操控手柄示意图。

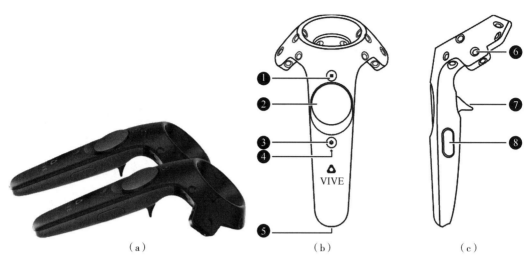

图 6-29　Vive 操控手柄示意图

（a）实物图；（b）正视图；（c）侧视图

1—菜单按钮；2—触控板；3—系统按钮；4—状态指示灯；5—Micro-USB 端口；

6—追踪感应器；7—扳机；8—手柄按钮

3. 空间定位追踪设置

站姿/坐姿：无最小空间限制。

房间尺度（room-scale）：最小为 2 m×1.5 m，最大为 3.5 m×3.5 m。

图 6-30 所示为 Vive 定位器示意图。

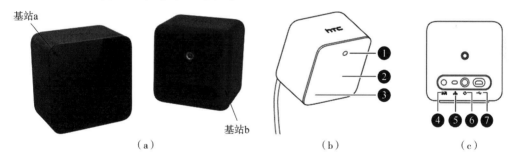

图 6-30　Vive 定位器示意图

（a）实物图；（b）前视图；（c）后视图

1—状态指示灯；2—前面板；3—频道指示灯（凹陷）；4—电源端口；5—频道按钮；

6—同步数据线端口（可选）；7—Micro-USB 端口（用于固件更新）

Vive 产品建议的电脑配置如下。

GPU：NVIDIA3 $^{®}$　GeForce $^{®}$　GTX970、AMD Radeon^{TM}R9 290 同等或更高配置。

CPU：Intel $^{®}$　Core^{TM}i5-4590/AMD FX^{TM}8350 同等或更高配置。

RAM：4 GB 或以上。

视频输出：HDMI 1.4、DisplayPort 1.2 或以上。

USB 端口：1x USB 2.0 或以上端口。

操作系统：Windows® 7 SP1、Windows® 8.1 或更高版本、Windows® 10。

6.3.3 HTC Vive 安装过程

在了解 HTC Vive 设备的具体构成之后，我们需要了解如何将其进行正确安装。

1. 安装基站（定位器）

首先要安装基站。基站的背面和底面各有一个固定孔，如图 6-31 所示。

定位器距离地面的高度应该在 2 m 左右，而且两个定位器除了要高度一致，还要处于两个高处的对角位置。

如图 6-32 所示，因为单个定位器的定位范围是在 120°左右，所以在放置的时候，相同高度的定位器可以让定位范围更为准确，但是 2 个定位器之间的距离不能太远，一定要保持在 5 m 范围之内，否则可能会出现定位失败的问题。

图 6-31　基站的背面和底面

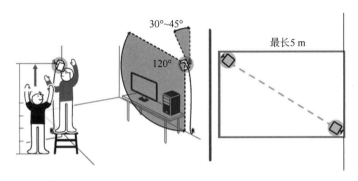

图 6-32　安装定位器

定位器的方向最好往下面倾斜一点，角度是在 30°~45°之间，另外定位器的定位呈扇形，大概在 120°，大家要自己观察两个定位器之间的方位是否可以达成完美覆盖，如图 6-33 所示。

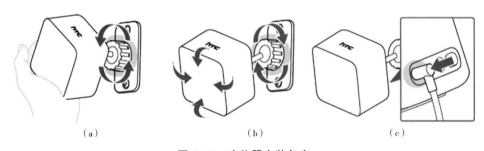

（a）　　　　　　　　　　（b）　　　　　　　　　　（c）

图 6-33　定位器安装角度

（a）顺时针拧紧；（b）调整角度；（c）插上电源线

然后在定位器上接上电源即可，如图 6-34 所示，通过定位器背面的频道按钮，将其中一个定位器调整为 B 频道，另一个调整为 C 频道。

图 6-34　定位器接上电源

2. 连接头显和 PC 主机

基站安装完成之后，要将头显和 PC（个人计算机）主机连接起来，其连接通过三合一线和串流盒实现。

头盔后有三合一连接线，有 1 个串流盒，在头盔背面。

这 3 根线分别是：

PC 端：

（1）电源线——电源小圆口接墙或接线板。

（2）USB 线——USB 方口接电脑 USB 口。

（3）HDMI 线——HDMI 六边形口接显卡。

VR 端同 PC 端。

通过这 3 根线，将信号传输至电脑，电脑处理信号。

图 6-35　串流盒实物图

串流盒的作用是作为 Vive 头戴式设备与计算机之间的连接渠道，让魔幻的虚拟现实成为可能，串流盒实物图如图 6-35 所示。

图 6-36 所示为串流盒的各个接口。串流盒上面有 4 个接口，但是如果加上三合一连接线，就是 4 个接口+1 个连接线，有 5 个部分需要我们进行更改。

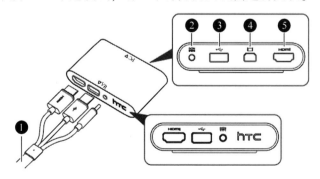

图 6-36　串流盒的各个接口

1—三合一连接线；2—电源端口；3—USB 端口；4—Mini DisplayPort；5—HDMI 端口

（1）三合一连接线。

（2）电源接口。

（3）USB 接口。

（4）Mini DisplayPort：注意，这个接口一般用不到，但是如果你的电脑没有 HDMI 接口或者说不支持 HDMI 接口，可以选择切换到这个接口使用。

（5）HDMI 接口。

HTC Vive、串流盒和电脑的连接方法如下。

（1）找到电源连接线，然后将电源线一端插到串流盒对应的接口，另一端接到电源插座，这样就可以成功地启动串流盒了。

（2）将 HDMI 连接线插入串流盒上面的 HDMI 端口，然后将连接线的另一端插到电脑显卡上面的 HDMI 接口即可。

如果你的电脑不支持 HDMI 接口，可以选择切换为 Mini DisplayPort 接口，这个接口的位置在上文有提到过。

（3）将 USB 数据线的一端插入串流盒的 USB 接口，然后将另外一端插入电脑的 USB 接口。

HTC Vive 怎么连接电脑，即 HTC Vive 如何接上三合一连接线，如图 6-37 所示。

（4）参考图 6-37，我们需要将三合一连接线（也就是 HDMI、USB 和电源三合一线）插到串流盒背面的 3 个接口上面，按照对应的接口插好就行了。

（5）将串流盒固定在某个地方，然后将固定贴片上的贴纸拿掉，之后再将黏性的一面贴于串流盒底部即可，如图 6-38 所示。

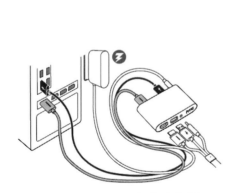

图 6-37　HTC Vive 与电脑的连接

图 6-38　贴上贴纸

成功地将串流盒、HTC Vive 以及电脑连接在一起后，接通电源后打开电脑即可，之后可能还需要在电脑上安装 HTC Vive 的驱动以及 SteamVR 才可以正常使用。

6.3.4　Lighthouse 定位系统

Valve 公司和 HTC 合作推出的 HTC Vive 采用了 Valve 独家的 VR 定位技术 Lighthouse。Lighthouse 才是 HTC Vive 相比于其他 VR 头显的鹤立鸡群之处。因为 VR 头显的一项非常重要的技术指标是头动跟踪。HTC Vive 内置一个陀螺仪传感器、加速传感器和激光定位传感器，它们协同工作来跟踪头部位置。VR 头盔并不需要进行图形处理工作，而是在 PC 上进行图形处理工作。

HTC 的 Lighthouse 室内定位技术属于激光扫描定位技术，通过两颗激光传感器（可以安装在墙上，也可以安装在支架上）识别佩戴者佩戴的机身上的位置追踪传感器，从而获得位置和方向信息。具体来说，Lighthouse 室内定位技术不需要借助摄像头，而是靠激光和光敏传感器来确定运动物体的位置。两个激光发射器会被安置在对角，形成一个 15 ft×15 ft（1 ft=0.304 8 m）的长方形区域，这个区域可以根据实际空间大小进行调整。激光束由发射器里面的两排固定 LED（发光二极管）灯发出，每秒 6 次。每个激光发射器内设计有两个扫描模块，分别在水平和垂直方向轮流对定位空间发射横竖激光。

该定位方式基于 PnP（perspective-n-point）解算。已知 n 个 3 维空间点坐标及其 2 维投影位置时，估计相机位姿或者物体位姿，二者是等价的。我们可以想象，在一幅图像中，最少只要知道 3 个点的空间坐标即 3D 坐标，就可以用于估计相机的运动以及相机的姿态。相机的姿态由 6 个自由度组成，它们由相机相对于世界的旋转（滚动、俯仰和偏航）和 3D 平移组成。其解决了已知世界参考系下地图点以及相机参考系下投影点位置时 3D-2D 相机位姿估计问题，不需要使用对极约束（存在初始化、纯旋转和尺度问题，且一般需要 8 对点），可以在较少的匹配点（最少 3 对点，P3P 方法）中获得较好的运动估计，是最重要的一种姿态估计方法。

Lighthouse 定位系统工作过程主要为四步，即获得坐标—求解坐标—位姿融合—接收上传。详细解释如下。

（1）获得坐标。基站刷新的频率是 60 Hz，基站 a（图 6-30）上面的马达 1（图 6-30）首先朝水平方向扫射，8.33 ms 之后，基站 a 上面的马达 2 朝垂直方向上扫射（第二个 8.33 ms），然后基站 a 关闭，接着基站 b 重复和基站 a 一样的工作。这样只要在 16 ms 中，有足够多的 sensor 点同时被垂直和水平方向上的光束扫到，这些 sensor 点相对于基站基准面的角度就能够被计算出来，而被照射到的 sensor 点在投影平面上的坐标也能够获得。

（2）求解坐标。静止时这些点在空间中的坐标是已有的，可以作为参考，这样就能够计算出，当前被照的点相对于基准点的旋转和平移，进一步地得出这些点的坐标，这其实也是一个 PnP 问题。

（3）位姿融合。融合 IMU（惯性测量单元）上获得的姿态，就能够较准确地给出头盔或者手柄的姿态和位置。

（4）接收上传。在上一步中计算出来的头盔/手柄的位置和姿态信息，通过 RF（射频）传递到和 PC 相连的一个接收装置，该装置再通过 USB 接口，把数据上传到 PC 端的 driver 或者 OpenVR runtime，最后上传到游戏引擎以及游戏应用中。

Lighthouse 激光定位技术主要有以下优势。

（1）成本低。相对昂贵的红外动作捕捉摄像机，利用激光光塔进行动作捕捉的成本就相对低廉很多了。虽然之前高盛对 HTC Vive 进行估价高达 1 000 美元左右，但是 HTC Vive 集成了 HMD 及运动手柄，单算到定位系统的价钱可能在 400 美元左右。

（2）定位精度高。在 VR 领域，超高的定位精度意味着卓越的沉浸感。激光定位方案的精度可以达到 mm 级别，也就使我们借助 HTC Vive 体验到了震撼效果。

（3）激光定位技术几乎没有延迟，不怕遮挡，即使手柄放在后背或者胯下也依然能捕捉到。激光定位技术在避免了基于图像处理技术的复杂度高、设备成本高、运算速度慢、较易受自然光影响等劣势的同时，实现高精度、高反应速度、高稳定性且可在任意大小空间内的室内定位。

（4）Vive 作为头显本身体验较好。Lighthouse 基站的转速很高、振动不小。即使没有 Lighthouse 基站，Vive 作为头显本身体验也不错。屏幕分辨率很高，纱窗效应十分不明显——用户需要有意识地观察才能够注视到像素点。Vive 使用的是菲涅耳透镜，优点是色散低。缺点一是透光率低，开发者自己开发的应用需要调很高的亮度才能在头显里看起来正常。缺点二是对佩戴者的视点（eye position）要求很严格，稍微有一点点的错位，看上去就一片模糊。而 Oculus Rift 的普通球面透镜允许一定的错位。

6.4 虚拟手建模与交互

虚拟现实的多维交互特点，更接近人与现实环境的交互。在虚拟现实环境中，为实现物理世界与虚拟世界的融合，操作者需要通过不同的人机交互方式来对虚拟世界中的物体进行操控或与虚拟人物进行交流。人在现实物理世界感知物体产生互动或与人交流会使用不同的方式来接收信息并传达自身的意愿需求，例如视觉、听觉、触觉、嗅觉、语音、肢体动作等，因此，为了能够实现与虚拟环境的自然交互，这些方式也被运用于虚拟现实人机交互技术。典型的人机交互信息传递框架如图 6-39 所示。

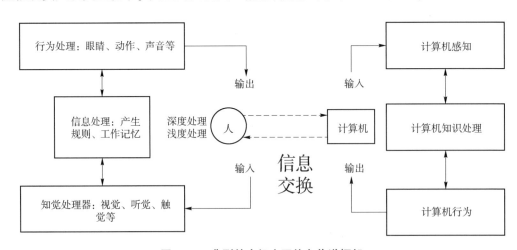

图 6-39 典型的人机交互信息传递框架

6.4.1　虚拟手模型

手是人体最灵活的器官，将虚拟手模型引入虚拟现实场景中，通过手势捕捉设备获取人手信息并将其反映在虚拟手模型上，实现与虚拟场景中物体的交互，其功能如同人手，操作者使用双手来抓取移动虚拟物体，将大大提高操作的真实感与沉浸感。

在虚拟现实系统中，要建立灵活、真实的虚拟手模型，需要了解清楚人手的结构特点和物理特性。它是一个复杂而灵活的多肢节系统，图 6-40 为手掌的关节结构示意图，由手掌、手腕和手指组成。手上的骨头共有 27 块，为 8 块腕骨、5 块掌骨和 14 块指骨，骨之间由不同关节连接，关节具有移动自由度和旋转自由度，可以做屈伸、收展或旋转运动。

在图 6-40 中，PIJ（proximal interphalangeal joints）和 TIJ（thumb interphalangeal joints）为近指关节，DIJ（distal interphalangeal joints）为远指关节，MPJ（metacarpophalangeal joints）和 TMPJ（thumb metacarpophalangeal joints）为指掌关节，TMJ（thumb metacarpal joints）为掌腕关节。人的手共有 31 个自由度。在空间运动中手掌有 6 个自由度，不过在虚拟手的建模以及应用中，我们只需要研究手指的运动，而整只手相对于胳膊的运动则不需要考虑。

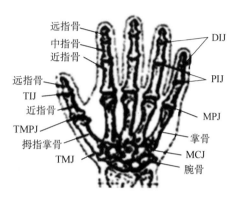

图 6-40　手掌的关节结构示意图

所以这 6 个自由度是可以忽略不计的。MCJ（metacarpal joints）只有 1 个自由度。对于人的 5 根手指，总共有 21 个自由度。其中，拇指有 5 个自由度，TIJ 有 1 个自由度，它可以做弯曲运动，TMPJ 和 TMJ 分别有 2 个自由度，可以做伸屈和外展运动。而其他的 4 根手指，每根手指都有 4 个自由度，其中，远指 DIJ 有 1 个自由度，PIJ 有 1 个自由度，都是只能做屈伸运动。MPJ 有 2 个自由度，并且可以做屈伸、收展和旋转运动。

三维手模型主要有以下 5 种类型，如图 6-41 所示，分别为关节模型、体模型、网格模型、轮廓模型和二值模型。在这 5 种三维手模型中，关节模型有着容易构建、易于体现手的三维特性等优点。

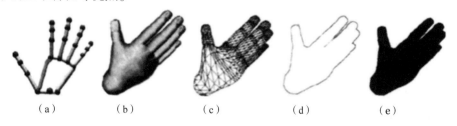

(a)　　　　(b)　　　　(c)　　　　(d)　　　　(e)

图 6-41　人手三维模型

(a) 关节模型；(b) 体模型；(c) 网格模型；(d) 轮廓模型；(e) 二值模型

6.4.2　虚拟手模型驱动方式

驱动 Unity3D 搭建虚拟手几何模型，需要以 Leap Motion 设备捕捉的手部数据为基础，如 palm position、palm normal、tip position、tip velocity（指尖速度）、direction 等，每一帧数据都是通过接口函数获得的。通过当前帧和下一帧指尖的帧差，可以获得对象的姿态变化等信息，如手的旋转、位移等。如图 6-42 所示。

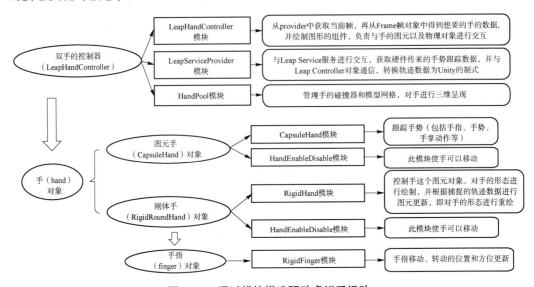

图 6-42　通过模块搭建驱动虚拟手运动

图 6-42 所示的驱动虚拟手运动的模块的具体功能如下。

（1）LeapHandController 模块：控制手势数据的跟踪获取，并绘制图形的组件，负责与手的图元以及物理对象进行交互。Leap Motion 实时地捕捉每帧的画面。拿到某帧画面后，通过解析将信息保存在帧对象当中。手的数据的获得方式，即从 LeapServiceProvider 模块中获取当前帧，然后从帧对象中得到想要的手的数据。

（2）LeapServiceProvider 模块：获取硬件传来的手势跟踪数据并刷新所有的帧，将右手坐标转化为左手坐标。LeapServiceProvider 模块解析了手对象的比例大小、旋转方向以及位置坐标的变换。

（3）HandPool 模块：管理手的碰撞器和模型网格。

（4）CapsuleHand 模块：实现对手势的跟踪（包括手指、手势、手掌动作等）。

（5）HandEnableDisable 模块：使手得以移动。

（6）RigidHand 模块：作用是控制手这个图元对象，对手的形态进行绘制，并根据捕捉的轨迹数据进行图元更新，即对手的形态进行重绘。

以 Leap Motion 获取的人手数据为基础，在 Unity3D 平台中通过模块的搭建，成功驱动虚拟手几何模型，使其跟随人手的运动而发生位姿变化，图 6-43 所示为运动中的虚拟手模型。

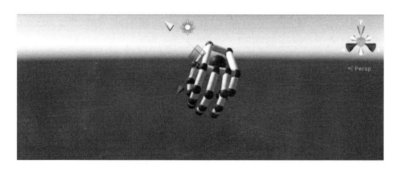

图 6-43　运动中的虚拟手模型

6.4.3　虚拟手型模型

在虚拟环境下，为了使虚拟手的动作与实际人手动作匹配，需要将人手关键点姿态数据实时传递给虚拟手模型，实现虚拟手与人手关键点姿态的一一对应，驱动虚拟手模型进行相应的动作，实现虚拟动作与人手动作的实时同步。为使虚拟手更加真实地拾取物体，避免穿透，需要建立不同的虚拟手型模型。

1. 捏手势（点-线模型）

采用捏手势拾取零件，大拇指和食指指尖与零件贴合，基于大拇指指尖位置坐标 T_1 和食指指尖位置坐标 T_2 数据，建立捏手势的点-线模型，如图 6-44 所示。该点-线模型的数据结构为向量 T_1、T_2，以及点 T_1 到点 T_2 的空间距离 L_1。图 6-44 中零件（用线框表示）的高为 L_b，则虚拟手与零件接触需要满足 L_1 与 L_b 之差的绝对值小于等于 ε（ε 为误差，设为 0.01，下同），即

$$|L_1 - L_b| \leqslant \varepsilon \tag{6-2}$$

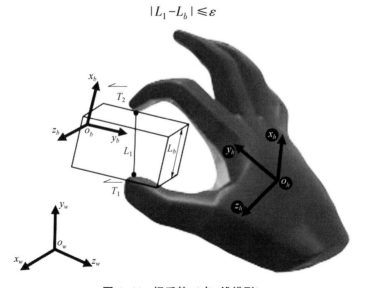

图 6-44　捏手势（点-线模型）

2. 抓手势（点-面模型）

采用抓手势拾取零件，大拇指、食指以及中指的指尖与零件贴合。基于大拇指指尖

位置坐标 T_1、食指指尖位置坐标 T_2 以及中指指尖位置坐标 T_3 数据，建立过这三点的空间三角形面模型，即抓手势点–面模型，如图 6-45 所示。该点–面模型的数据结构为向量 T_1、T_2、T_3，以及过点 T_1 到 T_2、T_3 的空间最短距离 L_2。图 6-45 中零件（用线框表示）的高为 L_b，则虚拟手与零件接触需满足 L_2 与 L_b 之差的绝对值小于等于 ε，即

$$|L_2 - L_b| \leq \varepsilon \qquad (6\text{-}3)$$

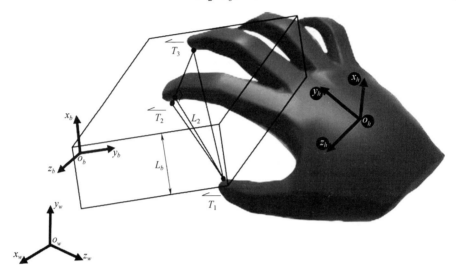

图 6-45 抓手势（点–面模型）

3. 双手搬手势（点–体模型）

采用双手搬手势拾取零件，此时每只手的大拇指、食指、中指以及无名指的指尖与零件贴合。基于大拇指指尖位置坐标 T_1、食指指尖位置坐标 T_2、中指指尖位置坐标 T_3 以及无名指指尖位置坐标 T_4 数据，建立过这四点的空间四面体模型，即双手搬手势点–体模型，如图 6-46 所示。该点–体模型的数据结构为向量 T_1、T_2、T_3、T_4，以及过点 T_1 到 T_2、T_3、T_4 三点所形成的空间面的最短距离 L_3。图 6-46 中零件（用线框表示）的高为 L_b，则虚拟手与零件接触需满足 L_3 与 L_b 之差的绝对值小于等于 ε，即

$$|L_3 - L_b| \leq \varepsilon \qquad (6\text{-}4)$$

4. 握手势（球模型）

采用握手势拾取零件，手掌的一部分与零件贴合，可以近似认为手型近似球的一部分，手型半径与零件径向距离的一半相等，中心坐标在零件或工具轴线上，切平行于手掌的方向与零件或工具轴线方向平行，基于大拇指指尖位置坐标 T_1、食指指尖位置坐标 T_2、中指指尖位置坐标 T_3、无名指指尖位置坐标 T_4 以及手掌中心坐标 P 数据，建立过指尖和掌心的虚拟手型球模型，如图 6-47 所示。该球模型的数据结构为球心 O 和半径 r。图中零件（用线框表示）的径向距离为 L_b，则虚拟手与零件接触需满足 r 与 L_b 的一半之差的绝对值小于等于 ε，即

$$\left| r - \frac{1}{2}L_b \right| \leq \varepsilon \qquad (6\text{-}5)$$

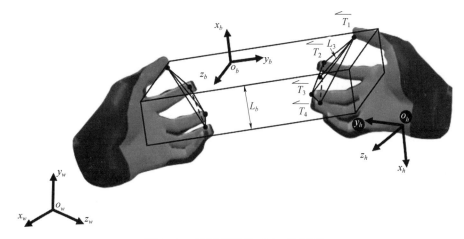

图 6-46　双手搬手势（点–体模型）

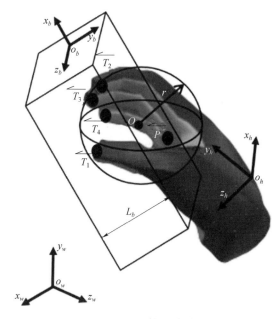

图 6-47　握手势（球模型）

6.5　虚拟人体建模与交互

利用人体肢体动作操控虚拟场景中的物体移动或者触发开关，并接收相应的反馈信息，以此来实现操作者与虚拟场景的自然交互，这是与真实物理世界最相似的交互方式，因此，建立虚拟人体模型可以提高虚拟现实人机交互技术的交互性与沉浸感。虚拟人体是虚拟环境中操作者位置变化与动作行为的实时表现，需要迅速且准确获取现实中操作者肢体、关节的运动数据并控制虚拟人体在虚拟环境中的运动。在多种人体动作捕捉设备中，Kinect 设备捕捉人身体动作是基于计算机图像视觉原理，可以利用少量的摄像机对跟踪区域的多个目标进行动作捕捉，同时 Kinect 是非接触式捕捉设备，活动约束性小。

Kinect 是微软开发的一款专门为人机交互设计的人体捕捉设备，它是一种 3D 体感摄影机，具有即时图像识别、动态关节追踪、麦克风语音辨识、社群互动等功能，可获取 RGB 彩色图像和深度信息，主要用于捕捉人体关节结构，作为一款价格低廉的 RGB-D 体感摄像机，可以得到 RGB 彩色图像、含有空间深度信息的图像以及人体关节点数据，有较高的精度和较强的实时性，并且不需要用户穿戴其他设备。Unity3D 引擎中的各种工具可以为我们提供一个精确的平台。Kinect V2 骨骼数据资源可在 Unity 资源库中使用，它可用于在 Unity3D 平台上跟踪包括手在内的所有骨骼和关节位置。在 Unity3D 平台中建立的虚拟人体关节模型如图 6-48 所示。

单台 Kinect 存在不能区分正反面与自遮挡问题，为了扩大追踪范围、提高数据精度，需用多 Kinect 数据融合解决此问题。本书以两台 Kinect V2 设备的系统为例，所有设备都在客户端-服务器模式下与相关客户端 PC 连接。两个客户端计

图 6-48 在 Unity3D 平台中建立的虚拟人体关节模型

算机使用 SDK 获取关节数据，并通过局域网将其发送到服务器 PC。所有关节数据的处理都在服务器上进行，然后将融合后的关节数据传输到 Unity3D 以进行可视化。系统方案设计如图 6-49 所示。

6.5.1 坐标标定

采用两台 Kinect 设备对人体姿态进行捕捉时，每台 Kinect 设备能够从不同的视角获取目标的关节点数据，但是每台 Kinect 都有自身的坐标系，分别在自身坐标系下获取人体关节数据，后续数据融合无法直接进行，需要将每台 Kinect 获得的关节点数据进行坐标变换处理，变换到统一的世界坐标系下，才能传输至数据融合服务器进行后期处理。多 Kinect 相机标定过程为在同一个世界坐标系，求解每台 Kinect 设备的内部参数和外部参数，即自身坐标系与世界坐标系之间的旋转矩阵 $\boldsymbol{R}$ 与平移向量 $\boldsymbol{T}$。$\boldsymbol{R}$ 为 $3×3$ 矩阵，$\boldsymbol{T}$ 为三维向量。变换公式为

$$\begin{bmatrix} X_c \\ Y_c \\ Z_c \end{bmatrix} = \boldsymbol{R} \cdot \begin{bmatrix} X_w \\ Y_w \\ Z_w \end{bmatrix} + \boldsymbol{T} \tag{6-6}$$

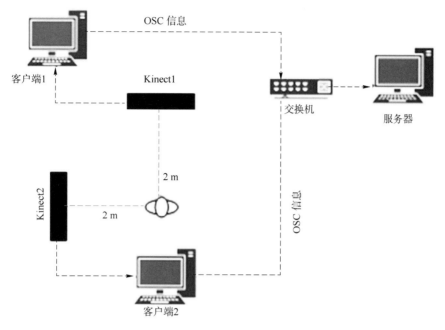

图 6-49   系统方案设计

基于开源软件 LiveScan3D 对双 Kinect 系统进行标定。LiveScan3D 采用一种利用多个 Kinect V2 传感器进行实时 3D 采集的方法，相比于单个传感器，多个 Kinect V2 可以同时记录多个视点的动态场景。校准多个 Kinect V2 获得所有传感器设备的相对位姿时，通过两步校准程序估计，第一步使用视觉标记进行粗略估计，第二步使用迭代最近点法（ICP 算法）来细化得到最终的每台 Kinect V2 设备的位姿。LiveScan3D 使用的 Kinect 的 RGB 相机和深度相机内部参数通过 Kinect for Windows SDK 获得。

6.5.2   数据传输

客户端与服务器端的数据传输需要通过数据传输协议来完成。常用的两台硬件设备间的通信传输协议有 TCP（transmission control protocol）与 UDP（user datagram protocol，用户数据报协议）。TCP 是一种面向连接的、可靠的、基于字节流的传输层通信协议，使用三次握手协议建立连接、四次挥手协议断开连接。UDP 是 OSI（open system interconnection，开放式系统互联）参考模型中一种无连接的传输层协议，提供面向事务的简单不可靠信息传送服务。UDP 有不提供数据包分组、组装和不能对数据包进行排序的缺点，即当报文发送之后，是无法得知其是否安全完整到达的。

UDP 在没有错误检查的情况下速度更快，作为一种不可靠的协议，可以提供更低的开销并支持多播。因此，UDP 适用于迟来的数据包和部分丢失的数据包影响不大的情况。本例子中，客户端与服务器端的数据传输使用 UDP，Kinect 客户端发送数据足够快，如果存在损耗的网络和丢包，UDP 仍然可以满足我们的要求，减少延迟和开销。另外，对于将来添加新客户端，UDP 可以更好地运行。客户端发送 UDP 数据报，必须说明目的端的 IP 地址和端口号，而当服务器端一个应用程序接收到 UDP 数据报时，操作系统必须告知消息的来源，即源端 IP 和端口号。因此 UDP 数据报 IP 首部包含源端和目的端的 IP 地址，这种特点允许 UDP 服务器同时接收多个客户端的信息并进行处理，给每个发送请求的客户端回应。图 6-50 所示为 UDP 数据的封装格式。

图 6-50 UDP 数据的封装格式

客户端将从 Kinect 传感器获取的关节数据转换成用于传输的 OSC（open sound control）信息格式，通过 UDP 发送，服务器端以 Unity3D 引擎为实现数据融合与可视化的主体，在 Unity3D 中添加 OSC 组件以接收从客户端发来的数据。设置 IP 地址，发送与接收信息的端口，在客户端与服务器端建立连接，将客户端与服务器端 PC 同时连入同一个局域网，经过 UDP 完成数据的传输。其具体传输流程如图 6-51 所示。

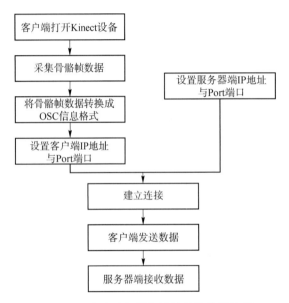

图 6-51 客户端与服务器端数据传输流程

6.5.3 数据融合

双 Kinect 自适应加权数据融合算法实时计算人体面向方向，根据人体面向方向与 Kinect 方向夹角的实时变化对每台 Kinect 的权重进行自适应调整，计算每个关节点的加权平均值，得到融合后的关节点数据。

跟踪目标人体的面向方向是数据融合的关键，一般情况下，左右两侧肩关节构成的向量即可表示人身体的方向向量 BV（body vector），将其旋转 90° 就是人的面向方向向量 V_f。但某些情况下，目标人物可能会扭曲身体，一侧肩关节被遮挡而无法有效得到体向量 BV，所以只靠肩关节确定人的体向量 BV 和面向方向向量 V_f 是不可靠的。选择采用多对关节确定目标人物的体向量 BV，左右两侧肩关节、肘关节、髋关节、膝关节、踝关节，根据图 6-52 所示的 Kinect 追踪关节点序号对照图，4 号、8 号分别对应左右肩关节，5 号、9 号分别对应左右肘关节，以此类推。由关节跟踪状态所分配的权重 λ_i 计算 $\lambda_4 \cdot \lambda_8, \cdots, \lambda_{15} \cdot \lambda_{19}$，值为 1，则取该对关节向量为人的体向量 BV，从而确定面向方向。

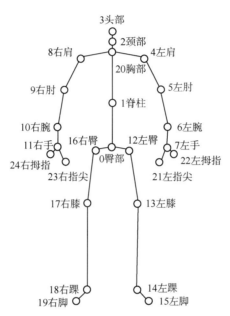

图 6-52 Kinect 追踪关节点序号对照图

Kinect 无法区分跟踪目标的正面和背面，当人体背对 Kinect 时，Kinect 依然会将获取的关节点数据当作人的正面来处理，这样就会导致左右两侧数据颠倒，虚拟场景中的人体模型的动作也会发生左右侧颠倒的情况，虽然仍然可以正常动作但会影响使用感受。而两台 Kinect 数据融合时，来自背面的左右颠倒的数据不经过交换处理，会影响融合后的结果，从而导致虚拟人体模型关节点位置错乱。所以，数据融合之前必须确定 Kinect 获得的关节数据来自人体的正面还是背面，如果来自背面，使用左右侧关节点数据交换（left and right side data swapping，LRS）函数交换左右侧关节点的数据，以保证数据的正确性。在程序开始的第一帧，用户正面向 Kinect1，以 Kinect1 获取的关节点数据确定此时人体的面向方向向量 V_{f0}，这样就可以获得 Kinect1 和 Kinect2 的方向向量 V_{k1} 和 V_{k2}，V_{k1} 与面向方向向量 V_{f0} 夹角为 180°，V_{k2} 与面向方向向量 V_{f0} 的夹角为 90°。程序运行过程中，分别计算 $V_f \cdot V_{k1}$ 与 $V_f \cdot V_{k2}$，若 $V_f \cdot V_{k1} > 0$，则人体背对 Kinect1，使用 LRS 函数交换 Kinect1 获取到的左右侧关节点的数据，若 $V_f \cdot V_{k1} < 0$，则不用进行交换处理；Kinect2 获取的关节数据也如前所述处理。人体面向方向与两台 Kinect 方向示意图如图 6-53 所示，图中 α_1、α_2 分别为人体面向方向向量 V_f 与 Kinect1、Kinect2 方向向量之间的夹角。

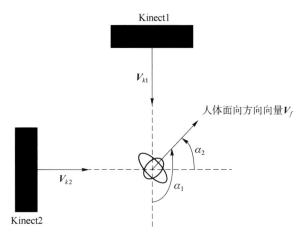

图 6-53　人体面向方向与两台 Kinect 方向示意图

Kinect 获取目标人物的关节点数据时，可能会存在关节未跟踪到的情况，那么未跟踪到的关节点数据将是非常不准确的，在数据融合中应该剔除掉。在 Kinect SDK 报告中可以读取到 25 个关节点的跟踪状态，共有三种不同状态，分别为"跟踪到""不确定"和"未跟踪到"。根据三种不同的状态为 25 个关节数据分配不同的权重 λ，依次分别为 1、0.5、0。

考虑到人体在 Kinect 前方不同方位时，Kinect 所获取的精度高低不同。例如，当人体正面面向 Kinect 时所获得的数据精度最高，随着人体面向方向与 Kinect 的镜头方向之间的角度 α 越来越大，所获得的数据精度将越来越低，90°时将会有一侧的关节被另一侧遮挡而无法跟踪到，此时所获得的数据精度最差。因此，在数据融合中根据人体面向方向的角度变化自动为每台 Kinect 赋予不同的权重。两台 Kinect 采用正交布置方式，故两台 Kinect 相机镜头方向相差 90°，当被捕捉的人体正面向 Kinect1 时，必定侧向 Kinect2，也就是说，当 Kinect1 捕捉到的人体关节数据最全面精确的时候，Kinect2 捕捉到的人体关节数据最不完整，所以当人面向方向与 Kinect1 方向夹角 α_1 成 180°或 0°时取 Kinect1 权重为 1，此时 Kinect2 的权重为 0；人面向方向与 Kinect1 方向夹角 α_2 成 90°时取 Kinect1 权重为 0，此时 Kinect2 的权重为 1。0°~90°夹角之间的权重为递减函数，随面向方向与 Kinect 方向之间的夹角 α 变化自适应调整，为减少程序运算时间，提高系统实时性，设计权重调整函数为一次函数，如图 6-54 所示。

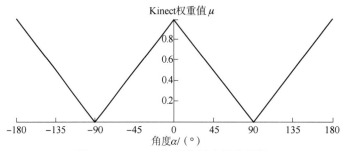

图 6-54　Kinect 权重自适应调整函数

根据自适应权重分配原则得到的关节点权重与 Kinect 权重，将两台 Kinect 获取的关节点的位置坐标进行加权平均融合计算。融合计算公式为

$$\overrightarrow{P_j} = \frac{\sum_{i=1}^{n} \lambda_{i,j} \cdot \mu_i \cdot \overrightarrow{P_{i,j}}}{\sum_{i=1}^{n} \lambda_{i,j} \cdot \mu_i}, j = \{0, 1, 2, \cdots, 24\} \tag{6-7}$$

式中，$\overrightarrow{P_j}$ 为数据融合之后第 j 个关节点的位置坐标；$\lambda_{i,j}$ 为第 i 台 Kinect 获取的第 j 个关节点的跟踪状态权重；μ_i 为第 i 台 Kinect 的角度分配的权重；$\overrightarrow{P_{i,j}}$ 为第 i 台 Kinect 获取的第 j 个关节点的位置坐标。

根据上述自适应加权数据融合算法，绘制算法流程图，如图 6-55 所示。

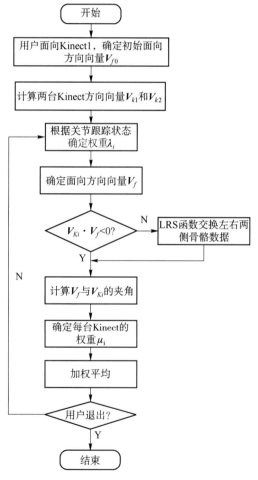

图 6-55　数据融合算法流程图

经过实验，双 Kinect 自适应加权数据融合算法的全身运动捕捉系统可以解决人体自遮挡问题，当人体侧面向一台 Kinect 时，必然正面向另一台 Kinect 设备，通过数据融合

算法将两台 Kinect 获取的关节点数据融合之后，虚拟环境中的人体关节模型依然完整，没有关节错位等问题出现，可以与现实中的人体实时同步动作，达到预期要求。实验结果如图 6-56 所示，图 6-56（b）、（e）为当人体右肩正对 Kinect2 时，单独 Kinect2 获取的数据构建关节模型，可以明显看到因为遮挡左手臂的动作与实际人体不相符，图 6-56（c）、（f）是相同情况下两台 Kinect 数据融合后的关节模型，其动作与实际人体一致，证实了数据融合的正确性。

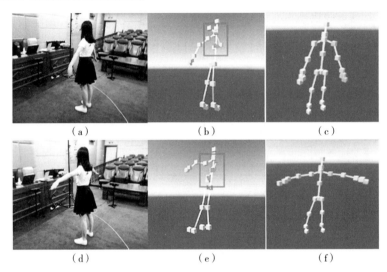

（a）　　　　　　　　（b）　　　　　　　　（c）

（d）　　　　　　　　（e）　　　　　　　　（f）

图 6-56　人体侧向 Kinect2 数据融合前后的骨架模型

（a）自然姿势；（b）融合前骨架（1）；（c）融合后骨架（1）；

（d）T 型姿势；（e）融合前骨架（2）；（f）融合后骨架（2）

第7章　虚拟现实物理及行为建模

物理建模的目的是使虚拟环境中的物体具有物理属性，保证虚拟物体之间不相互穿透，并按照实际物理效果发生相互作用，主要方法是利用碰撞检测算法对物体碰撞状态进行检测，并利用接触力算法模拟物体间的相互作用。因此，碰撞检测算法和接触力算法是物理建模的两个核心内容。本章基于层次表达，定义了轴向包围盒、方向包围盒、包围球三种包围盒，并对凸包进行了分析。在此基础上，针对空间内的物体介绍了包围盒之间的相交测试和碰撞检测，最后简要介绍了行为建模。

7.1　包围盒模型

本书考虑的层次表达仅限于四方包围体或球包围体。此外，假设物体的图元为三角形。该假设不仅加快了图元–图元相交性测试，同时也简化了方向包围盒的树结构。轴向包围盒和包围球的表达不受该假设的影响。

一般而言，由于碰撞检测高度依赖于待考虑的物体的相对位移，因此尚不清楚哪种层次表达最好。例如，如果物体彼此的距离足够近，OBB 表达法的效果通常比其他的更好，因为它的紧密配合，能够大量减少图元–图元相交性测试的数量。另外，如果物体距离较远，AABB 和 BS 表达法提供的包围体相交性测试资源消耗较少，是层次表达的更好选择。现代方法采用混合层次结构，基于内部节点和叶节点的接近度，其内部节点具有不同的表示。例如，在混合层次结构中，顶层内部节点采用 AABB，粗略剔除非碰撞区域，在叶节点和底层内部节点采用 OBB，实现改进的和更精确的非碰撞区域剔除。

无论使用哪种层次表达，都可以通过自顶向下或自底向上的方式构建层次结构树。在自顶向下的方法中，物体的初始图元是最上层包围体，根据某些分割规则，以递归的方式分解为子包围体，直至每个子包围体只有一个图元或一组图元为止。在自底向上中，当且仅当图元组无法再根据分割规则被进一步细分时，细分过程终止。

包围体分割为两个或更多子包围体，或者合并为两个或更多子包围体，进而构造层次结构树的方法有多种。分割方法包括二叉树（一个父节点有 2 个子节点）、四叉树（一个父节点有 4 个子节点）和八叉树（一个父节点有 8 个子节点）。本书的分析仅限于使用自顶向下的方法构建二叉树的最常用方法。

7.1.1 轴向包围盒

在轴向包围盒中，使用和图元相关且包围图元的矩形构建层次结构树，即矩形的轴线与物体的局部坐标系轴线对齐。针对一个简单的二维（2D）物体，图7-1描述了使用自顶向下的方法构建轴向包围盒的二叉树。图7-1中，每个中间层的矩形均与物体局部坐标系的轴线对齐。虚线表示各层使用的分割平面。

首先，依次通过所有图元的顶点，构建最上层的包围盒，在物体局部坐标系下，计算沿轴线方向顶点的最大值和最小值。最大值和最小值分别定义顶层包围盒的左下角和右上角。

其次，选择分割平面，沿着最长轴，将顶层包围盒分割成两个区域。分割平面和最长轴交点的选择原则是两个区域尽可能保持均衡，也就是说，分配到各子区域的图元数量相差无几。本书的细分规则是分割平面经过所有图元顶点的中值点，这些图元与顶层包围盒相关。然后，将图元分配到中值点所在的区域。

在随后各层次中，根据中间包围盒相关的图元，构建中间包围盒，并创建新的分割平面，将包围盒分成两个区域。接下来，将图元分配到每个区域，该过程以递归的方式继续，直至各子区域只包含一个图元。

如果所有图元被分配到一个区域（或子区域不均衡），则用另一个分割平面将第二长轴分割成经过中值点的两个区域。如果新的分割平面仍然将所有图元分配到一个区域，那么使用分隔最后轴线的分割平面进行最后一次尝试。有一种很少见的情况，即三种分割平面都将图元组仅分配到一个区域，则称图元组不可分割，构成图元组的当前包围盒为结构树的叶节点。但是，最常见的情况是，图元被平均分隔到两个子区域，最终层次结构的叶节点只拥有一个图元。

7.1.2 方向包围盒

在方向包围盒表达法中，使用包围盒构建层次结构树，图元和包围盒紧密贴合。在此情况下，在物体的局部坐标系中，每个中间包围盒都有不同的方向，因为它们的方向取决于图元的几何位移。针对AABB情况下的同样二维物体，图7-2描述了使用自顶向下方法构建方向包围盒的二叉树。图中，各中间层的包围盒紧密贴合图元，虚线表示各层使用的分割平面。

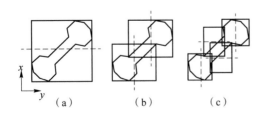

图7-1 二维物体的 AABB 二叉树

（a）顶层包围盒；（b）中间包围盒；（c）图元包围盒

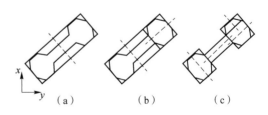

图7-2 OBB 二叉树的二维示例

（a）顶层包围盒；（b）中间包围盒；（c）图元包围盒

与 AABB 层次结构树相比，OBB 层次结构树提供了更加紧密的层次表达。通常，紧密的层次表达可以减少图元测试数量。因此当在彼此靠近的物体之间进行碰撞检测时，OBB 层次结构显然优于 AABB 层次结构。但是，这导致在 OBB 树形结构的每个中间层执行资源消耗更大的重叠测试。

OBB 层次结构树构造比单一的 AABB 层次结构树构造更加复杂，因为每个中间包围盒的方向都需要利用与包围盒相关的图元集进行计算。本节介绍的 OBB 层次结构树的构造算法中假设物体的图元均为三角形，也就是说，物体的边界表达通过三角面片描述。这种假设特别适合开发第 1 章描述的仿真引擎，因为在物体向物理引擎注册时，凸分解已经完成，此时构成物体的每个凸多面体的面均为三角面片。在物理引擎中，物体的最终内部表达仅包含三角面片。

在计算 OBB 时，最主要的难题在于确定轴线方向，以便包围盒可以紧密贴合相关三角形图元的顶点。这可通过计算三角形图元的平均向量和协方差矩阵来实现。每个三角形图元 T_k 的平均向量由下列公式得出：

$$\boldsymbol{\mu}_k = \frac{1}{3}(\boldsymbol{v}_1 + \boldsymbol{v}_2 + \boldsymbol{v}_3) \tag{7-1}$$

式中，$\boldsymbol{v}_1$、$\boldsymbol{v}_2$ 和 $\boldsymbol{v}_3$ 可定义三角形的顶点。向量 $\boldsymbol{v}_r$ 由 $(\boldsymbol{v}_r)_x$，$(\boldsymbol{v}_r)_y$ 和 $(\boldsymbol{v}_r)_z$ 分量进行描述。顶点集合的平均向量则为

$$\boldsymbol{\mu} = \frac{1}{n}\sum_{k=1}^{n} \boldsymbol{\mu}_k \tag{7-2}$$

式中，n 是计算 OBB 时的总三角形数量。

每个三角形 T_k 的 3×3 协方差矩阵元素可计算如下：

$$\boldsymbol{C}_{ij} = \frac{1}{3}((\boldsymbol{p}_1)_i(\boldsymbol{p}_1)_j + (\boldsymbol{p}_2)_i(\boldsymbol{p}_2)_j + (\boldsymbol{p}_3)_i(\boldsymbol{p}_3)_j) \tag{7-3}$$

式中，$i, j \in \{x, y, z\}$，$\boldsymbol{p}_i = \boldsymbol{p}_i - \boldsymbol{\mu}$，$i \in (1, 2, 3)$。顶点集的协方差矩阵为

$$\boldsymbol{C}_{ij} = \frac{1}{n}\sum_{k=1}^{n}(\boldsymbol{C}_k)_{ij} \tag{7-4}$$

式中，$(\boldsymbol{C}_k)_{ij}$ 为第 k 个三角面片的协方差矩阵的 $\{i,j\}$ 元素。

由于协方差阵是一个实对称阵，特征向量两两正交。此外，在它的 3 个特征向量中，有两个特征向量是和顶点坐标的最大和最小方差对应的轴。因此，如果将协方差阵的特征向量作为基，可以将所有顶点进行基变换，通过计算变换后顶点的 AABB，从而获得一个紧密贴合的包围盒。换言之，OBB 的方向为特征向量基，且大小包围了变换了的顶点的最大和最小坐标。

值得注意的是，协方差阵的特征向量方向不仅受到定义最大和最小坐标的顶点影响，而且还受到所有考虑的顶点影响。虽然内顶点不影响包围盒的计算，但影响特征向量的方向，因此内顶点可能引发一些问题。例如，大量内顶点集中在一个小区域时，可能导致特征向量与之对齐，而不是与边界顶点对齐，从而创建一个低质量的 OBB，如图 7-3 所示。

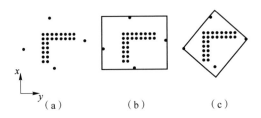

图7-3 内顶点降低 OBB 质量的二维示例图

(a) 初始点集合；(b) 考虑所有点创建的 OBB；(c) 仅考虑凸包点创建的 OBB

因此，协方差矩阵的计算应仅考虑顶点集合的边界顶点。同时，也应对边界顶点簇不敏感，因为它们影响特征向量的方向，就如同内顶点簇对方向的影响一样。

如果仅考虑顶点集合中凸包上的点，应避免内顶点。如果仅计算凸包表面（而不是凸包顶点）的平均向量和协方差阵，边界顶点簇可以忽略。计算过程如下。凸包上每个三角面片 T_k 的面积 A_k 可直接由顶点计算：

$$A_k = \frac{1}{2} \left| (\mathbf{v}_2 - \mathbf{v}_1) \times (\mathbf{v}_3 - \mathbf{v}_2) \right| \tag{7-5}$$

则凸包的总面积 A_t 为

$$A_t = \sum_{k=1}^{n_k} A_k \tag{7-6}$$

式中，n_k 为凸包三角面片的总数量。

用凸包总面积加权计算与凸包相关的平均向量 $\bar{\boldsymbol{\mu}}_t$：

$$\bar{\boldsymbol{\mu}}_t = \frac{\sum_{k=1}^{n_k} A_k \bar{\boldsymbol{\mu}}_k}{\sum_{k=1}^{n_k} A_k} = \frac{\sum_{k=1}^{n_k} A_k \bar{\boldsymbol{\mu}}_k}{A_t} \tag{7-7}$$

用总凸包面积加权计算各三角面片 T_k 的 3×3 协方差矩阵元素 $(C_k)_{ij}$：

$$(C_k)_{ij} = \frac{A_k}{12A_t} \left(9(\boldsymbol{\mu}_k)_i (\boldsymbol{\mu}_k)_j + (\mathbf{v}_1)_i (\mathbf{v}_1)_j + (\mathbf{v}_2)_i (\mathbf{v}_2)_j + (\mathbf{v}_3)_i (\mathbf{v}_3)_j \right) \tag{7-8}$$

最后，通过各三角面片的协方差矩阵元素 $(C_k)_{ij}$，计算与凸包相关的 3×3 协方差阵元素 $(C_t)_{ij}$：

$$(C_t)_{ij} = \sum_{k=1}^{n_k} (C_k)_{ij} - (\mu_i)_i (\mu_i)_j \tag{7-9}$$

在确定协方差矩阵之后，选用一种可行的实对称矩阵特征值和特征向量的计算方法，计算协方差矩阵的特征向量。OBB 轴与特征向量的方向一致，包围盒大小由沿各轴的外部顶点计算。

7.1.3 包围球

在包围球表达法中，层次结构树由封闭图元的最小半径的包围球构建。图7-4描述了用自顶而下的方法构建的二叉树 BS 的过程，图中的二维物体和 AABB、OBB 方法中的一致，虚线表示各层使用的分割平面。

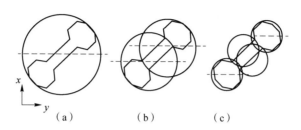

图 7-4 二叉树 BS 的二维示例

（a）顶层包围盒；（b）中间包围盒；（c）图元包围盒

就分层的紧密性而言，BS 层次结构树的质量通常比 OBB 和 AABB 的层次结构树差。不过，它的相交测试无疑是最容易和最快速的，因此该表达法在快速剔除测试中，比其他方法更优越。

本小节介绍了如何从相关片元集合中得到近似最佳的包围球。该方法计算的包围球通常略大于最小半径包围球，但是方法的效率很高，弥补了精度问题。

包围球的计算是通过两次遍历与包围球相关的所有片元顶点列表来实现的。第一次遍历是用于估算球体的初始中心和半径。第二次遍历是检查列表中的每个顶点是否属于包围球。如果某顶点未包含，则放大球体直至包含顶点。最后，便可得到近似最优包围球的中心和半径。

第一次遍历，我们循环遍历所有顶点的列表，获得以下 6 个点。

（1）x 最大的点。

（2）x 最小的点。

（3）y 最大的点。

（4）y 最小的点。

（5）z 最大的点。

（6）z 最小的点。

从上述 6 个点中选择两个距离最远的点。这两个点将确定包围球直径的第一个近似值。假设球心位于两点的中间。

第二次遍历，再次循环遍历所有顶点的列表，对比每个顶点与球心距离的平方值与包围球当前半径的平方值。如果距离小于半径，则顶点位于球体内，我们继续计算列表中的下一个顶点。否则，我们按以下方法调整包围球的半径和中心。

令 v_i 为当前用于检验包围球的顶点，是位于球体外部。令 c 为包围球的中心，r 为半径，p 位于球体上，是相对于 v_i 在直径方向上的点［图 7-5（a）］。

令 d 为 v_i 与 c 之间的距离，则

$$d=\sqrt{((v_i)_x-c_x)^2+((v_i)_y-c_y)^2+((v_i)_z-c_z)^2} \tag{7-10}$$

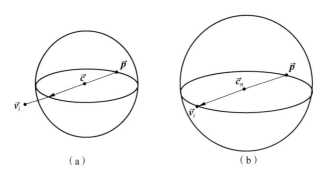

（a）   （b）

图7-5　给定顶点集合的一种高效、增量式包围球计算方法

（a）顶点v_i位于球体之外（需要放大球体，直至包含顶点）；（b）放大球体（v_i新的直径由v_i与p定义）

根据当前球体计算放大的球体，以便v_i与p构成新的直径，如图7-5（b）所示。放大后球体的半径r_n和新中心c_n由式（7-11）和式（7-12）得出：

$$r_n = \frac{r+d}{2} \tag{7-11}$$

$$c_n = \frac{rc+(d-r)v_i}{d} \tag{7-12}$$

持续该过程，直至检查所有顶点是否包含在包围球中。

顶层包围球确定之后，经过与包围球相关的所有片元的所有顶点的中值点，作分割平面。分割平面将包围球分为两个区域，并依照与 AABB 和 OBB 相同的规则，将图元分配给每个区域，也就是说，图元与包含中值点的区域相关。持续进行分割过程，直至每个包围球只含一个片元，或者片元无法再分割，此时，这个片元组将分配给包围球。

7.1.4　凸包

凸包不仅可以将物体的图元层次表达为凸多面体的树结构，还可以作为计算其他类型的表达法的中间步骤，如 7.1.2 小节已经介绍的 OBB 层次结构树。

给定顶点集合 s 的凸包定义为包含 s 的最小凸集。有多种算法和方法可用于计算二维、三维或高维的凸包。本小节将重点介绍"卷包裹法"。这种方法直观，易于三维可视化，操作简单，适用于高维空间。

卷包裹法的基本思想是假想在考虑的片元周围折纸。首先从确定为凸包内的一个面开始，然后遍历每条边，确定凸包内的各邻接面。接下来，算法继续遍历邻接面的各边，直至找到所有面，则完全确定了凸包。当待检查的边列表为空时，则表示找到了所有面。

给定一个顶点集合 $s = \{v_1, \cdots, v_n\}$ 时，假设由 (v_1, v_2, v_3) 定义的三角面 f_1 确定是凸包的第一个面。根据上一段所述算法的抽象描述，我们需要遍历三角面 f_1 的各边，确定相关的邻接面也在凸包中。如果一个面的顶点，都不在集合 s 的所有顶点中，且位于这个面定义的平面同侧，则这个平面在凸包上。由于我们的仿真引擎使用右手坐标系，我们希望 s 集合的所有顶点都位于平面的内部区域。更具体地说，我们希望凸包的每个面的法线始终朝外，如图 7-6 所示。选定的顶点 v_i 将定义一个与 f_1 构成最大凸二面角的面 f_2。以新面的法向量始终朝向物体的外部定义顶点顺序。由于我们使用右手坐标系，正确的顺序为 (v_1, v_i, v_2)。

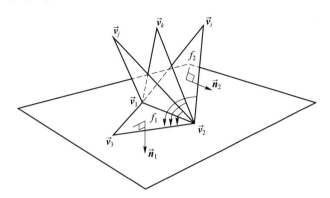

图 7-6　确认与 f_1 具有共用边 e_1 的邻接面

例如，我们考虑确定与 f_1 共边 $e_1 = \{v_1, v_2\}$ 的邻接面 f_2。我们需要找到顶点 $v_i \in s$，其中 $i \neq 1, 2$，以便 (v_1, v_i, v_2) 定义的三角面 f_2 在 e_1 边构成最大的凸内二面角。图 7-7 描述了如何计算内二面角。顶点 (v_1, v_2) 定义的边 e_1 与顶点 v_i 有关的内二面角 θ_i，表示为三角形 (a, b, v_i) 在顶点 a 的外角。注意到，顶点 b 是 v_i 在面 f_1 平面上的投影。

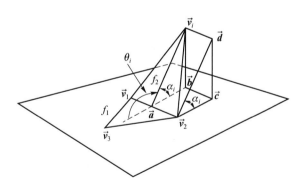

图 7-7　内二面角的几何描述

令 θ_i 为与 e_1 边顶点 v_i 相关的内二面角。假设 n_1 和 n_2 为面 f_1 和面 f_2 的法向量。顶点 a 的内角 α_i 可由面 f_1 和面 f_2 的面法线 n_1 和 n_2 的点积计算。通过作图，各面的法线均朝外，法线点积为 $(\pi - \theta_i)$ 的余弦值（图 7-8）。二面角可由以下公式直接计算：

$$\theta_i = \pi - \arccos(n_1 \cdot n_2) \tag{7-13}$$

对应于最大 θ_i，选择顶点 v_1，将面 f_2 添加到凸包面列表。新面的顶点顺序按新面的法向量始终指向物体的外部定义。由于我们使用的是右手坐标系，正确的顺序为 $(v_1,$

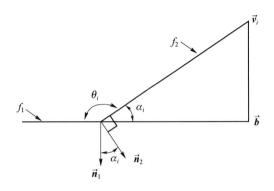

图 7-8　内二面角的计算

v_i，v_2），接下来，将面 f_2 各边添加到需要检查的边列表，以便计算与面 f_2 具有共用边的凸包面。值得留意的是，该算法假设每一条边都由两个面共用。因此，当新的边加入待检查的边列表时，我们应首先检查此边是否已经在列表中。如果已经在列表中，则包含这条边的一个面已经在上一个步骤中找到，包含这条边的另一个面已经被找到。在此情况下，由于共用这条边的两个面已经包含在凸包中，因此无须对这条边进行检查。否则，应将此边添加到列表中。

到目前为止，我们已经假设确实存在位于凸包内的一个起始面，并根据这个面确定了所有其他面。我们还需要介绍的唯一一步骤就是如何计算凸包的起始面。起始面的顶点采用增量方法计算，即每次计算一个顶点。首先从位于凸包内的一个顶点开始，然后计算第二个顶点，从而构成起始面的一条边。由这条边，计算组成起始面的第三个顶点。有了起始面之后，我们按照前述方法计算凸包的其他所有面。

凸包的起始面计算如下。考虑所有点在 xy 平面上的投影，如图 7-9 所示。令 a_1 为 y 坐标投影值最小的顶点，该顶点确定位于凸包内。这是因为顶点集合的所有其他点位于过顶点 v_1，且和 y 轴正交平面（即平行于 xz 平面）所定义的同一个半空间内。因此，顶点 v_1 是起始面的一个顶点。

依次通过投影顶点，选择顶点 a_2，以便所有其他投影顶点位于边 $e_p = (a_1, a_2)$ 的左侧，从而找到起始面的第二个顶点。通过考虑 (a_1, a_2, a_j) 所定义的三角形面积的符号，我们可以确定投影顶点 a_j 位于边 e_p 的左侧或右侧。如果该面积为正，则顶点为逆时针顺序，投影顶点 a_j 位于边 e_p 的左侧。否则，投影顶点 a_j 位于边 e_p 的右侧。

可由顶点坐标快速计算投影三角形 (a_1, a_2, a_j) 的面积 A：

$$A = \frac{1}{2} \begin{vmatrix} (a_1)_x & (a_2)_x & (a_j)_x \\ (a_1)_y & (a_2)_y & (a_j)_y \\ 1 & 1 & 1 \end{vmatrix} \tag{7-14}$$

最后，在三维空间内考虑顶点 (v_1, v_j, v_2) 定义的三角面 f_j，可以得出起始面的第三个顶点。定义三角面 f_j 的顶点顺序为法线朝向凸包外部（采用右手坐标系）。此时，

选择第三个顶点 v_3，以便所有其他顶点位于包含三角面（v_1，v_3，v_2）的平面所定义的负值半空间里（图 7-10）。

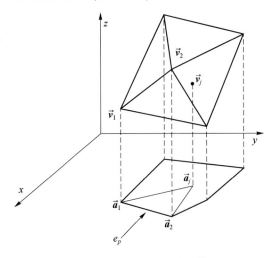

图 7-9 凸包起始面的计算

注：第一条边由顶点在 xy 平面的投影计算。此时的问题已经简化为二维问题

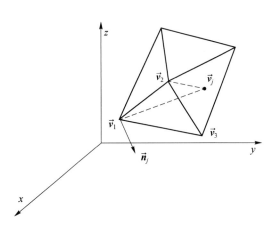

图 7-10 起始面的获得

注：通过将第三个顶点与起始边相连获得起始面，这样所有其他顶点都位于包含这个面的平面的负半平面

令 n_j 为三角面（v_1，v_j，v_2）定义的平面的法线，令 d_j 为平面常数，计算方法为

$$d_j = n_j \cdot v_1 \tag{7-15}$$

如果 $n_j \cdot v_p < d_j$，顶点 v_p 将位于平面的负半空间内。

在得到第一个面之后，我们继续按照上文所述的方法计算多面体所有其他凸包的面。

7.2 包围盒相交性

包围盒的相交性是从几何角度，如点、线、面（三角形）、体（包围盒）等，建立各种几何之间的相交性计算，是碰撞检测的关键。本节重点针对四方体之间、球体之间以及四方体和球体之间进行相交性计算。其他的相交性计算，如四方体-三角形、球体-三角形、线段-三角形、线段-四方体、线段-线段等不做介绍，读者可以参阅其他书籍。

7.2.1 计算四方体间相交性

两个四方体间的相交性测试基于分割轴定理。根据该定理，当且仅当存在一个分割面，且四方体 A 和 B 位于该平面的不同侧时，四方体 A 和 B 不相交。

令 n 为平面 P 的法线，令 d 为其距离原点的非负数距离。如果

$$n \cdot a + d \leqslant 0, \forall a \in A \tag{7-16}$$

且

$$n \cdot b + d \leq 0, \forall b \in B \tag{7-17}$$

时，也就是说，当 A 和 B 沿着法线的投影位于平面的相对侧时，平面 P 是四方体 A 和 B 的分割面。式（7-16）和式（7-17）可以合并为一个等式：

$$n \cdot a < n \cdot b, \forall a \in A, \forall b \in B \tag{7-18}$$

根据方程（7-18），如果 P 是四方体 A 和 B 的分割面，则在轴向投影图中，它们的图像和与平面法线 $\vec{n}$ 平行的轴线不相交。换言之，$\vec{n}$ 是 A 和 B 的分割轴。可以看出，面 A 和 B 的法线可以作为分割轴，平面法线由 A 的一条边和 B 的一条边定义。这样一来，共有 15 种潜在情形需要测试：每个四方体有 3 条不同的面法线，以及各条边的 9 对组合。如果这些可能的分割轴并未实际切割四方体，则可以确定，四方体是重叠的。

首先考虑简单相交的情形。此时，四方体彼此对齐，并平行于世界坐标系的轴线。在此情况下，由于各四方体的面法线相同，各条边的成对组合引出另外一条边，因此，15 种潜在情形被减少为仅仅 3 种，也就是说，这 3 种可能的分割轴是世界坐标系的轴线。

如图 7-11 所示，用最大和最小顶点表示每个四方体。各四方体由其最大和最小顶点定义。通过检查各顶点沿着坐标轴的投影是否重叠，执行相交性测试。在该情形下，z 轴是分割轴，物体不会重叠。

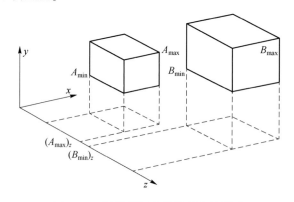

图 7-11　轴平行四方体的相交性测试

令 $[(A_{\min})_i, (A_{\max})_i]$ 和 $[(B_{\min})_i, (B_{\max})_i]$ 为四方体 A 和 B 沿着坐标轴 i 的投影，其中 $i = \{x, y, z\}$。如果至少一条投影轴 $i \in \{x, y, z\}$，当且仅当

$$((A_{\max})_i < (B_{\min})_i) \cup ((B_{\max})_i < (A_{\min})_i) \tag{7-19}$$

时，四方体 A 和 B 不重叠。该投影轴即为四方体分割轴。另外，如果所有投影轴都不能满足方程（7-19），则确定四方体是重叠的。

在考虑简单的轴平行情形之后，我们接下来考虑更加复杂的情形，即四方体彼此朝向任意的情形。这种情况出现在检查 AABB 或 OBB 层次表达的四方体时，因此通常它们在世界坐标系里的方向各不相同。

令 T_A 和 R_A 为从 A 的局部坐标系到世界坐标系的平移向量和旋转矩阵，则在世界坐标系里，A 轴由 R_A 的各列得出，即 $(R_A)_x$，$(R_A)_y$ 和 $(R_A)_z$。即

$$R_A = ((R_A)_x \mid (R_A)_y \mid (R_A)_z) = \begin{pmatrix} (R_A)_{xx} & (R_A)_{yx} & (R_A)_{zx} \\ (R_A)_{xy} & (R_A)_{yy} & (R_A)_{zy} \\ (R_A)_{xz} & (R_A)_{yz} & (R_A)_{zz} \end{pmatrix}$$

相似地，令 T_B 和 R_B 为从 B 的局部坐标系到世界坐标系的平移向量和旋转矩阵，则在世界坐标系里，B 轴为 $(R_B)_x$，$(R_B)_y$ 和 $(R_B)_z$。令 d 为世界坐标系中各四方体中心之间的距离向量。当且仅当四方体 A 和 B 的半径矢量沿着可能的分割轴 n 的投影之和小于沿着 d 的距离向量投影时，四方体 A 和 B 不相交，即

$$(r_A \cdot n + r_B \cdot n) < d \cdot n \tag{7-20}$$

式中，r_A 和 r_B 分别是 A 和 B 的半径矢量。图 7-12 描述了这个情况。

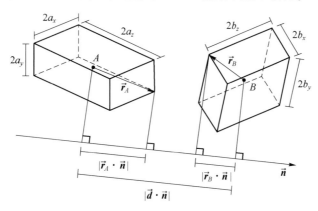

图 7-12　任意朝向的四方体间测试

四方体 A 和 B 距离世界坐标系原点的距离由 T_A 和 T_B 给出。因此，可直接通过以下公式计算二者的距离向量：

$$d = |T_A - T_B| \tag{7-21}$$

可根据四方体中转换为世界坐标系的最大和最小顶点来计算每个四方体的半边。令 a_x，a_y 和 a_z 为四方体 A 沿着轴线 $(R_A)_x$，$(R_A)_y$ 和 $(R_A)_z$ 的半边。类似地，令 b_x，b_y 和 b_z 为四方体 B 沿着轴线 $(R_B)_x$，$(R_B)_y$ 和 $(R_B)_z$ 的半边。A 和 B 沿着 n 的半边投影之和为

$$r_A \cdot n = a_x |(R_A)_x \cdot n| + a_y |(R_A)_y \cdot n| + a_z |(R_A)_z \cdot n|$$
$$r_B \cdot n = b_x |(R_B)_x \cdot n| + b_y |(R_B)_y \cdot n| + b_z |(R_B)_z \cdot n| \tag{7-22}$$

将等式（7-22）和式（7-21）代入式（7-20），当且仅当 n 的 15 种可能的组合满足

$$\begin{pmatrix} a_x |(R_A)_x \cdot n| + a_y |(R_A)_y \cdot n| + a_z |(R_A)_z \cdot n| \\ + b_x |(R_B)_x \cdot n| + b_y |(R_B)_y \cdot n| + b_z |(R_B)_z \cdot n| \end{pmatrix} < |T_A - T_B| \cdot n \tag{7-23}$$

即在 $i, j \in \{x, y, z\}$ 且 $i \neq j$ 时，$n = (R_A)_i$，$n = (R_B)_i$ 或 $n = (R_A)_i \cdot (R_B)$，则 n 为分割轴。

如果在 A 的局部坐标系，而不是世界坐标系执行运算，则可以简化方程（7-23）。通过将所有点平移 $-T_A$，并旋转 $R_A^{-1} = R_A^T$，即可实现这一目的。得出以下结果：

$$T_A = (T_A - T_A) = (0,0,0)$$
$$R_A = R_A^{-1} R_A = I_3$$
$$T_B = R_A^{\mathrm{T}} (T_B - T_A)$$
$$R_B = R_A^{\mathrm{T}} R_B$$

(7-24)

式中，I_3 为 3×3 单位矩阵。将式（7-24）代入式（7-23），即可导出适用于所有 15 种测试的等式[①]，相对于 A 的局部坐标系查找四方体 A 和 B 的分割轴。

7.2.2　计算球体间相交性

球体间相交性测试是本章最简单的内容。当且仅当球心间的距离大于半径之和时，两个球体不相交。请参见图 7-13 描述。

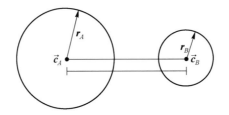

图 7-13　球体间相交性测试

注：通过对比各球心间的距离与其半径之和，可以快速执行球体间相交性测试

令 r_A 和 c_A 分别为球体 A 的半径和球心。相似地，令 r_B 和 c_B 为球体 B 的半径和球心。当且仅当 $|c_A - c_B| > (r_A + r_B)$ 时，球体不重叠。

7.2.3　计算四方体-球体相交性

考虑四方体边框上距离球体最近的一个点，检查其到球心的距离是否大于球体的半径，以此来检查四方体和球体之间的相交性。如果距离小于或等于球体半径，则四方体与球体相交。

令 p 为四方体内的一个点，c 和 r 为球心和半径。令 $x_{\min}$，$x_{\max}$，$y_{\min}$，$y_{\max}$，$z_{\min}$ 和 $z_{\max}$ 定义四方体沿着各坐标轴的边框的最大值和最小值，如图 7-14 所示。

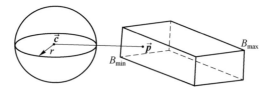

图 7-14　四方体边框上距离球体最近的点

根据以下公式计算 p 到 c 的距离平方值：

---

① 参见文献［9］，P60.

$$d^2 = (c_x - p_x)^2 + (c_y - p_y)^2 + (c_z - p_z)^2 \tag{7-25}$$

点 p 是距离球体最近的点，满足以下约束条件：

$$x_{min} \leqslant p_x \leqslant x_{max}$$

$$y_{min} \leqslant p_z \leqslant y_{max}$$

$$z_{min} \leqslant p_z \leqslant z_{max}$$

请注意，等式（7-25）的每一项都非负数，可单独减至最小。例如，如果 $x_{min} \leqslant c_x \leqslant x_{max}$，则 $p_x = c_x$ 将 $(c_x - p_x)^2$ 项减至最小。但是，如果 $c_x < x_{min}$ 或 $c_x > x_{max}$，则 $p_x = x_{min}$ 或 $p_x = x_{max}$ 分别将 $(c_x - p_x)^2$ 项减至最小。使用相似的分析方法，找到可将对应的二次项减至最小的 p_y 和 p_z 值。

在确定距离球体最近的点的坐标之后，我们只需将 $\vec{p}$ 的坐标代入等式（7-25），检查并确认

$$d^2 \leqslant r^2 \tag{7-26}$$

对比点到球心的距离与球体半径，当且仅当满足式（7-26）时，四方体与球体相交。

7.3 刚体碰撞检测

刚体（rigidbody）形状有凸体和非凸体之分，能够在两个连续时步之间平移和旋转，因此很难确定轨迹跨越的体积，即使能够确定，由于复杂性增加，所需计算时间增加，也可能无法满足实时计算。

在大部分应用中，刚体间的碰撞检测可以通过只在当前时步末尾进行碰撞检测来简化。当在当前时步末尾处它们的形状存在几何相交时，就认为它们碰撞。实际碰撞信息通过将时间回溯至刚发生碰撞的前一刻收集。在碰撞时刻刚体间的最近点近似为碰撞点，碰撞法线取决于最近点属于顶点-面、面-顶点还是边-边情形。

（1）顶点-面：碰撞法线为与面法线平行的单位向量。

（2）面-顶点：碰撞法线为与面法线平行的单位向量。

（3）边-边：碰撞法线为与两条边都垂直的单位向量。可以通过定义两条边的向量的叉积计算。

在所有这些情形中，碰撞法线实际方向的选择，应使得刚体在碰撞点沿着碰撞法线的相对速度为负，表明刚体正朝着彼此移动。根据碰撞法线和碰撞点，直接获得切面。一旦收集完碰撞信息，对每个碰撞刚体施加大小相同但方向相反的碰撞冲量或接触力，避免彼此互穿。

将时间回溯至碰撞前一刻的过程。假设刚体的运动过程是线性的，即它们的实际轨迹可以用一个简化的恒定线速度和角速度的相应运动替代（图 7-15 和图 7-16）。碰撞刚体平动和转动的净变化可以用它们在 t_0 和 t_1 时刻已知的位置和方向的变化来计算。我们假设这种变化以一个恒定的速率发生，从而使在当前时步计算刚体恒定线速度和角速度成为可能。我们接下来能使用简单线性插值（interpolation）来确定刚体在任意时刻 $t_i \in [t_0, t_1]$ 的位置。这是一个重要的简化，因为时间回溯需要多次迭代才能收敛到碰撞时刻。

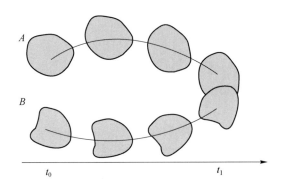

图 7-15   由数值积分获得的两个碰撞刚体的非线性轨迹

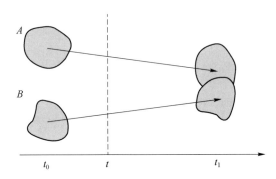

图 7-16   恒定平动和转动的线性轨迹替代碰撞刚体的非线性轨迹

在通常的碰撞情形中，刚体在 t_0 时刻开始于一个非碰撞状态然后在 t_1 时刻以碰撞结束。在每次时间回溯迭代过程中，当前时步 $[t_i, t_{i+1}]$ 分解为两个相等的子间隔 $[t_i, t_m]$ 和 $[t_m, t_{i+1}]$，并且用能更好近似碰撞时间的子间隔来替代。更新选取的子间隔的最近点信息然后执行新的迭代。这个迭代过程持续进行直到子间隔收敛到碰撞时刻。如果刚体在 t_m 时刻不相交的话，可以采用邻近信息更新最近点，或者当它们在 t_m 时刻相交的话采用相交区域。在每次迭代末尾，将时间间隔更新为 $[t_j, t_{j+1}] = [t_i, t_m]$ 或者 $[t_j, t_{j+1}] = [t_m, t_{i+1}]$ 以使刚体不在 t_j 时刻相交而在 t_{j+1} 时刻相交。

依赖于仿真设置，有可能刚体在 t_0 时刻就开始于一个相交状态。这种特殊情况可以通过 t_0 时刻在刚体间执行一次额外的相交检测来处理，即对时步 $[t_0, t_1]$ 进行碰撞检测过程的开始。如果刚体在 t_0 时刻就已经相交，那么碰撞检测模块将它们的碰撞时间置为 t_0 然后根据它们的当前碰撞区域计算碰撞信息。

7.3.1   凸体之间的碰撞检测

如果刚体是凸体，或者可通过凸分解表达，则刚体间的碰撞检测可以被更快地执行。

首先，当它们不相交时，仿真引擎跟踪凸体间最近点是可行的，而不是必须像非凸情形中要求的一样，计算每个相交区域的最深贯穿点然后用它们作为碰撞点的近似。这是因为对于凸体，连续迭代中最近点间距离的变化是单调的。因此，当一个几何搜索算法沿着刚体边界运动试图找到在迭代 t_{i+1} 中它们之间的最近点时，它能舍弃所有对应当前值增加的搜索方向，这个当前值是在迭代 t_i 中获得的最近距离。从 t_i 时刻的最近点信息开始，几何搜索能很快地收敛于 t_{i+1} 时刻凸体间实际的最近点。

其次，凸体上任意一点沿着 $\boldsymbol{n}$ 方向经过的最大距离的上界可以在时步 $[t_i, t_{i+1}]$ 中计算，假设凸体在时步中以恒定平动和转动运动。已知刚体在 t_i 时刻不相交，碰撞检测模块可以计算每个刚体上任意一点沿着它们最近的方向（方向由 t_i 时刻最近点的连线定义）在时步 $[t_i, t_{i+1}]$ 移动的最大距离的上界。这个上界和凸体在 t_i 时刻最近距离一起用来估计碰撞时刻的下界。注意到这个下界是保守的，即，保证对于给定时刻 t_m，刚体在 t_m 时刻靠得足够近但还不至于碰撞。很明显，执行这个保守时间推进算法收敛到碰撞时间的迭代次数比采用二分法迭代的次数少得多。

作为基于特征的算法，Mirtich 的维诺裁剪算法是目前已知的最有效的算法。基于特征是指算法以使用待检查碰撞的刚体特征（即面、边和顶点）的几何运算为基础。另外，Gilbert-Johnson-Keerthi（GJK）算法是迄今为止性能最优的单纯型算法。所谓"单纯型算法"是指算法仅使用刚体的顶点信息来构建一系列凸包，然后对属于此类凸包的点（即单纯形）子集进行运算。本书仅对 GJK 算法进行介绍。

7.3.2　计算凸体间最近点的 GJK 算法

GJK 算法用于计算两个凸体之间的分离距离，以及当刚体相交时贯穿深度的下限值。基本原理是随机选择每个凸体内部的一个点，将它们的距离作为刚体之间距离的初始值。接下来，通过迭代的方法，缩小距离，直到找到新的点对，其彼此之间距离比已经选择的点对更近，或者找到零距离，表示刚体相交。然后，含有最接近的点对的刚体特征被报告为刚体之间距离最近的特征。

刚体 B_1 和 B_2 之间的距离被定义为

$$d_{B_1, B_2} = \min |b_1 - b_2|, b_1 \in B_1, b_2 \in B_2 \tag{7-27}$$

令 $b_1 = b_1^*$ 和 $b_2 = b_2^*$ 为方程（7-27）得出的最小距离的相关值。换言之，b_1^* 和 b_2^* 是刚体之间距离最近的点对，则包含这两个点的最低维度特征被视为刚体之间最接近的特征。例如，如果 b_1^* 位于刚体 B_1 的一条边上，则报告这条边为与 B_1 相关的最接近特征，而不是报告含有这条边的一个面。

由于计算每一种可能的点对的距离是不现实的，GJK 算法计算点 b_1^* 和 b_2^* 的逐次逼近值。通过迭代的方法，缩小这些近似点的范围，直到它们的距离与刚体间实际距离的下限值（即 $|b_1^* - b_2^*|$ 的下限）的差距小于误差值。

近似算法的数学基础是将刚体间的距离改写为明可夫斯基差 ψ，定义如下：

$$\psi_{B_1, B_2} = \{(b_1 - b_2) | b_1 \in B_1, b_2 \in B_2\}$$

如果 B_1 和 B_2 是凸体，很显然，其明可夫斯基差也是凸形。距离方程（7-27）可以表示为

$$d_{B_1,B_2} = \min|\psi_{B_1-B_2}| \tag{7-28}$$

根据方程（7-28）可以立即得出刚体之间的距离是由明可夫斯基差中距离原点最近的点确定的。换言之，GJK 算法将计算两个凸体之间距离的问题转换为查找明可夫斯基差中距离原点最近的点。此外，如果刚体相交，则两个凸体中存在一个点 b_I，使得 $b_1 = b_I = b_2$，则明可夫斯基差中最近的点即为原点本身。

近似算法的主要原理是构建一个单形序列，其中的顶点是明可夫斯基差的点，在每次迭代中，当前单纯形就比之前计算的任何单纯形更接近原点。

在第一次迭代中，初始单纯形 Q_i 设置为空，说明至今未选中明可夫斯基差上的任意点。接下来，选择任意一个点 $\boldsymbol{p}_i \in \psi_{B_1,B_2}$，用其计算辅助点 $\boldsymbol{q}_i \in \psi_{B_1,B_2}$，使得

$$\boldsymbol{q}_i = S_{\psi_{B_1,B_2}}(-\boldsymbol{p}_i) \tag{7-29}$$

其中，已知 $S_{\psi_{B_1,B_2}}(-\boldsymbol{p}_i)$ 是 ψ_{B_1,B_2} 相对于点 $-\boldsymbol{p}_i$ 的支持映射。可见，明可夫斯基差的支持映射可作为各个凸体的支持映射函数进行计算：

$$S_{\psi_{B_1,B_2}}(-\boldsymbol{p}_i) = S_{B_1}(-\boldsymbol{p}_i) - S_{B_2}(-\boldsymbol{p}_i) \tag{7-30}$$

其中，$B \in \{B_1, B_2\}$，且 $\boldsymbol{p} = \pm\boldsymbol{p}_i$，$s_B(\boldsymbol{p})$ 的定义如下：

$$s_B(\boldsymbol{p}) \in B$$
$$\boldsymbol{p} \cdot s_B(\boldsymbol{p}) = \max\{\boldsymbol{p} \cdot \boldsymbol{x} \mid \boldsymbol{x} \in B\} \tag{7-31}$$

根据方程（7-31），相对于点 $\boldsymbol{p}$，支持映射 $s_B(\boldsymbol{p})$ 是 B 上的一个点，其在 $\boldsymbol{p}$ 定义的方向上具有最大的投影。也就是说，支持映射在 B 上选取一个点 $\boldsymbol{p}$，将其映射到 B 里的另一个点 $s_B(\boldsymbol{p})$，使其沿着 $\boldsymbol{p}$ 的分量是 B 中所有点中的最大投影（图 7-17）。

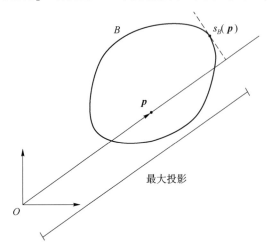

图 7-17　支持映射 $s_B(\boldsymbol{p})$ 是 B 上沿着 p 的最大投影点

在开始解释 GJK 算法之前，还需要提及三个重要的内容。首先，方程（7-31）指出，无须计算刚体之间的明可夫斯基差。每个刚体的支持映射计算可以独立执行，并根据方程（7-31）进行合并。其次，由于支持映射是沿着 $\boldsymbol{p}$ 的最大投影，它只能是刚体形状边界上的一个点。因此，我们在搜索支持映射时，可以限定为定义刚体边界的顶点，

而不是寻找刚体内部的候选点。最后，由于支持映射位于刚体边界上，明可夫斯基差上的初始点 $\boldsymbol{p}_i$ 可以选择为 B_1 任何顶点和 B_2 任何顶点之间的距离。换言之，初始点的确定无须对刚体之间的明可夫斯基差进行显式计算。

在确定 $\boldsymbol{p}_i$ 和 Q_i，以及在第 i 次迭代的辅助点 $\boldsymbol{q}_i$ 后，我们继续计算与 $i+1$ 次迭代相关的 $\boldsymbol{p}_{i+1}$ 和 Q_{i+1}，使得

$$\boldsymbol{p}_{i+1} = \min\{\mathrm{convex}(Q_i \cup \{\boldsymbol{q}_i\})\}$$
$$Q_{i+1} \subseteq (Q_i \cup \{\boldsymbol{q}_i\}) \tag{7-32}$$

选择 Q_{i+1} 为最小的非空集合，且 $\boldsymbol{p}_{i+1} \in \mathrm{convex}(Q_{i+1})$。换言之，与第 $i+1$ 次迭代相对应的单纯形 Q_{i+1} 是 $Q_i \cup \{\boldsymbol{q}_i\}$ 的凸包，另外还附加一个约束条件，即 $\boldsymbol{p}_{i+1}$ 必须是其中一个顶点。

出现在方程（7-32）的算子 $\mathrm{convex}(X)$ 是多面体 X 的点 $\boldsymbol{x}_j$ 的有限集的凸组合，定义如下：

$$\mathrm{convex}(X) = \sum_{j=1}^{n} \lambda_j \boldsymbol{x}_j$$

其中

$$\sum_{j=1}^{n} \lambda_j = 1$$
$$\lambda_j \geq 0, \forall j \in \{1, 2, \cdots, n\}$$

另一个实用的算子是多面体 X 的点 $\boldsymbol{x}_j$ 的有限集的仿射组合 $\mathrm{affine}(X)$，表示为

$$\mathrm{affine}(X) = \sum_{j=1}^{n} \lambda_j \boldsymbol{x}_j$$

其限定条件为

$$\sum_{j=1}^{n} \lambda_j = 1$$

很显然，单纯形 Q_{i+1} 的顶点构成仿射无关点集合，即 Q_{i+1} 中没有一个点可以被写为其他顶点的仿射组合。此外，可见仅存在一个满足方程（7-32）的 Q_{i+1}。图 7-18 为执行 GJK 算法的若干步骤，其中多面体 ψ_{B_1,B_2} 是两个假设凸体的明可夫斯基差（图 7-18 中未示出）。

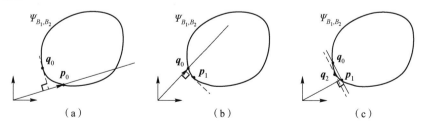

图 7-18　执行 GJK 算法的若干步骤

（a）计算辅助点 $\boldsymbol{q}_0$；（b）确定 $\boldsymbol{p}_1$ 点；（c）计算 $\boldsymbol{q}_2$ 点

图 7-18（a）首先使用任意一个点 $\boldsymbol{p}_0$，这个点是从 B_1 顶点减去 B_2 顶点得到的，即

位于两个凸体明可夫斯基差边界上的一点。初始单纯形 Q_0 被设为空。下一步，使用支持映射 $S_{\psi_{B_1,B_2}}(-\boldsymbol{p}_0)$ 计算辅助点 $\boldsymbol{q}_0$ [参见方程（7-29）]。计算每个凸体的支持映射，并使用方程（7-30）合并结果，即可完成该步骤。如果不得不计算表示凸体明可夫斯基差的凸多边形，图 7-18（a）给出了该计算的等价结果。选择 $\boldsymbol{q}_0$ 作为明可夫斯基差上最接近原点的点。计算 $\boldsymbol{q}_0$ 即等同于找到明可夫斯基差上沿着 $\boldsymbol{p}_0$ 具有最小投影的点。在确定 $\boldsymbol{p}_0$、$\boldsymbol{q}_0$ 和 Q_0 后，使用方程（7-32）继续执行下一步。此时，$\boldsymbol{p}_1 = \boldsymbol{q}_0$ 且 $Q_1 = \{\boldsymbol{q}_0\}$。图 7-18（b）、（c）演示了刚才所述的步骤，用于 GJK 算法接下来的两次迭代。

需要解释的剩余步骤是如何计算 $\boldsymbol{p}_{i+1} = \min\{\mathrm{convex}(Q_i \cup \{\boldsymbol{q}_i\})\}$ 以及如何构建单纯形 $Q_{i+1} \subseteq (Q_i \cup \{\boldsymbol{q}_i\})$，使得 $\boldsymbol{p}_{i+1} = \mathrm{convex}(Q_{i+1})$。此时，我们将关注如何得出 $\boldsymbol{p}_{i+1}$ 和 Q_{i+1} 的结果。

首先关注如何确定单纯形 Q_{i+1}。接下来，我们将发现，点 $\boldsymbol{p}_{i+1}$ 可以从 Q_{i+1} 计算中直接获得。

假设集合 $Q_i \cup \{\boldsymbol{q}_i\}$ 由 $(Q_i \cup \{\boldsymbol{q}_i\}) = \{\boldsymbol{x}_1, \boldsymbol{x}_2, \cdots, \boldsymbol{x}_n\}$ 表示。

很显然，根据方程（7-32），Q_{i+1} 在每次迭代中被限制为 $(Q_i \cup \{\boldsymbol{q}_i\})$ 的子集。我们希望确定 Q_{i+1}，使之成为 $(Q_i \cup \{\boldsymbol{q}_i\})$ 最小的非空子集，其中 $\boldsymbol{p}_{i+1} \in \mathrm{convex}(Q_{i+1})$。令 $I_s \subseteq \{1, 2, \cdots, n\}$ 为与 Q_{i+1} 顶点相对应的下标集合。

一般而言，单纯形 Q_{i+1} 内的任意点 $\boldsymbol{p}$ 可被描述为顶点 $\boldsymbol{x}_j$ 的仿射组合，即

$$\boldsymbol{p} = \sum_{j \in I_s} \lambda_j \boldsymbol{x}_j$$

其中

$$\sum_{j \in I_s} \lambda_j = 1$$

由于我们探讨的是三维空间，一个三维单纯形的顶点数量最多为 4。也就是说，如果 Q_{i+1} 是一个四面体，与之对应，I_s 的最大顶点数量限制为 4。因此，如果 Q_i 已经具有 4 个顶点，则 $(Q_i \cup \{\boldsymbol{q}_i\})$ 将有 5 个顶点，表示其中一个顶点可以写为其他顶点的仿射组合。单纯形 Q_{i+1} 的特征在于 $(Q_i \cup \{\boldsymbol{q}_i\})$ 中与仿射无关的顶点 $\boldsymbol{x}_j$，即 $\lambda_j > 0$ 时的顶点 $\boldsymbol{x}_j$。

将其代入方程，得出 Q_{i+1} 由顶点 $\boldsymbol{x}_j$ 定义，满足：

$$\lambda_j > 0, \forall j \in I_s$$
$$\lambda_j \leqslant 0, \forall j \notin I_s$$

换言之，单纯形 Q_{i+1} 是 $(Q_i \cup \{\boldsymbol{q}_i\})$ 的仿射独立顶点的凸包，点 $\boldsymbol{p}_{i+1}$ 是 Q_{i+1} 中最接近原点的点，由以下等式得出：

$$\boldsymbol{p}_{i+1} = \sum_{j \in I_s} \lambda_j \boldsymbol{x}_j \tag{7-33}$$

其中

$$\sum_{j \in I_s} \lambda_j = 1 \tag{7-34}$$

假设 I_s 有 $r \leqslant n$ 个顶点，令 $\boldsymbol{x}_1, \boldsymbol{x}_2, \cdots, \boldsymbol{x}_r$ 表示 I_s 顶点的任意次序。此时，方程（7-34）可以改写为

$$\lambda_1 = 1 - \sum_{j=2}^{r} \lambda_j$$

由于我们希望 $\boldsymbol{p}_{i+1}$ 是最接近原点的点，因此从

$$F(\lambda_2, \cdots, \lambda_r) = \mid \boldsymbol{x}_1 + \sum_{j=1}^{r} \lambda_j (\boldsymbol{x}_j - \boldsymbol{x}_1) \mid$$

无约束极小化中计算 $\lambda_2, \lambda_3, \cdots, \lambda_r$。

由于 $F(\lambda_2, \cdots, \lambda_r)$ 是一个凸函数，当

$$\frac{\partial F(\lambda_2, \cdots, \lambda_r)}{\partial \lambda_j} = 0 \tag{7-35}$$

时有最小值，其中 $j \in \{2, \cdots, r\}$。接下来，可用 $\boldsymbol{A}_r \boldsymbol{\lambda} = \boldsymbol{b}$ 矩阵形式改写方程（7-35），其中 $\boldsymbol{A}_r \in IR^{r \times r}$ 且 $\boldsymbol{b} \in IR^r$，使得

$$\boldsymbol{A}_r = \begin{bmatrix} 1 & \cdots & 1 \\ (\boldsymbol{x}_2 - \boldsymbol{x}_1) \cdot \boldsymbol{x}_1 & \cdots & (\boldsymbol{x}_2 - \boldsymbol{x}_1) \cdot \boldsymbol{x}_r \\ \vdots & \ddots & \vdots \\ (\boldsymbol{x}_r - \boldsymbol{x}_1) \cdot \boldsymbol{x}_1 & \cdots & (\boldsymbol{x}_r - \boldsymbol{x}_1) \cdot \boldsymbol{x}_r \end{bmatrix}, \boldsymbol{b} = \begin{bmatrix} 1 \\ 0 \\ \vdots \\ 0 \end{bmatrix}$$

使用克拉默法则，可以计算每个 λ_j：

$$\lambda_j = \frac{\Delta_j(Q_{i+1})}{\Delta(Q_{i+1})}$$

其中

$$\Delta_j(\{\boldsymbol{x}_j\}) = 1$$

$$\Delta_m(Q_{i+1} \cup \{\boldsymbol{x}_j\}) = \sum_{j \in I_s} \Delta_j(Q_{i+1})(\boldsymbol{x}_j \cdot \boldsymbol{x}_k - \boldsymbol{x}_j \cdot \boldsymbol{x}_m) \tag{7-36}$$

$$\Delta(Q_{i+1}) = \sum_{j \in I_s} \Delta_j(Q_{i+1})$$

其中，$m \notin I_s$ 且 k 是 I_s 的最小指数。这样一来，最小的 $(Q_{i+1}) \subset (Q_i \cup \{\boldsymbol{q}_i\})$ 满足：

$$\Delta(Q_{i+1}) > 0$$

$$\Delta_j(Q_{i+1}) > 0, \forall j \in I_s \tag{7-37}$$

$$\Delta_m(Q_{i+1} \cup \{\boldsymbol{x}_m\}) \leq 0, \forall j \notin I_s$$

请注意，对方程（7-36）进行求解，得出 I_s 的每个可能例子，即 $(Q_i \cup \{\boldsymbol{q}_i\})$ 的每个可能子集。然后选择满足方程（7-37）所述的约束条件的子集作为解。可以看到，只有一个解满足方程（7-37）。

由于 $(Q_i \cup \{\boldsymbol{q}_i\})$ 的最大顶点数量 n 较小（即 $n \leq 4$），可在 $(Q_i \cup \{\boldsymbol{q}_i\})$ 所有可能的非空子集中进行穷举搜索，确定 Q_{i+1}。这可转换为在

$$\sum_{m=1}^{n} \frac{n!}{m!(n-m)!}$$

中搜索满足方程（7-37）的候选子集。

在确定满足方程（7-37）的子集 Q_{i+1} 后，点 $\boldsymbol{p}_{i+1}$ 直接从方程（7-33）中获得，即

$$p_{i+1} = \sum_{j \in I_s} \lambda_j x_j$$

继续执行第$(i+2)$次迭代，确定Q_{i+2}和p_{i+2}，直至达到 7.3.3 小节的终止条件。令t为达到终止条件的迭代，得出

$$p_t = \sum_{j \in I_s} \lambda_j x_j \tag{7-38}$$

B_1和B_2的明可夫斯基差中的每个点x_j可表达为

$$x_j = (b_1)^j - (b_2)^j \tag{7-39}$$

其中，$(b_1)^j \in B_1$和$(b_2)^j \in B_2$。将方程（7-39）代入方程（7-38），得出

$$\begin{aligned} p_t &= \sum_{j \in I_s} \lambda_j ((b_1)^j - (b_2)^j) \\ &= \sum_{j \in I_s} \lambda_j (b_1)^j - \sum_{j \in I_s} \lambda_j (b_2)^j \\ &= b_1^* - b_2^* \end{aligned}$$

由于B_1和B_2是凸形，$b_1^* \in B_1$和$b_2^* \in B_2$是凸体之间最接近的点。

7.3.3　终止条件

当凸体B_1和B_2是凸多面体时，即使可以确保 GJK 算法将在有限次数的迭代后终止，但在计算机执行中存在的数值四舍五入误差仍使得有必要制定一个终止条件，在每次迭代完成时检查该条件。

终止条件包括检查第i次迭代获得的点p_i与原点距离在限定值内。若是，则认为p_i与原点距离足够近，算法终止。所使用的限定值是p_i模块的下限，用支持平面π_{p_i, q_i}到原点的有符号距离计算。支持平面由法线向量n_i和平面常数d_i定义：

$$n_i = -p_i$$
$$d_i = p_i \cdot q_i$$

支持平面到原点的有符号距离则为

$$d = \frac{d_i}{|n_i|}$$

请注意，若$d_i > 0$，原点位于π_{p_i, q_i}正的半空间中，即如果将$x = 0$代入平面等式，得出

$$n_i \cdot x + d_i = n_i \cdot 0 + d_i = d_i > 0$$

而明可夫斯基差始终位于支持平面负的半空间中。因此，在第i次迭代中，我们使用

$$L_b = \max\{0, d_0, d_1, \cdots, d_i\}$$

作为$|p_i|$的下限，当$|p_i| - L_b \leq \mu$时，在第i次迭代终止算法，其中μ是误差阈值。

7.4　行为建模

行为建模针对虚拟环境中物体与用户之间的交互行为进行建模。在虚拟环境中，用

户与物体的主要交互行为就是抓取，因此行为建模的目的就是对用户抓取物体的动作进行建模，使抓取动作与抓取结果更符合现实情况。在交互过程中，用户可以通过两种方式输入抓取交互指令，一种是通过虚拟控制手柄，另一种是徒手交互方式，由于两种交互方式的实现原理不同，其行为建模的方法也不同，本节则针对虚拟控制手柄和徒手交互两种交互方式的行为建模方法进行阐述。

7.4.1　虚拟控制手柄的行为建模

虚拟控制手柄利用手柄上的按键响应来模拟用户手部功能，利用不同按键组合、按键强度来实现不同的功能。所以，基于虚拟控制手柄的行为建模主要利用事件响应机制与动画模拟对用户抓取进行建模。

1. 事件响应机制

事件响应机制主要由事件和响应两部分组成。事件是指预先注册在系统注册表中的输入指令，如鼠标点击、键盘按键等，事件用作对应响应的触发条件。响应是指系统接受事件触发后的执行的程序。事件响应机制就是在系统主线程中设置侦听环节，对当前所有发生的事件进行检测，若有注册表里注册的事件发生，则自动调用其对应的响应程序。

事件响应机制是一种十分常用的交互功能实现方法，现有的操作系统，从电脑到手机再到虚拟现实，基本都在采用这个机制来处理用户的交互操作。利用这种方法，则可以将系统交互界面与系统执行功能联系起来，实现用户操作与系统反馈的统一。

2. 动画模拟

之前讲到虚拟控制手柄是通过手柄上的按键组合和按键力度对抓取行为进行建模，而虚拟手柄一般无法得到用户的手指运动数据，所以系统得到的用户输入只是离散的状态数据，而不是连续的运动数据。有些手柄具有多梯度按键力度的功能，可以向系统传递连续的按键力度数据，但这种数据只是一维的，无法完全描述自由度很高的手部运动。在这种情况下，需要采用动画模拟的方法对手部的抓取行为动作进行模拟。

动画模拟采用了关键帧建模和帧间差值的方法实现了手部运动在不同状态间的连续切换。具体来说，就是设置数个关键帧，用来代表各个状态中手部所保持的姿势。在从一个状态过渡到另一个状态时，则利用插值算法计算过渡过程中每一帧手部的姿态数据，实现过渡的平顺性。所以，在进行动画模拟时，首先要确认行为模型所包含的状态。

一般来说，一个行为动作包含一个开始状态和一个结束状态。以抓取行为为例，用户在抓取前，手会处于一个空闲状态，如保持手掌展开、手指自然弯曲的姿势。当抓取到物体后，手会处于一个抓取状态，手掌和手指则会贴紧物体形成一个抓握的姿势。因此，动画模拟的状态可以视为在一个行为动作中，手会长时间保持的状态。

在确定了状态后，就要对每个状态建立关键帧。关键帧保存了当前状态手部的姿态数据，对于有些柔性物体的抓握，关键帧还要保存物体抓取前后的变化数据。如图 7-19 所示。

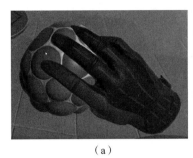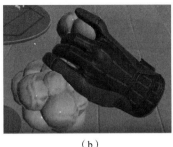

（a） （b）

图7-19 抓取前和抓取后关键帧的手部与物体姿态

（a）抓取前；（b）抓取后

所以，在进行建模的时候，要针对不同状态下的手部与物体姿态进行单独建模，具体建模方法为修改手部关节与物体的变换矩阵参数，使其符合现实情况中的抓取姿势与状态。建模完成后，将变换矩阵保存在关键帧中。

完成了关键帧数据建模，下面要实现手在不同状态间切换时运动的平顺性。这里主要使用插值的方法。插值是一种通过一致的、离散的数据点，在范围内推求新数据点的方法。根据插值对象复杂度和精度的要求，其可以分为线性插值、多项式插值、样条曲线插值等。线性插值最为直观，计算复杂度也低，常用于简单的自变量-因变量关系的差值。多项式插值和样条曲线插值可以处理更高复杂度的关系，其差值精度也更贴近真实值，但这两种差值方法计算负荷高、容易出现奇异值。在行为建模中，我们利用插值计算关键帧之间手部的运动数据，其运动距离与时间一般呈线性关系，因此我们常用线性插值进行关键帧间的插值计算。计算公式为

$$P_t(x,y,z) = (1-\omega(t))P_1(x,y,z) + \omega(t)P_2(x,y,z) \tag{7-40}$$

式中，$P_t(x,y,z)$ 为 t 时刻手部关节的运动位置；$P_1(x,y,z)$ 和 $P_2(x,y,z)$ 分别为起始帧和结束帧的手部关节运动位置；$\omega(t)$ 为插值权重，其是关于时间 t 的函数，值域为0到1。当 $\omega(t)$ 等于0时，手处于起始帧状态，当 $\omega(t)$ 等于1时，手处于结束帧状态，当 $\omega(t)$ 处于0到1时，手处于过渡状态。

$\omega(t)$ 与 t 的变换关系决定了插值计算的一个重要属性，即变换速度。当 $\omega(t)$ 对于 t 的变化率很大时，意味着手在两个状态间会以很快的速度变换，反之亦然。但变换速率不可过快或者过慢，过快的话，会导致手像在两个状态间突变，导致观感上的不连续感；变换过慢的话，则会造成很大延迟。所以在建模时，要适当调整变换速度，使变换过程能够带来真实的使用体验。

3. 基于虚拟控制手柄的行为建模方法

基于虚拟控制手柄的行为建模的步骤如下。

STEP 1：确定行为模型的触发条件，如按键类型、按键时间、按键组合等。

STEP 2：将触发条件作为事件注册到建模系统的事件注册表中。

STEP 3：定义响应程序内容，并添加到建模系统的响应程序池中。

STEP 4：建立事件与响应的映射关系。

STEP 5：确定行为模型所含有的状态，针对每种状态建立关键帧数据。

STEP 6：设置插值变换速度，使其符合真实体验。

STEP 7：整合动画模拟与事件响应，使二者能够同步开始与结束。

基于虚拟控制手柄的行为建模方法的优点有以下两个。

（1）建模过程直观，能够直接针对用户所需要的功能进行建模。

（2）建模结果稳定，不易出现因运算错误导致的程序崩溃或不正常现象。

但其也有以下几个缺点。

（1）建模过程烦琐，需要针对每个状态设计独自的开始帧与结束帧数据。

（2）模型通用性差，一般来说一种行为的建模不能套用在另一种行为上，否则容易出现穿模、失真的现象。

（3）抓取行为一般是坐标系固定，不具备物理真实性。

因此在基于虚拟控制手柄进行行为建模时，要考虑行为模型的通用性，尽可能将用户需要的复杂行为结构简化成基础的通用行为，以减少工作量，提高效率。

7.4.2　徒手交互的行为建模

7.4.1 小节介绍的基于虚拟控制手柄的行为建模不能建立通用模型处理各种类型的抓取物体，而徒手交互的行为建模则可以解决这个问题。徒手交互利用运动捕捉装置对用户的手部运动直接捕捉，用户可以直接用手部运动与虚拟环境中的物体进行交互，不需要通过按键等中间媒介。相比于虚拟控制手柄，徒手交互更具有直观性。

徒手交互适用的运动捕捉装置，如 Leap Motion，可以将用户的手部各个关节的位置捕捉下来，并传入系统中构建虚拟手模型。虚拟手的关节模型如图 7-20 所示。

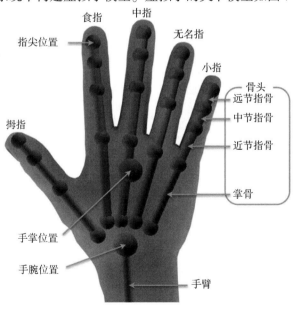

图 7-20　虚拟手的关节模型

因此，基于徒手交互的行为模型建模就要根据捕捉到的手关节运动数据建立抓取行为判断准则，目前有三种方法判断虚拟手是否抓取，分别是基于数学规则的抓取、基于方向的抓取和基于接触力的抓取。

1. 基于数学规则的抓取

基于数学规则的抓取是利用手部运动数据计算抓取判断参数，如食指与拇指的距离，或者手指与手掌的角度等，通过设置抓取阈值来判断当前手是否抓取物体。首先，计算虚拟手与物体是否发生碰撞，若未发生碰撞，则虚拟手没有抓取物体。如果发生碰撞，那么计算抓取判断参数是否超过抓取阈值，若超过阈值，则判断虚拟手已抓取物体；若低于阈值，则判断虚拟手释放物体。这种判断准则是最基础的虚拟手抓取算法，其基本原理与控制手柄相似，只是利用虚拟手的运动数据代替了控制手柄的按键，因此提高了操作的直观性，但由于只单纯利用手部运动数据作为判断依据，不考虑虚拟手的方向、抓取姿态、抓取物体形状等信息，其抓取行为与真实情况往往相差很大，无法满足真实感。

2. 基于方向的抓取

虚拟手的手指、手掌与物体发生碰撞时，可以看作给予物体一个方向力，而当多个力满足一定规则时，物体就被抓取，跟着手一起运动；而当规则不满足时，物体就被释放。现实中的规则是，合力、合力矩为 0 就能抓取，但是虚拟场景中，无法精确获得各个手指施力的大小，因此采取抓取规则，用方向信息去判断抓取。一般的规则为：

（1）有 3 个或以上的手指与物体接触，并且至少 3 个接触点不在同一条直线上。

（2）两两接触面间的法矢夹角，至少有一个大于临界角度值（一般设为 90°）。

取第一个凸多边形相邻的两个点 x_1，x_2，得到向量 $\boldsymbol{a}$。

如图 7-21 所示，大拇指、食指和中指 3 个手指的指尖与长方体相接触，且不共线；3 个接触面的法矢 N_1，N_2 和 N_3（棱法矢假设过质心 G）有 3 个夹角 θ_{12}，θ_{13} 和 θ_{23}，其中 θ_{13} 大于 90°，因此该物体被抓取。

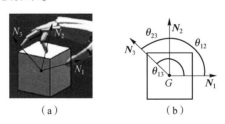

（a）　　　　　　　　　（b）

图 7-21　基于方向的虚拟手抓取

（a）抓取长方体；（b）法矢

这种方法考虑了手指、手掌与物体的接触关系，一定程度上考虑了物体形状与手抓取姿势，因此抓取行为更符合真实。但缺乏抓取力的计算，虚拟手抓取时容易穿透物体，导致不真实感。而且这种方法对抓取对象的形状有特殊要求，需要针对不同形状的物体建立不同的判断条件。

3. 基于接触力的抓取

基于接触力的抓取则将抓取计算更加深入了一步，利用虚拟手与物体之间接触力来实现虚拟手对物体的作用。虚拟手的手指或手掌在与物体发生接触后，系统会计算虚拟手在该点穿透物体的深度。得到深度后，根据广义胡克定律，将深度与预先设置的刚度值相乘即得到当前接触点的接触力大小，而接触力方向就是物体表面接触点的法向。同时，根据库伦摩擦定律，也可以计算出该接触点虚拟手对物体的表面摩擦力。因此，通过两步计算，得到了虚拟手在该点对物体的作用力。通过计算虚拟手与物体全部接触点的作用力的合力，即可得到虚拟手对物体的作用效果，若物体已被稳定抓取，则物体的合作用力为 0；若未被稳定抓取，物体则会向合作用力方向移动，脱离虚拟手。

这种方法完全根据现实情况模拟了虚拟环境中手抓取物体的状态。其优点就是仿真程度高，符合实际情况，通用性好，可以应用于各种形状的物体。但缺点是计算负荷高，在接触点较多时容易拖慢程序。同时稳定性差，物体被抓取时可能无法达到平衡位置，就会产生漂移或者反复颤动的现象，如果虚拟手抓取时运动过快，还容易导致瞬间接触力过大，使物体飞出虚拟手。因此一般采用手掌和 5 个手指尖作为碰撞的判断点，减小计算负荷，增加稳定性。

第8章　虚拟现实辅助装配建模

虚拟现实辅助装配是设计人员沉浸于虚拟现实环境，利用多种人机交互技术（如手势、虚拟键盘、视线等），充分发挥设计人员的构想，进行概念设计、结构设计、装配设计等技术。与计算机辅助设计相比，其交互手段更丰富，设计环境更友好，设计效率更高，更好地发挥设计人员的想象力，具有更大的设计自由度。

本章针对机械产品设计过程中的关键步骤：概念设计、布局设计和装配，论述虚拟现实辅助的功能，重点针对虚拟现实辅助装配设计进行了建模方法、模型信息、装配约束的介绍。

8.1　虚拟现实辅助装配建模结构

虚拟现实辅助技术是继计算机辅助技术后新一代仿真辅助技术。虚拟现实辅助技术的硬件架构如图 8-1 所示。

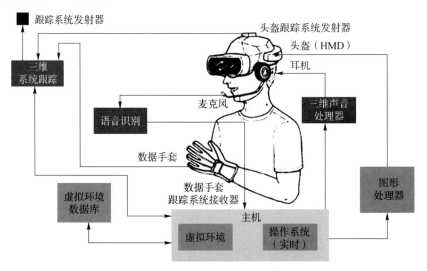

图 8-1　虚拟现实辅助技术的硬件架构

虚拟现实系统由操作者、硬件设备 [交互设备（数据手套、手势捕捉、语音识别）、头戴显示器、主机、定位（跟踪）系统、图形处理器] 和软件（虚拟现实引擎、数据库）构成。操作者通过交互设备和虚拟环境进行交互，对虚拟环境中模型位置、姿态、几何参数等进行修改，实现虚拟现实辅助设计功能。

虚拟现实辅助设计具有以下特点。

（1）操作者通过手势、语音、身体、视线等方式与虚拟环境交互，人机交互更加自然和谐。

（2）VR 定位系统集成激光传感器、光敏传感器，以及高精度系统时间分辨率，基于 PnP 解算原理进行运动物体姿态估计，可实现空间运动物体位置的精确求解。

（3）具备碰撞检测功能的物理引擎，避免了物体之间的相互穿透，更加真实地反映现实世界中的物体运动。

（4）具有高刷新率的虚拟显示实现虚拟物体立体可视化输出，且图像自然清晰、稳定性好，可表现出零件几何外形特征等关键信息，基于虚拟现实软硬件开发的交互方式可提升交互功能，帮助操作者将所学知识应用于产品的设计。

装配是产品研发中关键的环节，也是检验设计优劣的一种手段。虚拟装配技术是近些年来被广泛研究的新兴技术，是虚拟现实技术在制造业的典型应用，它从产品装配设计的角度出发，利用虚拟现实技术建立一个具有听觉、视觉、触觉的多模式可交互虚拟环境，借助虚拟现实的输入输出设备，设计者在虚拟环境中利用贴近实际的人机交互方式进行装配和拆卸操作，检验和评价产品的装配性能，从而生成经济、合理、实用的装配方案。虚拟装配对优化产品设计、避免或减少物理模型制作、缩短装配周期、降低装配成本，提高装配操作人员的培训速度、提高装配质量和效率具有重要意义。

从硬件的角度来看，虚拟装配离不开虚拟现实环境，根据显示硬件的不同，现有的虚拟装配系统可分为如下几类：桌面式系统、大屏幕投影式系统、头盔式系统。其中，桌面式系统把计算机的显示器作为用户观察虚拟场景的窗口，通过佩戴立体眼镜可以看到三维立体图像，这种方式成本低，但是受到视角和视点位置的限制，沉浸感很差。大屏幕投影式系统是通过投影荧幕构建墙、天花板形成一个观察空间，利用高分辨率的投影仪将图像投影到这些屏幕上，用户戴上立体眼镜便能看到立体图像，优点是视角大，支持多人共享，画面质量精细。但是成本太高，并且启用和维护过程复杂，技术难度太大。头盔式系统利用头戴式显示器和数据手套等交互设备把用户的视觉、听觉和其他感觉封闭起来，从而使用户真正成为系统的一个参与者，产生的沉浸感比较强。

从技术方面分析，虚拟装配的根本目的是指导产品的生产制造，降低装配成本，优化产品设计，因此虚拟装配的动态实时性、准确性、可操作性以及仿真结果的数据可视化一直是重要发展方向。本书结合动态装配的概念，以机械零件为研究对象，从零件数据信息、零件特征信息提取与重构、装配约束、约束识别与求解、人机交互方式等方面进行介绍。

动态装配是指在装配过程中根据零件相对位置关系和几何特征识别来实时更新约束的装配，其特点是：约束体现为运动自由度的限制，而非指定约束几何要素后对位置的限制；几何特征和参数的匹配建立约束，由计算机自动识别约束的建立和删除。

要实现动态装配，动态的约束识别和求解是关键，不仅在虚拟环境中要直观准确地表征零件模型，还要能根据零件相关信息进行识别计算以及物理模拟，因此所需要的数据信息较为丰富，本书提出了以下四个方面的信息要求。

8.2　零件数据信息

8.2.1　几何外形信息数据

虚拟装配的零件模型必须包含零件的外形特征，用于在环境中表征。如图8-2所示，虚拟环境中零件的外形由三角面片构成，包含三角面片各个顶点的位置和连接顺序、材质和纹理数据、贴图数据、零件尺寸单位及缩放比例、坐标系原点位置和朝向。

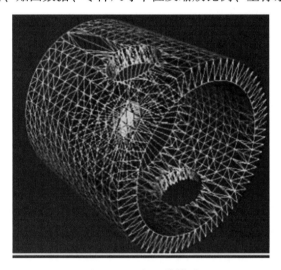

图8-2　三角面片模型

8.2.2　物理属性数据

物理属性数据是虚拟环境下，零件进行高精度运动学、动力学和力学模拟的基础。在虚拟环境中，为了进行高精度的运动学仿真和力学模拟，零件必须具有物理属性。通过为刚性物体赋予真实的物理属性，计算零件的运动、旋转和碰撞，表征零件模型的运动姿态，主要包含零件的质量 m，沿各个轴的转动惯量 I_x、I_y、I_z，零件质心的位置，平移和转动过程中受到的阻尼力，重力加速度 g。

8.2.3　几何装配特征数据

为实现智能动态的装配，需要对零件模型的几何装配特征进行识别、匹配，然后建立约束，通过约束算法求解，计算零件之间的相对位置关系。因此几何装配特征数据的表征方式和结构特点直接决定了装配算法是否可行。

几何装配特征数据主要由几何特征类型、几何特征位置、几何特征参数数值三个内容组成。如根据机械传动零件的特点，将零件的特征类型划分为以下几种：轴、孔、轴肩、键、槽、齿轮。轴及轴上零件的主要特征都由以上特征组成。机械传动中零件多为回转体，且特征是沿轴向发生改变的，因此可以根据距离轴端的轴向距离来确定几何装配特征的位置。

一个轴类零件可以分为具有相同特征的多个轴段，图 8-3 中根据基本特征的不同，将零件分为 A、B、C 三段，A 段具有一个孔特征和一个轴特征，B 段具有一个轴特征，C 段具有一个轴特征，其中特征点 a、b、c、d 分别记录了轴段的起止位置。

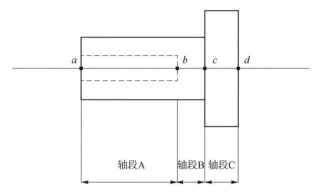

图 8-3　轴向距离确定几何特征位置

在基本特征类型、特征位置确定后，需要确定特征的参数个数和参数大小，用于区分和匹配特征。轴特征与孔特征的特征参数个数为一个，即直径。如果是齿轮特征，它的参数为多个，包含压力角大小、分度圆直径、齿轮模数、变位系数等用于特征匹配计算。

8.2.4　碰撞包围体数据

在 CAD 造型软件中，零件外形仅由离散点集数据和描述特征的相关数据表征。在虚拟环境中，若零件之间不建立物理关系，则可以相互穿透和重叠，不符合物理规律。为了实现虚拟装配和特征识别，首先需要准确描述零件相对位置关系的零件属性，同时需要一个相对位置状态发生改变所引发的响应触发机制。

碰撞检测是构建具有真实感的虚拟装配仿真的基础。碰撞检测用于确定零件在空间中的相对位置和接触关系。碰撞检测算法不仅要满足系统实时性的要求，而且要满足工业应用所需的准确性要求。

目前，空间分解法和层次包围盒法是两类主流的碰撞检测算法。空间分解法是将空间中某一区域进行划分，得到相同体积的小区域，仅针对发生对象重合的小区域开展碰撞检测。层次包围盒法使用简单几何体作为包围盒来近似逼近检测对象，在碰撞检测发生时，通过简单几何体之间执行相交测试来判断发生碰撞的几何体部分，进而获得精确的碰撞信息。

在虚拟装配中，碰撞检测不仅要能区分零件之间的相对关系，在保证运算速度的前提下，更要能准确定位到零件的具体特征。

在计算机图形学与计算几何领域，通过碰撞包围体组成一个零件包络的封闭空间，用于描述物体在空间的位置和体积。最常见的碰撞包围盒有 AABB 和 BS。AABB 被定义为包含对象，且边平行于对象坐标轴的最小六面体。BS 是包含对象的最小球体。这两类包围盒的优点是相交测试计算迅速，缺点是精度差，无法描述局部细节的碰撞。

另一类精度较高的包围盒是 OBB，它是包含该对象且相对于坐标轴方向任意的最小的长方体。OBB 比 AABB 和 BS 更加紧密地逼近物体，能比较显著地减少包围体的个数，从而避免了大量包围体之间的相交检测，但其缺点仍是无法识别装配特征。

FDH（fixed direction hull）包围盒则是一种固定方向的凸体包围盒，可以根据零件的几何构建凸包体，精确描述零件外形，优点是精确度高，缺点是相交检测运算时间长。

由于 AABB、BS 和 OBB 的精度都太低，无法防止零件之间穿透功能，而 FDH 精度较高，且精确描述零件外形，因而本书采用 FDH 包围盒。

在虚拟装配中，包围盒主要有以下两个功能：①区分零件与零件之间的位置关系，防止零件穿透。②识别零件与零件之间的特征是否发生接触。

根据功能进行划分，零件数据中应分别在零件层和特征层建立碰撞包围盒，图 8-4 为用于做零件穿透判定的零件层包围盒。图 8-5 为根据几何特征建立的零件特征包围盒，用于特征识别判断。

图 8-4　用于做零件穿透判定的零件层包围盒

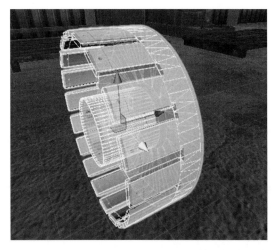

图 8-5　根据几何特征建立的零件特征包围盒

可以看出，两类包围盒的精度和个数都有区别，零件特征包围盒由多个子包围盒构成，缺点是运算时间长，计算方法复杂，因此仅用于特征匹配，保证了虚拟环境的实时性。

8.3　零件数据信息的提取及重构

针对产品的大量装配零件，显然手动添加数据信息重构零件的虚拟装配模型是不切实际的，需要有一个快速自动生成数据文件的方法。除了碰撞包围盒数据需要额外添加，装配零件所需的其他数据信息都可以从 CAD 造型软件中的原始文件直接获得或者经过计算间接得到。

当前，虚拟装配系统中使用的模型主要通过 CAD 软件构建，除包含零部件几何信息外，还包含许多工程语义信息，数据量较大。而在虚拟环境下，大量零部件需要实时渲染，为保证渲染速度，使用三角面片模型存储零件信息，所以无法将 CAD 模型直接导入虚拟环境中进行使用。目前，虚拟装配平台大都通过 CAD 软件的导出插件生成记录三角面片信息的中性文件，如 STL（标准模板库），虽然能满足渲染要求，但丢失了大量信息，如零件体素信息。而这些信息是进行具有约束识别过程的动态虚拟装配所需要的关键信息。

如何将 CAD 软件中构造的模型信息导出到虚拟环境，重新构建适用于虚拟环境下装配约束计算的底层数据库，是实现动态虚拟装配的一个技术难题。数据要涵盖足够的信息，能使数据结构与约束算法匹配，不同的约束求解计算方法，可能需要不同的数据内容。同时对于大量的装配零件，需要有一个自动提取生成数据文件的方法。

近年来，从 CAD 软件到虚拟环境的模型数据交换问题一直是虚拟装配领域内的研究热点问题。国内外对此都有相关研究。美国芝加哥 Illinois 大学 Banejnee 等通过在虚拟场景图中构建装配模型信息，把产品间的优先约束关系、事件驱动控制等信息封装在图中各节点，在进行零部件的装配时，读取节点的约束信息来检测模型是否可装配。这种方法是人为对场景节点中的零件添加信息，效率不高，适用于装配关系较为简单、零部件数量不多的情况。

在 Pro/E 中，特征是建模的基础，在创建特征时遵循整体的设计意图，一个一个地创建特征，各特征的组合体便形成了零件，这就是 Pro/E 基于特征的造型准则。据此可知零件由若干个特征组成，只要得到零件的各组成特征的相关信息，就能完整而准确地再现零件的三维实体，因此提取零件几何信息的问题就转变成了提取组成特征相关信息的问题。

在 CAD 造型软件中，所有的零件模型都是按照特定的数据结构组成的。目前主流 CAD 造型软件的数据结构都十分接近，本书以 Pro/E 中零件数据为例，说明数据结构的组成和用于装配的对应解析导出的条目。

1. 实体对象

实体用来表征一个零件或者一个组件层次，是 Pro/E 中最后生成的零件和组件的基本类型。作为几何体表征，实体对象由特征对象组合生成，在 Pro/E 中实体对象统一称为 ProSolid。

实体对象包含的数据内容有：①实体轮廓：构成零件模型几何外形属性，获得实体所占据的空间大小，可用于碰撞包围盒生成。②实体精度：控制零件的几何尺寸误差，影响碰撞包围盒的尺寸外形。③实体单位：零件模型采用的单位制。④质量及几何属性：表面积、密度、质量、重心、惯性矩、主轴，用于表达零件物理属性。⑤材料属性：零件所使用的材料。

2. 特征属性

CAD 造型软件中，零件的模型是从简单的几何体一步一步增删几何特征获得的，可以无限更新。因此，从数据结构的角度，零件的特征属性信息是以一种树状的数据结构保存的，叫作特征元素树。这种数据结构的优点在于既可以构建简单的特征，也可以在原特征基础上引入新的特征。构成特征元素树的子元素叫作特征元素，特征元素不仅包含特征信息，还包含定义特征所需的全部信息：所有的特征的参数和属性、特征生成时的参数选项、所有的几何体的参照、绘制特征截面的草图参照、所有的特征尺寸值。

在 Pro/E 中，对许多典型的特征都定义了预设的特征元素树结构，这些数据都可以进行编辑和获取。本书以拉伸特征为例，描述特征元素树结构特点。

图 8-6 为以各种特征要素构成的特征元素树，根节点 PRO_E_FEATURE_TREE，之后根据特征类型，将特征形式确定为拉伸特征，然后定义拉伸截面、拉伸特征类型、拉伸方向、拉伸方法等要素。在拉伸复合要素之下的子层级树中，进一步详细地定义拉伸特征参数，其中有拉伸起止点、参照物和数值。

在 Pro/E 中，任何零件在进行造型的过程中都会以类似的特征元素树的形式存储数据，区别仅在于不同的约束和特征对元素的要求不同。特征元素树中数据的添加顺序与造型过程中特征构造的顺序保持一致，因此特征元素树完整地反映了零件的几何结构特点。

3. 零件信息自动提取和重构接口开发方法

使用 CAD 软件的自动化接口，实现 CAD 和虚拟环境的数据交换是一种较为常见的方法，但自动化接口功能有限，大多只对 CAD 中的零件部分数据进行简单的复制，用于在虚拟环境中复现 CAD 系统中的场景。

本书利用 Pro/E 提供的二次开发工具接口 Pro/ToolKit 实现数据的读取交换，Pro/ToolKit 是一个 DLL（动态链接库）文件扩展包，里面封装了以 C 语言编写的 API 函数，通过专用的函数和操作指令的开发，和 Pro/E 软件运行时的数据库进行数据交互，实现对 Pro/E 模型的实时操作和更改，提取特征元素树中需要的数据信息，进行重新整合，以文件输出。

要自动化生成动态装配的零件模型数据，首先需要明确 Pro/E 运行数据库中存储数据与所需数据之间的对应关系，针对数据特点确定匹配规则。经过细致的比对，根据数据映射关系的特点，将导出数据划分为直接映射数据和间接映射数据。

直接映射数据是指通过直接读取原数据库中具体的数值，用于动态装配计算的数据。例如，对于轴类零件上拥有的特征类型，如孔、轴、倒角、圆角、槽等数据，可以直接根据名称或者特定代号从库中读取。此外，零件特征的参数大小可以从零件特征层

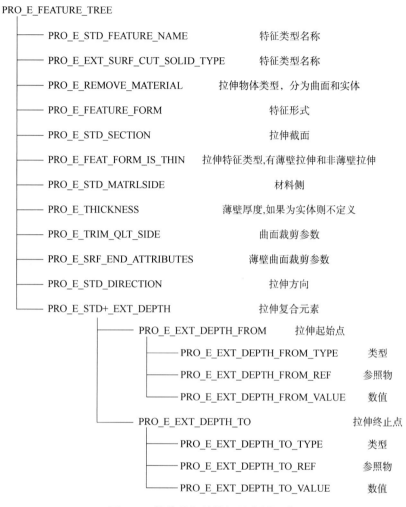

图 8-6　拉伸特征的特征元素树组成

下的参数层直接读取，具有直接读取特点的这一类数据都叫作直接映射数据。利用函数直接读取写入即可匹配动态装配中的数据结构。

间接映射数据无法直接通过读取 Pro/E 数据库获得，需要根据特殊的计算方法，进行数据转换和计算，属于原数据的新增数据。例如零件层次及特征层次的碰撞包围盒数据信息，是通过测量零件的总长、总宽，经过近似计算获得；特征层次特征点位置信息，是通过计算特征之间相对参考位置的偏移量获得。

利用 API 函数，结合动态装配中所需零件数据结构特点，本书制定了相关匹配算法。

1）直接映射获取数据方法

直接映射获取的数据主要为特征类型、特征参数和物理参数。在 Pro/Toolkit 的头文件中有各类参数的宏定义（图 8-7），以特征类型的定义为例，列举几个关键特征的宏类型名称和对应的数据，用以说明数据类型特点和获取方法。

#define PRO_FEAT_HOLE	911	孔
#define PRO_FEAT_SHAFT	912	轴
#define PRO_FEAT_ROUND	913	圆角
#define PRO_FEAT_CHAMFER	914	倒角
#define PRO_FEAT_SLOT	915	槽
#define PRO_FEAT_CUT	916	切口
#define PRO_FEAT_PROTRUSION	917	拉伸

……

图 8-7 Pro/ToolKit 部分特征参数的宏定义

本节以孔特征的创建和读取为例，说明直接映射数据的采集写入方法。

创建孔特征：输入类型特征码 911 值，添加过程为：ProElementAlloc（ProElement element）申请 ProElement 对象，其中 ProElement 是特征元素数据类型，可以用来保存特征、参数、函数指针等数据，然后使用 ProElemtreeElementAdd（ProElement root，ProElementPath path，ProElement element）函数将创建的元素添加入对应的特征元素树根节点，其中 element 代表要添加输入的元素，path 代表元素路径，root 代表 element 的上一级根节点。

读取特征：获取特征类型函数为 ProFeatureTypeGet（），返回值是一个整型数据。根据整数大小与之前列表内容匹配，得到特征类型，再使用 ProFeatureChildrenGet（）函数获取指定特征下所有元素的列表，提取列表内元素，即确定了参数大小。

2）零件层的碰撞包围盒数据生成算法

碰撞包围盒数据属于非直接映射数据，只能通过算法间接生成。零件层的碰撞包围盒用于零件之间的碰撞检测，避免零件的穿透，精度要求不高，本书采用最小外接圆柱体包围盒，由零件的长度和宽度计算。

3）特征层次特征点位置数据生成算法

分析特征元素树中元素的分布规律，得知特征元素树中元素的添加顺序与零件造型的特征建模过程顺序一致，越靠近树根的特征添加得越早，序列代号越小。根据序列顺序，结合轴类零件的特点，对于使用拉伸方法造型的零件，可以将第一个特征的起始点当作坐标参考原点，然后依照特征与特征之间的偏移量大小，依次确定特征之间的区分平面，从而得到特征点的位置坐标。图 8-8 所示为一个轴类零件，用以说明根据拉伸数据确定特征点坐标位置的方法。

每一个特征在生成时都会记录与造型相关参考面的类型信息及位置信息，特征与特征之间层层关联，向上遍历到根节点，即可确定特征点相对于参照系原点的位置坐标。通过这样的方式，就实现了从 Pro/E 原始数据库到动态装配零件数据的自动转换和生成。

4. 零件数据存储及可视化编辑

结合零件信息提取和生成方法，考虑到 XML（可扩展标记语言）文件格式良好的数

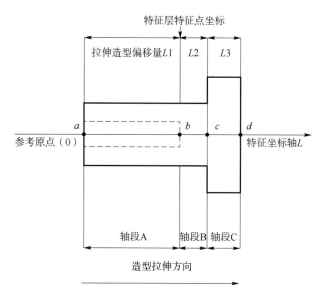

图 8-8　装配约束树造型信息确定特征点位置

据组织和管理特点，以及与许多软件的读取接口兼容，采用 XML 格式的文件结构来保存模型数据。XML 文件的读写使用 C 语言链接库 Altova 处理。

在实际操作中，存储在文件中的零件数据既不直观且不便修改，本书利用 QT 可视化编辑库开发可视化的操作界面进行数据的显示和编辑，建模流程如图 8-9 所示。

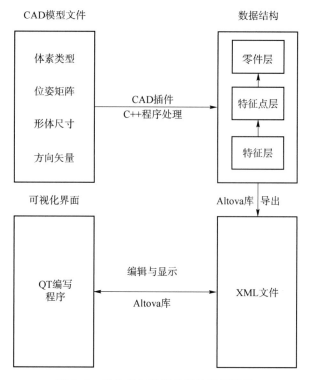

图 8-9　零件几何特征信息的建模流程

通过程序代码将后台的文件数据信息在界面上显示出来，通过界面编辑有关数据实现 XML 文件数据内容的修改，编辑生成的 XML 文件结构如图 8-10 所示。

```
<?xml version="1.0" encoding="UTF-8"?>
<!--用XMLSpy v2012产生的 XML文件(http://www.altova.com)-->
<FBVAS xsi:noNamespaceSchemaLocation="FBVAS.xsd" xmlns:xsi="http://www.w3.org/2001/XMLScl
  - <Part name="dizuo" id="1" PF9="0" PF8="0" PF7="0" PF6="1" PF5="0" PF4="0" PF3="0" PF2="0" PF1
    - <Point id="1" z="15" y="0" x="0">
      - <Feature name="keyway">
          <Param value="25"/>
          <Param value="10"/>
          <Param value="0"/>
        </Feature>
      - <Feature name="kong">
          <Param value="40"/>
        </Feature>
      </Point>
    - <Point id="2" z="-10" y="0" x="0">
      - <Feature name="zhou">
          <Param value="1.5"/>
        </Feature>
      </Point>
    - <Point id="3" z="-15" y="0" x="0">
      - <Feature name="zhou">
          <Param value="60"/>
        </Feature>
      </Point>
    </Part>
```

图 8-10　编辑生成的 XML 文件结构

8.4　装配约束的定义和求解算法

在虚拟装配中，需要有装配约束进行识别和管理的机制，以及在约束作用下完成装配的精确定位方法。

关于装配约束的表征，国内外已有不少研究。对于装配约束的定义和分类，许多文献都提出了相关方法。庄晓等将约束类型概括为三类基本约束：面贴合及等距偏离、对齐、定向。葛建新等将约束分为四类：面耦合、对齐、定向、插入。

根据分类标准的不同，对约束的定义可能不同，但约束本质都是点、线、面等几何元素之间的对应关系，装配约束满足的最终表现是装配实体之间受到几何位置限制，即自由度限制。自由度可分为旋转和平移两类，零件的任何运动都能够被分解为平移部分和旋转部分，即可表示为沿一个给定方向的平移，或者绕一个给定轴线的旋转，或者一些平移和旋转的组合。

约束产生的效果都是对零件的自由度进行改变。换言之，零件受到的约束可以由零件自由度来表征。在实际中，约束系统是非常复杂的，通常采用"分而治之"的策略，将一个复杂几何约束系统分解为一系列独立可解的子域，再采用代数或几何的方法分别求解这些子域，最后将各个独立的解合并来获得原有几何约束系统的解。

装配约束的识别建立方法主要分为两种，通过人为设定对零件建立约束以及基于零件几何位置信息的识别建立约束。

常见的 CAD 装配软件，如 Pro/E，是通过设定零件之间的约束，实现零件之间的相对位置关系，完成零件装配。装配中所涉及的全部约束都是预先定义的，是一个与自由度相匹配的约束集合。这一类方法现在已经很成熟。张志贤等对这种方法进行改进，实现了基于装配约束信息的运动副自动识别，提高了仿真处理的效率，但需要人为参与约束的建立过程。

另一种约束建立方法是基于零件模型的位置和几何信息，进行约束识别，得到约束，并将约束作为属性传递给零件，对零件的位姿进行限制。该方法的局限性在于，位姿变换是一个瞬间过程，而实际中的装配零件的移动是连续的。

零件的装配，本质是约束的确定以及基于约束条件求解零件位置姿态。本书将装配约束定义为装配基体和待装配件的装配特征对零件运动自由度的限制。

1. 零件位姿的数学描述和约束定义

装配的零件不能看成是一个质点，因此空间中的零件不仅有坐标位置，还有朝向姿态。在空间几何中，用一个 4×4 齐次矩阵来描述零件的位姿，称作位姿矩阵，形式为

$$T = \begin{bmatrix} x_x & x_y & x_z & 0 \\ y_x & y_y & y_z & 0 \\ z_x & z_y & z_z & 0 \\ t_1 & t_2 & t_3 & 1 \end{bmatrix} = \begin{bmatrix} R & 0 \\ T & 1 \end{bmatrix} \tag{8-1}$$

式中，矩阵 T 表示物体相对世界坐标系的平移量，表示该物体的局部坐标系相对于世界坐标系进行 $(t_1, t_2, t_3)^T$ 向量的平移，物体局部坐标系的原点在世界坐标系中的坐标为 (t_1, t_2, t_3)。当物体的局部坐标系与世界坐标系重合时，$T = I$。矩阵 R 表示物体相对世界坐标系的旋转量，其中 (x_x, x_y, x_z)、(y_x, y_y, y_z)、(z_x, z_y, z_z) 分别对应了物体的局部坐标系坐标轴的单位方向向量在世界坐标系中的数值。当物体的局部坐标系相对于世界坐标系进行旋转时，矩阵 R 发生变化。特别地，当旋转轴为 x 轴时：

$$R_x = \begin{bmatrix} 1 & 0 & 0 \\ 0 & y_y & y_z \\ 0 & z_y & z_z \end{bmatrix} = \begin{bmatrix} 1 & 0 & 0 \\ 0 & \cos\theta & \sin\theta \\ 0 & -\sin\theta & \cos\theta \end{bmatrix} \tag{8-2}$$

式中，θ 为旋转角。

同理，旋转轴为 y 轴（旋转角为 ψ）和 z 轴（旋转角为 ϕ）时，旋转矩阵分别为

$$R_y = \begin{bmatrix} x_x & 0 & x_z \\ 0 & 1 & 0 \\ z_x & 0 & z_z \end{bmatrix} = \begin{bmatrix} \cos\psi & 0 & -\sin\psi \\ 0 & 1 & 0 \\ \sin\psi & 0 & \cos\psi \end{bmatrix} \tag{8-3}$$

$$R_z = \begin{bmatrix} x_x & x_y & 0 \\ y_x & y_y & 0 \\ 0 & 0 & 1 \end{bmatrix} = \begin{bmatrix} \cos\phi & \sin\phi & 0 \\ -\sin\phi & \cos\phi & 0 \\ 0 & 0 & 1 \end{bmatrix} \tag{8-4}$$

因此，只需将位姿变换量表示成矩阵形式，与原位姿矩阵相乘，得到的新齐次矩阵就是经过坐标变换后零件位姿矩阵的表达式。

为便于计算分析，不考虑零件变形，视所有零件为刚体，刚体运动共有 6 个自由度，如图 8-11 所示。物体在空间中的位

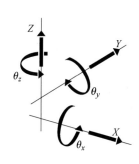

图 8-11　刚体的自由度

姿改变可以以绕 X、Y、Z 轴的旋转和沿 X、Y、Z 轴的平移 6 个运动的复合来表达，而约束的施加视为这 6 个自由度限制的组合结果。

  装配零件分为装配基体（简称基体）和待装配零件（简称待装件）。以基体为参照物，装配约束表征为待装件在基体坐标系中 6 个自由度限制的组合。如图 8-12 所示，基体为传动轴，齿轮为待装件。当齿轮和轴进行装配时，约束以基体坐标系 $X_B O_B Y_B Z_B$ 的 3 个坐标轴为参照，齿轮的初始状态是自由状态，没有自由度限制。当齿轮内花键与轴的外花键匹配后，齿轮与轴的装配约束描述为齿轮在基体坐标系中沿 X_B 轴和 Y_B 轴的平移自由度、绕 X_B 轴和 Y_B 轴的旋转自由度的限制，便可确定齿轮在基体坐标系中的位姿矩阵。

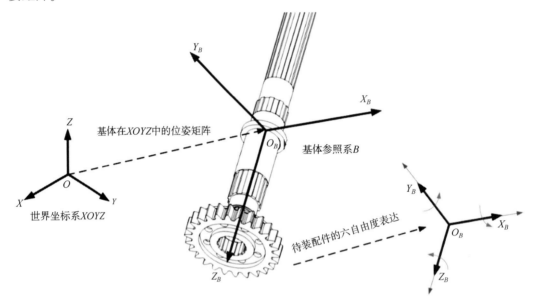

图 8-12　零件的自由度表达

2. 动态装配下被约束零件的运动描述

  约束是对零件运动状态的限制。在装配过程中，装配人员用手或者工具拾取零件并控制待装配零件的移动，即待装配零件的运动和装配人员一致，同时由于存在约束，该运动只有部分分量能够对零件产生实际作用。

  为了让零件伴随操作手进行平移及旋转，设待装配零件的位姿矩阵在世界坐标系中为 $\boldsymbol{P}$，装配人员的初始位姿矩阵为 $\boldsymbol{H}$，但零件被抓取时手与零件的初始位置并不完全一致，因此直接将手的位姿矩阵赋给零件显然不符合零件的实际运动要求。本书提出了一种位姿变换量修正方法，实现约束零件在拾取条件下的运动。

  在世界坐标系中，设第 n 帧操作者手在空间的位姿矩阵为 $\boldsymbol{H}(n)$，第 $n+1$ 帧操作者手的位姿矩阵和位姿矩阵变换量分别为 $\boldsymbol{H}(n+1)$ 和 $\Delta\boldsymbol{H}$，由矩阵变换公式可以得到

$$\boldsymbol{H}(n)\cdot\Delta\boldsymbol{H}=\boldsymbol{H}(n+1)$$

则第 $n+1$ 帧手的位姿矩阵变换量 $\Delta\boldsymbol{H}$ 为

$$\Delta H = H^{-1}(n) \cdot H(n+1) \tag{8-5}$$

零件的第 $n+1$ 帧的位姿矩阵为

$$P(n+1) = P(n) \cdot H^{-1}(n) \cdot H(n+1) \tag{8-6}$$

式中，$H^{-1}(n)$ 为 $H(n)$ 的逆矩阵。

将式（8-6）的位姿矩阵赋值给零件，便实现了在虚拟环境中用手控制零件的位姿。这种情况是理想状态，即零件本身未受到约束。考虑约束时，ΔH 需要根据约束条件进行修正。

在世界坐标系中，设装配基体的位姿矩阵为 B，待装配零件的位姿矩阵为 P。假设零件和装配基体的几何轴线都与各自局部坐标系的 Z 轴共线。

设修正后的 ΔH 在世界坐标系中的表达式为 $\Delta H'$。首先，分离 ΔH 中零件的运动在各轴的分量，并剔除被约束的部分。通常情况下，表征 ΔH 的世界坐标系与装配基体所在的局部坐标系的坐标轴方向是不同的。由于运动限制，在世界坐标系的坐标轴上存在耦合，因此根据约束直接对 ΔH 的矩阵内容进行修正得到 $\Delta H'$ 是很困难的。但如果对在基体所在的相对坐标系中观察到的 ΔH 的矩阵内容进行修正则很简单，因为约束以基体为参照，各运动变量之间独立，没有相互影响。用局部坐标系描述待装配件的自由度比用世界坐标系描述要简单，如图 8-12 所示。

因此，修正流程是先得到位姿改变量 ΔH 在装配基体坐标系的表达式 ΔH_B，根据约束条件，以六自由度几何法对 ΔH_B 进行修正得到 $\Delta H_B'$，再将 $\Delta H_B'$ 变换至世界坐标系，最终得到约束修正后 ΔH 在世界坐标系中的表达式 $\Delta H'$，再将修正后的位姿改变量 $\Delta H'$ 赋予待装配零件。整体的流程如图 8-13 所示。

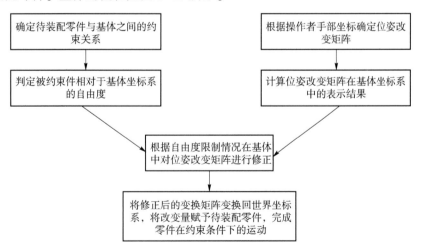

图 8-13　零件在约束条件下位姿矩阵计算流程

首先计算位姿改变量 ΔH 对应在基体坐标系中的表达式 ΔH_B。设某零件在世界坐标系中的位姿矩阵为 T，在基体坐标系中的位姿矩阵表达为 X，根据矩阵变换原理，有 $X = T \cdot B^{-1}$。在世界坐标系中做 ΔH 的变换后的位姿，等于在基体坐标系中做 ΔH_B 变换后再换算回世界坐标系的位姿，因此可以得到

$$X \cdot \Delta H_B \cdot B = T \cdot \Delta H \tag{8-7}$$

将 $X = T \cdot B^{-1}$ 代入式（8-7），有

$$T \cdot B^{-1} \cdot \Delta H_B \cdot B = T \cdot \Delta H \tag{8-8}$$

整理得到 ΔH_B 的表达式：

$$\Delta H_B = B \cdot \Delta H \cdot B^{-1} \tag{8-9}$$

式(8-9)即为在基体坐标系中观察在世界坐标系中进行了 ΔH 变换的零件发生位姿改变量的表达式。基于几何推理法，式(8-9)用六自由度分析法进行修正后，便得到了约束下零件的运动改变量。

3. 运动改变量沿各轴分量的分离方法

通过 ΔH 和 B 计算得到 ΔH_B 之后，需要在基体坐标系中将复合运动在各轴上的分量分离出来，再根据约束条件对被限制量进行剔除修正。

设 ΔH_B 齐次矩阵表达形式为

$$\Delta H_B = B \cdot \Delta H \cdot B^{-1} = \begin{bmatrix} R_{11} & R_{21} & R_{31} & 0 \\ R_{12} & R_{22} & R_{32} & 0 \\ R_{13} & R_{23} & R_{33} & 0 \\ T_1 & T_2 & T_3 & 1 \end{bmatrix} \tag{8-10}$$

1）对应基体局部坐标系，计算 ΔH 中各轴的转角

设 ΔH 带来的运动改变，使物体绕基体坐标系的 x 轴转角 θ，绕 y 轴转角 ψ，绕 z 轴转角 ϕ。运用欧拉角计算分析，得出 ΔH 对应任意局部坐标系的各轴旋转角。

（1）当 $R_{31} \neq \pm 1$ 时：

$$\theta_1 = -\arcsin(R_{31})$$

$$\theta_2 = \pi - \theta_1$$

$$\psi_1 = \arctan\left(\frac{\dfrac{R_{32}}{\cos\theta_1}}{\dfrac{R_{33}}{\cos\theta_1}}\right)$$

$$\psi_2 = \arctan\left(\frac{\dfrac{R_{32}}{\cos\theta_2}}{\dfrac{R_{33}}{\cos\theta_2}}\right)$$

$$\phi_1 = \arctan\left(\frac{\dfrac{R_{21}}{\cos\theta_1}}{\dfrac{R_{11}}{\cos\theta_1}}\right)$$

$$\phi_2 = \arctan\left(\frac{\dfrac{R_{21}}{\cos\theta_2}}{\dfrac{R_{11}}{\cos\theta_2}}\right)$$

（2）当 $R_{31} = \pm 1$ 时，ϕ 为任意值，可设为 0。

当 $R_{31} = -1$ 时：

$$\theta = \frac{\pi}{2}$$

$$\psi = \phi + \arctan\left(\frac{R_{12}}{R_{13}}\right)$$

当 $R_{31} = 1$ 时：

$$\theta = -\frac{\pi}{2}$$

$$\psi = -\phi + \arctan\left(\frac{-R_{12}}{-R_{13}}\right)$$

2）计算 $\Delta \boldsymbol{H}$ 对应基体局部坐标系中各轴的平移量

$\Delta \boldsymbol{H}$ 对应基体局部坐标系中各轴平移量，即 $\Delta \boldsymbol{H}$ 在世界坐标系中的平移向量在局部坐标系中各轴上的投影。本书以基体局部坐标系的 z 轴为例进行推导，可设基体局部坐标系的位姿矩阵在 z 轴向量为

$$\boldsymbol{Z}_B = (Z_x, Z_y, Z_z)^{\mathrm{T}}$$

设 $\Delta \boldsymbol{H}$ 的平移向量为

$$\boldsymbol{T}_{\Delta H} = (Z_{x\Delta H}, Z_{y\Delta H}, Z_{z\Delta H})^{\mathrm{T}}$$

向量 $\boldsymbol{T}_{\Delta H}$ 在向量 $\boldsymbol{Z}_B$ 上的投影 z_1 为

$$z_1 = |\boldsymbol{T}_{\Delta H}| \cos\langle \boldsymbol{T}_{\Delta H}, \boldsymbol{Z}_B \rangle$$

即得 $\Delta \boldsymbol{H}$ 对应基体局部坐标系中的 z 轴平移量。实际上，z_1 的数值与式（8-9）中 $\Delta \boldsymbol{H}_B$ 矩阵中的 T_3 相等，也可以通过计算 $\Delta \boldsymbol{H}_B$ 得到。

运用同样的方法，就可逐一得到 $\Delta \boldsymbol{H}_B$ 矩阵中各运动分量。

8.5 单一及多约束下动态装配的约束识别和约束管理逻辑

8.4 节详细阐述了零件在约束条件下实现动态装配的运动规律和数学描述，运用这种方法可以对已知约束条件和装配基体的零件进行动态的位姿调整。本节则详细介绍约束识别的算法及实现，以及多约束动态装配的流程。

1. 基于碰撞检测和参数匹配的约束识别方法

包围盒的碰撞检测算法非常成熟，主要原理是采用分离轴算法和 GJK 算法，这两类算法都有封装好的算法库，可以直接调用并运用到程序中，本书不进行深入讨论。

当零件与零件发生碰撞后，会立即对零件特征层次包围盒进行检测，如果特征层的包围盒也发生了碰撞，调用响应函数，提取文件中对应轴段的特征信息，比对特征类型和参数大小，如果特征相匹配，则建立约束关系，通过 8.4 节的算法限制零件运动，如果特征不匹配，则该次碰撞响应不做处理。

根据约束识别和姿态控制的主要步骤，绘制流程，如图 8-14 所示。

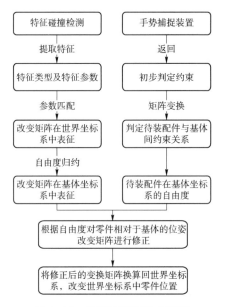

图 8-14 约束识别及建立流程

待装配零件在进行装配时，可能存在一个或多个零件对该零件存在约束作用，统称这些限制件为装配基体。所有基体与零件之间约束的集合最终限制零件在世界坐标系中的位姿状态。因此，一个待装配零件可能同时受到多个约束的作用，而且约束的产生有先后顺序之分，因此需要综合各个约束产生的效果。

如图 8-15 所示，在齿轮的装配中，需要将待装配齿轮装配在轴上，此时待装配齿轮受到轴的约束，只能沿轴线平移并随轴转动。接着待装配齿轮需要与另一轴上齿轮进行装配，如果两齿轮的啮合条件没有满足，那么待装配齿轮将无法再沿轴线移动。此时待装配齿轮受到两个零件的约束，即轴和齿轮。显然，用任意零件之间的约束条件去限制齿轮的装配都是不合理的。

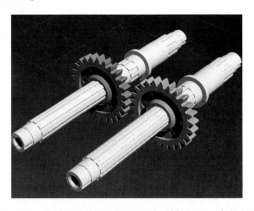

图 8-15 待装配齿轮自由度同时受轴和另一齿轮约束

因此，在图 8-14 所示的流程中，初步判定约束之后有一个自由度归约的步骤。自由度归约，是指在零件同时受到多个约束的情况下，将约束条件直接累加进行自由度限制时出现重合或者耦合的情况，需要进行合并处理。本书采用了几何推理法，仅需对 6 个自由度的约束条件求并集即可实现自由度归约，经过归约后，重新修正位姿改变量矩阵 ΔH。

2. 约束关系的存储及动态更新方法

在实际的装配中，零件数量较多，不仅是一个基体与一个待装配零件相装配，基体本身也可能是待装配零件或者是已经添加了约束的零件。同一个零件在很多情况下会与多个零件发生碰撞，产生约束，以谁为参照基体，如何归约，位置发生变化时关联的零件如何移动，本书将这些问题统一称为约束关系的存储及更新管理。

考虑到装配是由一个初始零件作为基体，然后不断装配新零件。在三维建模环境中，装配关系都采用树状的数据结构表达，综合考虑到约束和装配的对应关系，本书采用树状结构来表达约束关系。

对于一个零件来说，虽然有多个装配基体，但在装配过程中，约束的产生依然有先后顺序。首先对零件产生约束的称主要基体，它对零件的自由度产生了限制。之后出现的次要基体只能对零件剩余的自由度再进一步限制。因此，零件和其所拥有的约束只能和一个装配基体关联，其他零件只是增加自由度限制作用，零件与零件之间的约束关系有关联但不会形成闭环。由离散数学知识可知，没有回路的连通图可以构成树。因此可以用约束树来描述多零件装配中复杂的约束关系。选取一个零件作为初始装配基体（主要基体），场景中的每一个零件都在以这个零件为根节点的约束树上。零件的装配约束关系图如图 8-16 所示。图中关联箭头则是零件之间六自由度表达的约束。每个零件都只有一个六自由度参考基体，但是受到除基体之外其他的零件影响时，则将约束效果等效到基体上，再进行自由度归约修正。

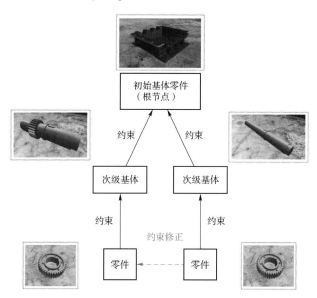

图 8-16　零件的装配约束关系图

在实际装配中，约束关系是随着位置和装配进程的改变而变化的。因此装配约束树应具有随着装配过程的进行而不断更新，解除时删除该对象，生成新约束时在对应的基体下添加子节点的机制。困难在于，不能再仅仅以两两零件装配时约束更新的标准来确定，需要有一个管理约束树子元素添加和删除的逻辑和流程。

本书使用了遍历回溯的优先级判断方法用于装配约束树的动态更新，方法如下。

每当场景中有一个零件 A 被虚拟手选取，就被认定为待装配零件。以根节点（零件装配基体）为起点，向下对所有子节点零件进行遍历，比较判断是否有子节点零件与根节点零件发生包围盒碰撞。如有碰撞发生，设碰撞零件为 B，则进行参数比较判断是否满足约束条件，如能够构成约束关系，再判断零件是否已存在约束，如果已存在约束，根据所有约束关系对零件在基体中的自由度进行归约。如零件处于自由状态，则添加到约束树中，作为碰撞零件 B 的子节点，重复该流程直至遍历完所有节点。约束树的建立流程如图 8-17 所示。

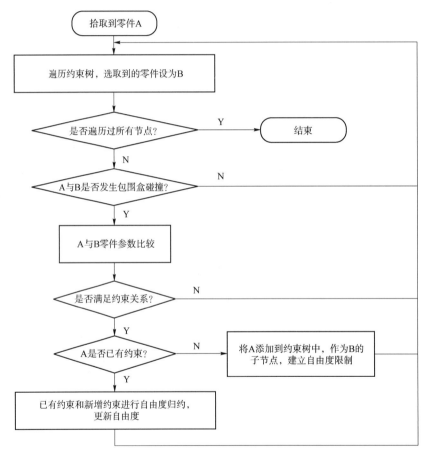

图 8-17 约束树的建立流程

以上流程，可以保证零件在做特征碰撞识别时不遗漏，不重复，同时多层级的判断条件也保证了实时运算的速度。

通过该方法可以实现约束树的实时建立和更新，管理多零件装配时复杂的约束关系，且该流程具有快速高效性，能满足在虚拟环境中进行仿真分析及图片渲染要求的运算速度，实现符合实际装配情况的动态装配。

第 9 章　虚拟现实辅助结构可装配性验证

目前主流的虚拟造型和装配软件，都是基于已有的装配约束，通过人为指定零件之间的约束关系，根据约束条件和指定待装配零件在装配基体的最终位置，使得零件"瞬间移动"，完成装配。这种方法缺乏约束的动态建立与装配过程，使得装配对象和类型受到了限制，同时这种装配没有考虑零件之间的几何特征匹配与零件的空间体积，只要设置了位置关系，零件无论是否穿透都能进行装配，严重不符合物理规律。本章在前述内容的基础上，基于 Unity3D 进行了装配平台的开发和虚拟现实辅助装配实例操作。首先，介绍了整体开发架构，进行装配平台的搭建；其次，进行了多层级零件的建模，基于约束的自由度分析，进行了各种约束的计算，结合装配操作完成了虚拟装配的人机交互操作开发；最后以某传动装置轴系为例对动态装配进行分析与验证，构建了包括零件放置区、工具放置区、装配工作区、装配工作环境（厂房）等的虚拟现实环境。分别在虚拟环境下与真实环境下完成装配，包括同轴、轴肩、花键等约束的建模，同时对装配过程中的错误操作和不匹配工况进行信息提示，验证了虚拟现实技术对结构可装配性验证的功能。

9.1　Unity3D 简介

Unity3D 是由 Unity3D Technologies 开发的一个可以让开发者创建诸如三维视频游戏、建筑可视化、实时三维动画等类型互动内容的多平台综合型开发工具。Unity3D 类似于 Director，Blender Game Engine，Virtools 或 Torque Game Builder 等，是利用交互的图形化开发环境为首要方式的软件，其编辑器运行在 Windows 和 Mac OS X 下，可发布项目至 Windows、Mac、Wii、iPhone、WebGL（需要 HTML5）、Windows phone 8 和 Android 平台，也可以利用 Unity3D web player 插件发布网页版，并支持 Mac 和 Windows 的网页浏览，其网页播放器也被 Mac 所支持。用户无须二次开发和移植，就可以将产品轻松部署到相关的平台，节省了大量的时间和精力。

截至 2018 年，在商用引擎市场，Unity3D 引擎占有高达 45% 的市场份额，全球范围使用 Unity3D 引擎的注册开发者人数达到 450 万，占据开发者总人数的 47%，每月活跃的开发者数量也已经突破 100 万人。无论在游戏开发领域还是其他领域，Unity3D 用其独特、强大的技术理念征服了全球众多的业界公司以及开发者。

9.2　Unity3D 物理引擎 PhysX

物理引擎是一个通过使用质量、速度、摩擦力和空气阻力等变量，用计算机程序模拟牛顿力学的模型，可以用来预测不同物理情况下所产生的不同效果。

Unity3D 的物理引擎使用的是 NVIDIA 的 PhysX。PhysX 是目前使用最为广泛的物理引擎，开发者可以通过物理引擎高效、逼真地模拟刚体碰撞、车辆驾驶、布料、重力等物理效果，使画面更加真实而生动。在 Unity3D 中，物理引擎是场景设计中最为重要的步骤，主要包含刚体、碰撞、物理材质以及关节运动等内容。下面对其主要包含的内容进行介绍。

9.2.1　刚体

rigidbody 可以为对象赋予物理属性，使对象在物理系统的控制下运动，刚体可接受外力与扭矩力来保证对象像在真实世界中那样进行运动。Unity3D 中任何对象只有添加了刚体组件才能受到重力的影响，通过脚本为游戏对象添加的作用力以及通过 NVIDA 物理引擎与其他的对象发生互动的运算都需要为对象添加刚体组件。

在物理学中，刚体是一个理想模型。通常把在外力作用下，物体的形状和大小（尺寸）保持不变，而且内部各部分相对位置保持恒定（无变形）的理想物理模型称为刚体。刚体是物理引擎中最基本的组件。在一个物理引擎中，刚体是非常重要的组件，刚体组件可以添加一些常见的物理属性，如质量、摩擦力、碰撞参数等，通过这些属性可以模拟该物体在 3D 世界内的虚拟行为，当物体添加了刚体组件后，它将具有物理引擎中的一切物理效果。

在 Unity3D 中为物体对象添加刚体组件的方法是：启动 Unity3D 应用程序，创建一个物体对象，选中该对象，然后依次执行菜单栏中的 Component-Physics-Rigidbody 命令为物体对象添加刚体组件，如图 9-1 所示。

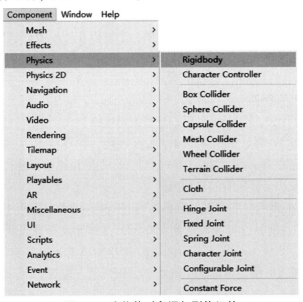

图 9-1　为物体对象添加刚体组件

9.2.2　碰撞体

碰撞体（Colliders）是物理组件中的一类，它要与刚体一起添加到物体对象上才能触发碰撞。如果两个刚体相互撞在一起，除非两个对象有碰撞体，物理引擎才会计算碰撞，在物理模拟中，没有碰撞体的刚体会彼此相互穿过。

添加碰撞体的方法为：首先选中一个物体，然后依次打开菜单栏 Component→Physics 选项，可选择不同的碰撞体类型。碰撞体类型主要有以下几种。

1. 盒碰撞体

盒碰撞体（Box Collider）是一个立方体外形的基本碰撞体，属性面板如图 9-2 所示。该碰撞体可以调整为不同大小的长方体，可以用作门、墙及平台等。

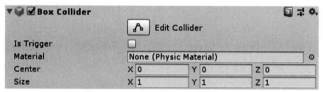

图 9-2　Box Collider 属性面板

2. 球形碰撞体

球形碰撞体（Sphere Collider）是一个球形的基本碰撞体，其属性面板如图 9-3 所示。球形碰撞体的三维大小可以均匀地调节，但不能单独调节某个坐标轴方向的大小，该碰撞体适用于落石、乒乓球等对象。

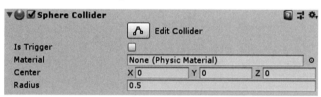

图 9-3　Sphere Collider 属性面板

3. 胶囊碰撞体

胶囊碰撞体（Capsule Collider）由一个圆柱体和与其相连的两个半球体组成，是一个胶囊形状的基本碰撞体，其属性面板如图 9-4 所示。胶囊碰撞体的半径和高度都可以单独调节，可用在角色控制器（Character Controller）或与其他不规则形状的碰撞结合来使用。Unity3D 中的角色控制器通常内嵌了胶囊碰撞体。

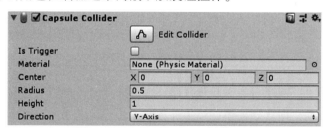

图 9-4　Capsule Collider 属性面板

4. 网格碰撞体

网格碰撞体（Mesh Collider）获取网格对象并在其基础上构建碰撞，与在复杂网格模型上使用基本碰撞体相比，网格碰撞体要更加精细，但会占用更多的系统资源。开启 Convex 参数的网格碰撞体才可以与其他的网格碰撞体发生碰撞，其属性面板如图 9-5 所示。

图 9-5　Mesh Collider 属性面板

5. 车轮碰撞体

车轮碰撞体（Wheel Collider）是一种针对地面车辆的特殊碰撞体。它有内置的碰撞检测、车轮物理系统及有滑胎摩擦的参考体。除了车轮，该碰撞体也可用于其他的对象。该碰撞体的属性面板如图 9-6 所示。

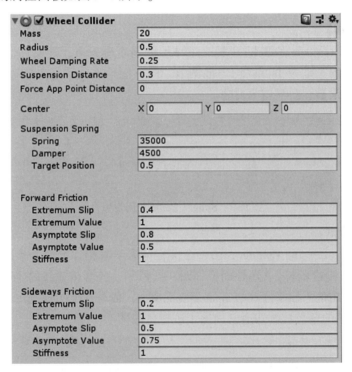

图 9-6　Wheel Collider 属性面板

为简化软件开发，本章没有采用第 7 章的建模方法，而是直接采用了 Unity3D 物理引擎中的碰撞体模型，即盒碰撞体、球形碰撞体、胶囊碰撞体和网格碰撞体，进行装配零件和零件特征碰撞检测，以避免零件间穿透以及装配约束触发的条件，增强虚拟装配的沉浸感，满足可装配性验证需求。

9.2.3 角色控制器

角色控制器主要用于对第三人称或第一人称主角的控制,并不使用刚体物理效果。添加角色控制器的方法及其属性面板如下。

(1)选中要控制的角色对象,依次打开菜单栏中的 Component→Physics→Character Controller 选项,即可为角色添加角色控制器组件,如图 9-7 所示。

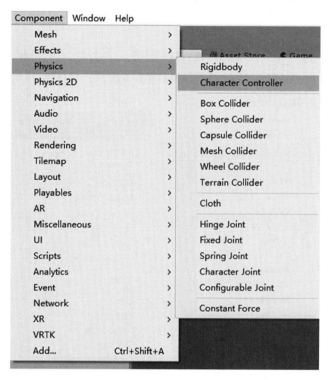

图 9-7 添加角色控制器

(2)Character Controller 组件属性面板如图 9-8 所示。

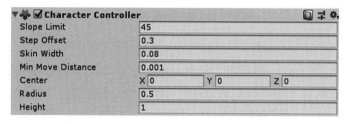

图 9-8 Character Controller 组件属性面板

角色控制器不会对施加给它的作用力做出反应,也不会作用于其他的刚体对象,可以通过脚本〔OnControllerColliderHit()函数〕在与其相碰撞的对象上使用一个作用力。另外,如果想让角色控制器受物理效果影响,最好用刚体来代替它。

9.2.4 关节

关节是模拟零件装配后运动的关键，通过引入关节模型，模拟装配后零件的运动状态，对装配进行检验。在 Unity3D 中有以下关节类型。

1. 铰链关节

铰链关节（Hinge Joint）由两个刚体组成，该关节会对刚体进行约束，使得它们就好像被连接在一个铰链上那样运动。它非常适用于对门的模拟，也适用于对模型链及钟摆等物体的模拟。

添加铰链关节的步骤为：启动 Unity3D 程序，依次打开菜单栏中的 Component→Physics→Hinge Joint，为所选择的对象添加铰链关节组件，如图 9-9 所示。

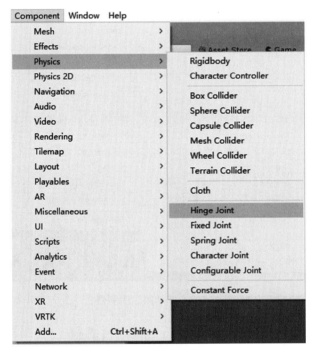

图 9-9　添加 Hinge Joint 组件

2. 固定关节

固定关节（Fixed Joint）组件用于约束一个对象对另一个对象的运动，类似于对象的父子关系，但它是通过物理系统来实现而不像父子关系那样是通过 Transform 属性来进行约束。固定关节适用于以下的情形：当希望对象较容易与另一个对象分开时，或者连接两个没有父子关系的对象使其一起运动，使用固定关节的对象自身需要有一个刚体组件。

添加固定关节的步骤为：启动 Unity3D 应用程序，依次打开菜单栏中的 Component→Physics→Fixed Joint 选项，进而为选择的对象添加固定关节组件，如图 9-10 所示。

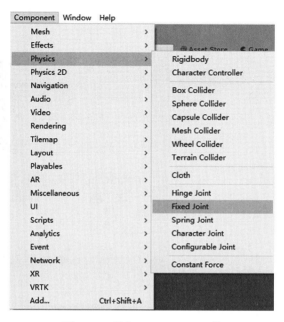

图 9-10　添加 Fixed Joint 组件

3. 弹簧关节

弹簧关节（Spring Joint）组件可将两个刚体连接在一起，使其像连接着弹簧那样运动。

添加弹簧关节的步骤为：启动 Unity3D 应用程序，依次打开菜单栏中的 Component→Physics→Spring Joint 选项，进而为所选择的对象添加弹簧关节组件，如图 9-11 所示。

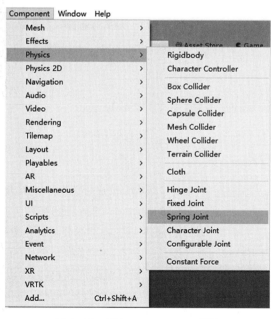

图 9-11　添加 Spring Joint 组件

4. 可配置关节

可配置关节（Configurable Joint）组件支持用户自定义关节，它开放了 PhysX 引擎中所有与关节相关的属性，因此可像其他类型的关节那样来创造各种行为。可配置关节主要有两类功能：移动/旋转限制和移动/旋转加速度。

添加可配置关节的步骤为：启动 Unity3D 应用程序，依次打开菜单栏中的 Component→Physics→Configurable Joint 选项，进而为所选择的对象添加可配置关节组件，如图 9-12 所示。

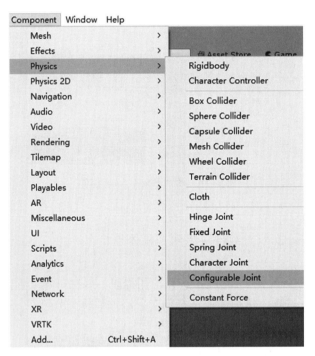

图 9-12　添加 Configurable Joint 组件

9.3　虚拟现实辅助装配平台架构

9.3.1　MVC 框架

对于虚拟装配系统，最常用到的也是最基础的框架就是 MVC 框架，如图 9-13 所示。MVC 全名是 model view controller，是模型、视图、控制器的缩写，是一种软件设计典范。MVC 框架主要是将数据层、业务逻辑层、视图层三者进行分离，在改进和个性化定制界面及用户交互的同时，不需要重新编写业务逻辑。分离的原因就是软件的不变真理"改变"（软件是一直在修改的）；可能哪一天想改个 UI（用户界面），但是如果没有进行层次划分的话，那么可能存在改个 UI 就会影响到数据的问题。MVC 框架的目的是实现一种动态的程序设计，使后续对程序的修改和扩展简化，并且使程序某一部分的重复利用成为可能。除此之外，此模式通过对复杂度的简化，使程序结构更加直观。软件系统对自身基本部分分离的同时也赋予了各个基本部分应有的功能。

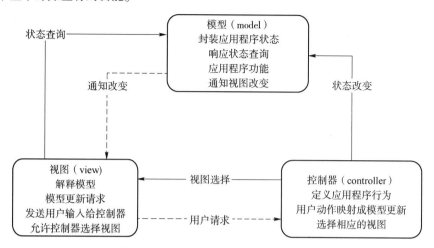

图 9-13　MVC 组件类型的关系和功能

视图是用户看到并且与之交互的界面，也就是 Unity3D 中的 UI，它能为应用程序处理很多不同的视图。模型表示业务逻辑判断和数据库存取，以我们平常的说法，也就是所谓的业务逻辑处理，模型拥有最多的处理任务，可以减少代码的重复性。控制器接受用户的输入并调用模型和视图去完成用户的需求，控制器本身不输出任何东西、不做任何处理，它只是接受请求并决定调用哪个模型构件去处理请求，然后再确定用哪个视图来显示返回的数据。

以 Unity3D 中单击场景跳转按钮为例进行说明：用户单击跳转场景按钮，这是用户对 V 层的按钮进行的操作，V 层将此消息发送给 C 层，C 层接收到后需要去访问 M 层获取到将要跳转的场景名称；C 层将场景名称反馈给 V 层，V 层根据场景名称进行跳转。可能我们会发现挺麻烦，但是如果一开始我们的场景数据是 Scene1，后期想修改跳转的场景是 Scene2，我们就只需要修改 M 层的数据，对于 V 层的按钮不会有任何影响，这就是解耦的魅力。代码的编写与使用是没有规范的，但是框架的约束就做到了整洁性，一个程序员只有写出简单易懂的代码才是一个好的程序员。MVC 框架的优点是耦合性较低、代码的复用性很高、生命周期成本低、可维护性高等；它的缺点也是很明显的，没有明确的定义，一万个人有一万种 MVC 的写法，不适合小型、中型规模的程序，增加了系统结构的复杂性，视图层与控制器之间的联系过于紧密等。

9.3.2　虚拟现实辅助可装配性架构

与传统 CAD 的装配相比，人性化的人机交互也是虚拟装配的重点，即在虚拟环境中，应当通过直接操作零件和自然语言命令完成装配操作。因此在虚拟环境下实现装配，除了需要高效合理的装配约束算法内核，还需要相匹配的人机交互硬件设备和相关技术。

Data Glove 数据手套、OptiTrack 位置跟踪器、Leap Motion 手势捕捉装置、语音识别器、罗技操作手柄、七鑫易维眼球追踪装置等是目前市面上支持虚拟现实输入的主流硬件设备，这些硬件设备都有自己开发的配套软件接口 API，可供二次开发。

目前主流的虚拟现实的输出设备，主要是 Valve 公司和 HTC 合作推出的 HTC Vive 头显和 Facebook 旗下的 Oculus Rift 系列头显，以及微软公司的 HoloLens 集成全息头环。HTC Vive 和 Oculus Rift 通过高精度陀螺仪定位头部位姿，左右两个透镜分别渲染图片，利用双目立体视觉原理，能够给佩戴者提供高沉浸感的体验，而这些输出设备的驱动程序需要使用渲染引擎进行程序开发及调试，常用的渲染引擎有 Unity3D、UnReal4、OSG（Open Scene Graph）等。

采用硬件进行数据输入，硬件本身的性能指标决定了最终所能实现的功能。考虑到实际装配过程中是通过手和工装装配零件，因此应该选择具手势识别功能的设备作为硬件输入并配合手柄模拟工装工具以提高装配的真实性和交互性。目前，应用的手势捕捉装置有三维数据手套和 Leap Motion 手势捕捉装置。其中，三维数据手套配套设备复杂、成本高并且没有较好的二次开发接口，而 Leap Motion 手势捕捉装置价格便宜、可与 HTC Vive 头显设备装配为一体，并且有支持各类开发平台的工具包。本书的输出设备采用 HTC Vive 头显及配套设施，由于 HTC Vive 提供了大量支持 Untiy3D 的源码和资源，因此，本书采用 Unity3D 渲染引擎进行程序的渲染和开发。

图 9-14 为虚拟装配平台数据的流向图，包括人机交互硬件及软件及各组成的功能。

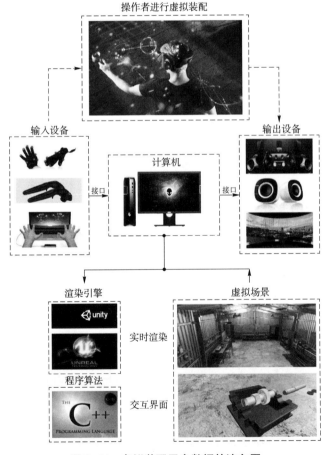

图 9-14　虚拟装配平台数据的流向图

9.4　虚拟现实辅助装配的多层级零件建模

为了满足虚拟环境中对真实装配的动态模拟，零件模型必须和现实环境的模型一致，即零件具有几何、材质、光照等特征，要实现动态装配，动态的约束识别和求解是关键，不仅在虚拟环境中要直观准确地表征零件模型，还要能根据零件相关信息进行识别计算以及物理模拟，因此所需要的数据信息较为丰富，为了满足以上需求，虚拟环境中的零件必须具备几何外形、物理属性、碰撞包围体、装配特征和参数等信息，是多种信息的集合，基于此信息建立面向过程的零件层次结构模型。

9.4.1　零件层次结构模型

零件层次结构模型方便了虚拟环境中零件信息的管理，该模型主要分为零件层和特征层两个层级，各个层级之间通过数据索引来实现信息的关联，如图 9-15 所示。

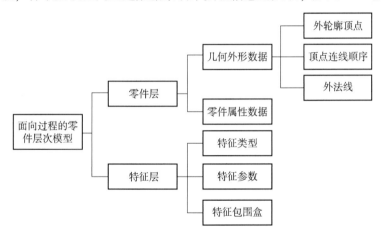

图 9-15　零件层次结构模型

零件层包括几何外形数据和零件属性数据，几何外形数据包括外轮廓顶点、顶点连接顺序和外法线，零件层以零件为基本节点，负责储存和管理零件在维修过程中需要的公共数据，例如自身坐标系 Z 轴方向、与装配基体的装配方向、同个零件各个特征之间用于保持零件特征之间相互位置的定位约束等，管理零件在虚拟环境中的状态［是否视线注视到（Is Shot）等］以及与操作者之间的交互［是否被抓取（IsCatch）、是否被使用工具（IsTool）等］，同时也负责管理零件的外形渲染、外轮廓碰撞的功能，如图 9-16 所示。

特征层以特征为基本节点，每个特征都包含该特征在零件坐标系下的局部坐标、特征碰撞包围体和特征功能管理器。特征功能管理器负责记录特征类型和特征参数，管理对应特征功能，如图 9-17 所示，图示特征类型为 Enable Shoulder 表明为轴肩约束，对应的特征参数 Shoulderparameter，包括轴肩的内径与外径，相应的特征包围盒类型也为 Box Collider。不同的特征类型对应不同类型的特征参数与特征包围盒，例如轴孔约束的特征包围盒则为 Capsule Collider。特征层中特征之间的约束主要有特征的内部约束与特征的外部约束。同个零件上具有轴孔约束、轴肩约束和花键约束等特征，特征的内部约束关系主要是各个特征之间的定位约束，用于保证该零件不同特征之间的相互位置。不同零件特征之间的约束关系主要是特征之间的配合约束关系，不同零件上的约束智能识别完成装配的约束匹配。

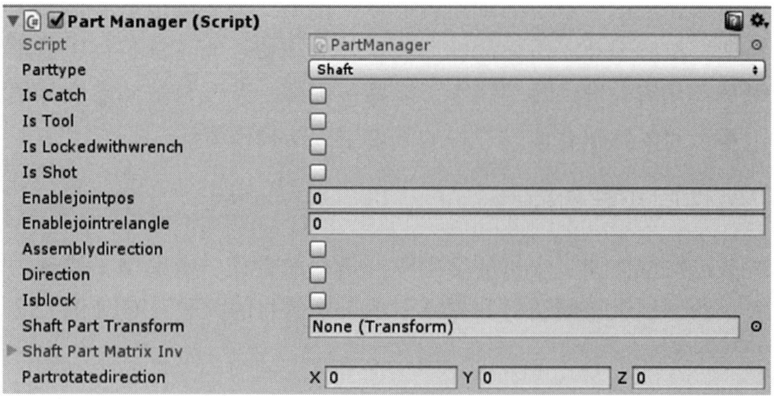

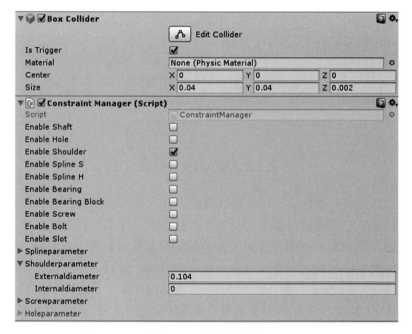

图 9-16　零件层属性

图 9-17　特征层属性

9.4.2　几何外形属性

虚拟装配的零件模型必须包含零件的外形特征，用于在环境中表征。虚拟环境中零件的外形由三角面片构成，包含三角面片各个顶点的位置和连接顺序、材质和纹理数据、贴图数据、零件尺寸单位及缩放比例、坐标系原点位置和朝向，如图 9-18 所示。

三角面片数量过多造成碰撞检测计算次数过多，给计算机造成过多的运算负荷，导致刷新帧率下降；三角面片数量过少则会导致零件的外观失真，因此零件的三角面片数量不能过多，也不能过少，应该在两者之间达到一个显示平衡。建模过程中，需要对场景的整体结构进行合理的安排和组织，同时灵活运用降低系统资源消耗的各种建模技术，提高整个系统的运行效率。

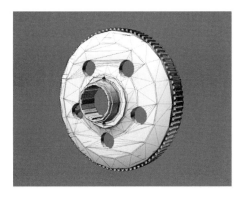

图 9-18　三角面片模型

为保证模型处理精度的同时尽可能降低计算机的运行负荷，满足虚拟交互场景的真实性要求，我们使用了 3DS MAX 和 PiXYZ 两款软件对模型进行预处理。3DS MAX 具有强大的三维渲染和制作功能，利用 3DS MAX 对建立的模型进行处理，对模型中对交互及展示功能影响较小的冗余面片进行删除或简化处理，由此可降低模型导入 Unity3D 之后计算机的处理负担，提高虚拟场景中运行画面的流畅性，图 9-19、图 9-20 为三角面片重构前后的效果图。

图 9-19　三角面片重构前效果图

图 9-20　三角面片重构后效果图

当模型比较复杂且三角面片数量较多时，3DS MAX 打开该模型比较困难，进行轻量化处理也不太现实，PiXYZ 软件对大部分三维软件（Pro/E、CATIA、Inventor、UG 等）具有很好的兼容性，可直接导入三维模型，并尽可能地保持模型的几何外形，对于三角面片数量大的模型轻量化处理具有很好的优势，并且可以将零件模型直接导出为 FBX 格式，为导入虚拟环境实现相应功能提供便利，图 9-21、图 9-22 为 PiXYZ 轻量化处理前后效果图。

9.4.3　物理属性数据

在虚拟环境中，为了使零件尽可能地还原在现实环境下零件的运动规律，且可与其他零件相互作用，零件必须具有物理属性，主要包括：零件的质量 m，沿各个轴的转动惯量 I_x、I_y、I_z，零件质心的位置，平移和转动过程中受到的阻尼力，重力加速度 g

等。使用 Unity3D 中的刚体组件 Rigidbody 为零件赋予物理属性，使零件在几何模型的基础上成为具有物理属性的模型，设置界面如图 9-23 所示。在设置界面中，设置质量参数，为避免虚拟环境交互时零件漂浮，Use Gravity 设置为 True，并将平移与转动阻尼系数设置为 10，模拟环境摩擦力，Constraints 均不勾选，保证零件自由状态下具有6 个自由度。

图 9-21　PiXYZ 轻量化处理前效果图

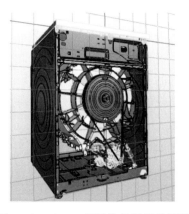

图 9-22　PiXYZ 轻量化处理后效果图

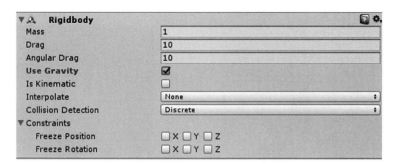

图 9-23　零件物理属性设置界面

9.4.4　几何装配特征数据

为实现具有装配特征智能识别功能的动态装配，需要对零件模型的外部几何特征进行识别、匹配，然后建立约束，基于碰撞检测通过约束算法求解，计算零件之间的相对位置关系。几何特征数据主要由几何特征类型、几何特征位置、几何特征参数数值三个方面组成。针对传动装置对象进行虚拟装配，根据综合传动装置中零件的特点，主要将零件的特征类型划分为以下几种：轴、孔、轴肩、键、槽、齿轮，通过对图 9-17 中的Constraint Manager 脚本中的 Enable 属性的布尔值进行勾选来确定该游戏物体代表的特征类型。综合传动装置中零件多为回转体，特征是沿轴向发生改变的，因此根据距离轴端的轴向距离来确定几何特征的位置，图 9-24 为几何装配特征管理界面，设置有零件编号、零件名称、零件前端面和后端面距零件模型坐标系的距离。

图 9-24　几何装配特征管理界面

在特征类型、特征位置确定后，需要确定特征的参数个数和参数大小，用于区分和匹配特征。轴特征与孔特征的特征参数个数为一个，即直径。齿轮特征的参数为多个，包含了压力角大小、分度圆直径、齿轮模数、变位系数等用于特征匹配计算，如图 9-17所示，该脚本包含了花键参数特征、轴肩参数特征、螺纹参数特征、轴孔参数特征。

9.4.5　碰撞包围盒数据

碰撞包围盒用来描述物体在虚拟空间中的位置和体积，最常见的碰撞包围盒有AABB、BS、OBB 与 FDH 包围盒，由于 AABB、BS 和 OBB 的精度都太低，无法防止零件之间穿透，因而该装配实例采用精度较高且能精确描述零件外形的 FDH 包围盒。

在虚拟装配样例中，包围盒主要有两种，零件层包围盒和特征层包围盒，相对应的主要有以下两个功能。

（1）零件层包围盒主要用于区分零件与零件之间在虚拟环境中的位置关系，防止零件在运动过程中的穿透。

（2）特征层包围盒主要用于判断零件与零件之间的特征是否发生碰撞检测以及特征层是否匹配成功，进而完成虚拟装配。

根据功能的划分，零件应分别在零件层和特征层建立碰撞包围盒，用于做零件穿透判定的零件层包围盒如图 9-25 所示，图 9-26 为根据几何特征建立的零件特征层包围盒，用于特征识别判断。

图 9-25　零件层包围盒

图 9-26　零件特征层包围盒

9.5　基于自由度限制算法约束计算

为便于计算分析，不考虑零件变形，视所有零件为刚体，刚体运动共有 6 个自由度。物体在空间中的位姿改变可以以绕 X、Y、Z 轴的旋转和沿 X、Y、Z 轴的平移 6 个运动的复合来表达，而约束的施加视为这 6 个自由度限制的组合结果，表 9-1 为特征约束对零件的自由度限制。

表 9-1　特征约束对零件的自由度限制

几何约束	参照元素	平移自由度			旋转自由度		
		X	Y	Z	X	Y	Z
轴孔约束	轴孔零件 Z 轴	*	*		*	*	
轴肩约束	接触面	*	*	–	*	*	
键约束（到位前）	键端面键零件 Y、Z 轴				*		
键约束（到位后）	键零件 Z 轴	*	*		*	*	*
齿轮约束（到位前）	齿轮端面齿轮零件 Y、Z 轴				*		
齿轮约束（到位后）	齿轮端面齿轮零件 Y、Z 轴	*	*		*	*	+
固定约束	零件坐标系	*	*	*	*	*	*

注：＊代表双向约束，－代表单向约束，＋代表运动呈比例关系

传动装置中，大多零件都是回转件，因此定义如下基本约束：自由（无约束）、同轴不定向约束（可绕轴线旋转及沿轴线平移）、同轴定向约束（不可绕轴线旋转及可沿轴线平移）、同轴不定向面阻挡约束（可绕轴线旋转，不能沿轴线装配方向平移）、同轴定向面阻挡约束（不可绕轴线旋转及沿轴线装配方向平移）。以上约束中提及的轴线都是指装配基体轴线。

1. 同轴不定向约束

该约束限制零件 4 个自由度，此时零件仅有沿基体轴线移动和绕轴线转动两个自由度，该约束对零件运动状态的限制过程如图 9-27 所示。

该约束具有沿基体轴线移动和绕轴线转动两个自由度，即 $\Delta \boldsymbol{H}_B$ 矩阵只保留沿 Z 轴方向的移动量 T_3 和绕 Z 轴的旋转量 ϕ，则 $\Delta \boldsymbol{H}_B'$ 为

$$\Delta \boldsymbol{H}_B' = \begin{bmatrix} \cos \phi & \sin \phi & 0 & 0 \\ -\sin \phi & \cos \phi & 0 & 0 \\ 0 & 0 & 1 & 0 \\ 0 & 0 & T_3 & 1 \end{bmatrix}$$

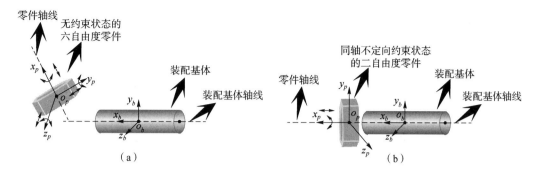

图 9-27 同轴不定向约束作用下零件的运动状态

（a）无约束状态；（b）零件仅可沿基体轴线移动和绕轴线转动

注：图 9-27~图 9-30 中，⟩代表绕轴旋转，↔代表沿轴平移

2. 同轴定向约束

该约束限制零件 5 个自由度，此时零件仅有沿基体轴线移动一个自由度，该约束对零件运动状态的限制过程如图 9-28 所示。

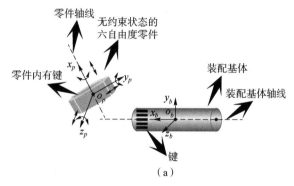

（a）

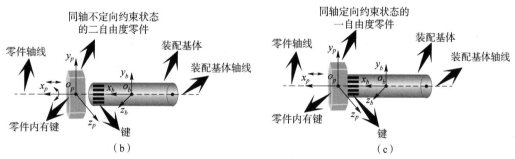

图 9-28 同轴定向约束作用下零件的运动状态

（a）无约束状态；（b）零件仅可沿基体轴线移动和绕轴线转动；（c）零件仅可沿基体轴线移动

该约束只有沿基体轴线移动一个自由度，即 $\Delta \boldsymbol{H}_B$ 矩阵只保留沿 Z 轴方向移动量 T_3，则 $\Delta \boldsymbol{H}'_B$ 为

$$\Delta \boldsymbol{H}'_B = \begin{bmatrix} 1 & 0 & 0 & 0 \\ 0 & 1 & 0 & 0 \\ 0 & 0 & 1 & 0 \\ 0 & 0 & T_3 & 1 \end{bmatrix}$$

3. 同轴不定向面阻挡约束

该约束限制零件 4 个自由度，此时零件有沿基体轴线移动和绕轴线转动两个自由度，但由于受到平面阻挡，零件沿装配方向的移动被限制，该约束对零件运动状态的限制过程如图 9-29 所示。

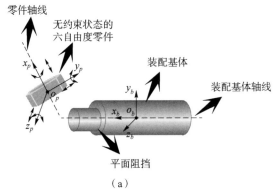

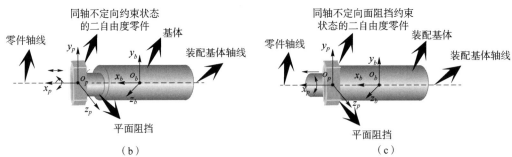

图 9-29 同轴不定向面阻挡约束作用下零件的运动状态

（a）无约束状态；（b）零件仅可沿基体轴线移动和绕轴线转动；

（c）零件仅可沿基体轴线移动（仅可沿一个方向移动）和绕轴线转动

该约束包含绕 Z 轴旋转和沿 Z 轴移动两个自由度，但沿 Z 轴的平移 T_3 受到方向限制。实际装配中，当零件沿轴向装配时，如果受平面阻挡 $T_3 = 0$，那么只能沿装配的反方向移动。此时，沿装配方向，$\Delta \boldsymbol{H}_B$ 矩阵只保留绕 Z 轴的旋转量 ϕ，则 $\Delta \boldsymbol{H}'_B$ 为

$$\Delta \boldsymbol{H}'_B = \begin{bmatrix} \cos\phi & \sin\phi & 0 & 0 \\ -\sin\phi & \cos\phi & 0 & 0 \\ 0 & 0 & 1 & 0 \\ 0 & 0 & 0 & 1 \end{bmatrix}$$

$T_3 < 0$ 时，为零件装配的反方向，$\Delta \boldsymbol{H}_B$ 矩阵保留沿 Z 轴的移动量 T_3 和绕 Z 轴的旋转量 ϕ，则 $\Delta \boldsymbol{H}'_B$ 为

$$\Delta H'_B = \begin{bmatrix} \cos\phi & \sin\phi & 0 & 0 \\ -\sin\phi & \cos\phi & 0 & 0 \\ 0 & 0 & 1 & 0 \\ 0 & 0 & T_3 & 1 \end{bmatrix}$$

4. 同轴定向面阻挡约束

该约束限制零件 5 个自由度，此时零件仅有沿基体轴线移动一个自由度，但由于受到平面阻挡，零件沿装配方向的移动被限制，该约束对零件运动状态的限制过程如图 9-30 所示。

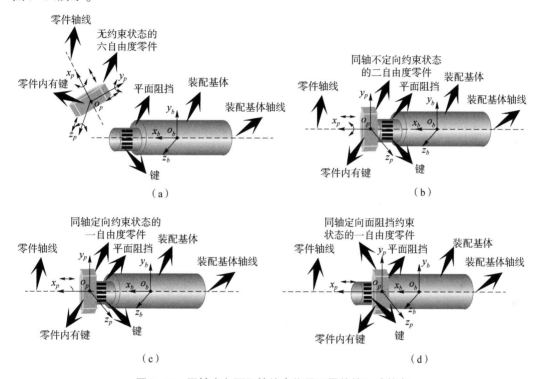

图 9-30   同轴定向面阻挡约束作用下零件的运动状态

（a）无约束状态；（b）零件仅可沿基体轴线移动和绕轴线转动；（c）零件仅可沿基体轴线移动；
（d）零件仅可沿基体轴线一个方向移动

该约束有沿 Z 轴移动一个自由度，但沿 Z 轴的平移受到方向限制，若 $T_3 > 0$，沿装配方向，ΔH_B 矩阵中只保留绕 Z 轴的旋转量 ϕ，则 $\Delta H'_B$ 为

$$\Delta H'_B = \begin{bmatrix} 1 & 0 & 0 & 0 \\ 0 & 1 & 0 & 0 \\ 0 & 0 & 1 & 0 \\ 0 & 0 & 0 & 1 \end{bmatrix}$$

$T_3 < 0$ 时，沿零件装配反方向，ΔH_B 矩阵保留沿 Z 轴方向移动量 T_3 和绕 Z 轴的旋转量 ϕ，则 $\Delta H'_B$ 为

$$\Delta \boldsymbol{H}'_B = \begin{bmatrix} 1 & 0 & 0 & 0 \\ 0 & 1 & 0 & 0 \\ 0 & 0 & 1 & 0 \\ 0 & 0 & T_3 & 1 \end{bmatrix}$$

将 $\Delta \boldsymbol{H}'_B$ 变换回世界坐标系中得到修正后的 $\Delta \boldsymbol{H}' = \Delta \boldsymbol{H}'_B \cdot \boldsymbol{B}$。

以上即为零件受到相对于装配基体的 4 个基本约束时，约束矩阵的处理算法及运动表达。

9.6　虚拟现实辅助装配的人机交互操作

在虚拟装配中，零件被安装在正确的位置，逼真地体现出装配过程，需要研究零部件的整个装配过程。其中装配配合关系是装配过程中连接各零部件之间的纽带，装配时要使用与装配配合关系对应的装配操作。常见的装配配合关系及其对应的装配操作如表 9-2 所示。

表 9-2　常见的装配配合关系及其对应的装配操作

装配配合关系	装配操作			
	对齐	贴合	旋转	插入
轴孔配合	●	○	○	●
键配合	●	○	○	●
螺纹配合	●	○	●	●
止口配合	●	○	○	●
齿配合	○	●	●	○
销孔配合	●	○	○	●

注：●代表该装配配合关系有该装配操作，○代表该装配配合关系没有该装配操作

9.6.1　虚拟手无标记交互操作

工人在现实生活中是通过单、双手或使用工具操作零件进行装配的。通过分析装配过程中人手拾取零件的功能需求，建立适应虚拟装配的手势分类，主要分为徒手装配和使用工具装配，徒手装配又分为单手和双手。本章装配实例中单手手势主要有捏手势、握手势和抓手势，双手手势为搬手势。在整个装配过程中，人的手部运动可被系统识别，使其可以逼真地拾取零件，完成复杂的拆装动作，提升交互直观性，有效增强沉浸感。基于接触碰撞的虚拟手手势原理图如图 9-31 所示。

该实例中质量小、轴向尺寸小、外径较小的零件，如挡圈、螺钉、螺母、垫片、隔环等零件，装配人员可采用捏手势和抓手势进行拾取。图 9-32、图 9-33 所示为挡圈零件的拾取。

对于质量较大、轴向尺寸较小且外径不大的零件，如轴承，装配人员可采用抓手势和握手势进行拾取，如图 9-34、图 9-35 所示。

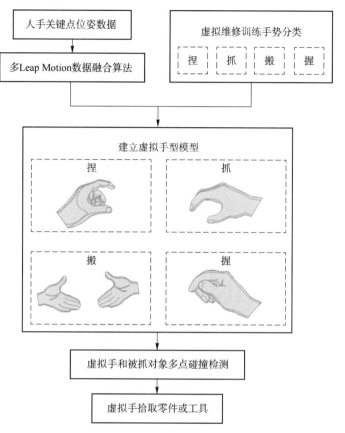

图 9-31　基于接触碰撞的虚拟手手势原理图

图 9-32　虚拟手捏手势拾取挡圈零件

图 9-33　虚拟手抓手势拾取挡圈零件

图 9-34　虚拟手抓手势拾取轴承

图 9-35　虚拟手握手势拾取轴承

被动齿轮等零件质量较大，装配人员可采用握手势或双手搬手势进行拾取，如图 9-36、图 9-37 所示。

图 9-36　虚拟手握手势拾取被动齿轮　　　　图 9-37　虚拟手双手搬手势拾取被动齿轮

对于质量更大且外径较大的零件，如离合器被动齿轮，装配人员采用双手搬手势进行拾取，如图 9-38 所示。

图 9-38　虚拟手双手搬手势拾取离合器被动齿轮

对于轴类零件以及带有手柄的工具如扳手，虚拟手使用手指与手掌协同操作的握手势拾取，如图 9-39 所示。

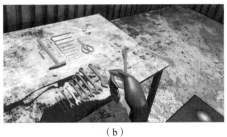

（a）　　　　　　　　　　　　　　（b）

图 9-39　虚拟手握手势拾取零件或工具

（a）虚拟手成功抓握传动轴；（b）虚拟手成功抓握扳手

9.6.2　虚拟环境下实时信息显示界面

在虚拟环境中进行装配时，场景中存在许多零件，这些零件功能近似、尺寸接近，仅靠外形难以进行区分，即便在实际装配中也需要对零件号进行匹配确认后再进行装配，同时有些零件在装配时需要快速地了解装配过程的注意事项，因而在虚拟环境中需要有一个在装配过程中能够显示被拾取零件信息的机制。此外，在虚拟环境中进行装配，如装配错误、零件不匹配、参数不匹配、特征不匹配等都无法通过直观的感觉体现，因此需要提供一个能够进行信息提示的功能界面。

在该装配实例中，操作者佩戴着头盔进行操作，操作过程中头盔所处的位置和视角也会不断发生变化，采用 HUD（抬头显示）技术将装配相关信息投射在眼前，可以实现装配过程中信息资讯实时显示，图 9-40 为 HUD 交互面板信息显示效果图。利用 Unity3D 中的射线检测技术，当射线检测成功时，零件的相关信息便能够在眼前显示出来，当装配失败或者零件参数不匹配时会有相关提示信息显示。

图 9-40　HUD 交互面板信息显示效果图

9.7　某传动装置装配实例

前面章节主要介绍了虚拟现实软件开发的基本架构，面向装配过程的多层级零件建模、面向装配过程的多层级动态约束与虚拟现实环境下的人机交互。本节针对某综合传动装置进行装配分析，以验证理论的可行性和虚拟环境下装配平台功能。同时，针对虚拟装配中出现的零件参数不匹配、装配顺序不合理等情况进行装配实例分析，验证了平台的装配辅助功能。

综合传动装置结构复杂，该实例选取其中一根典型传动轴总成进行装配。针对待装配对象的组成进行简要介绍。将装配过程中主要零件的名称和对应序号列入表 9-3 中，并在图 9-41 中给出了二维图（部分非关键零件及作为整体参与装配的组件内部零件未进行标注）。

表 9-3　三轴零件表

零件序号	零件名称	零件序号	零件名称
1	中间轴承座	8	滚针轴承座
2	中间轴承	9	齿圈总成
3	辅助配油套	10	轴端轴承
4	隔环	11	滚针隔环
5	被动齿轮	12	配油轴套
6	离合器总成	13	配油套
7	离合器被动齿轮		

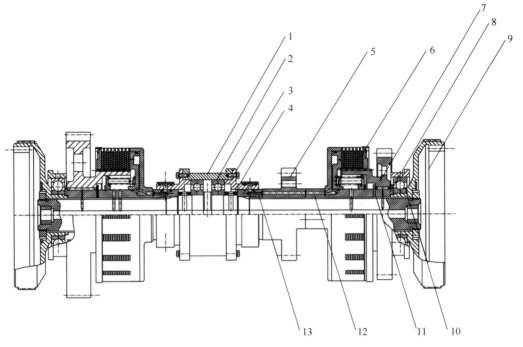

图 9-41 待装配轴系二维图

9.7.1 虚拟装配的虚拟环境搭建

本实例采用 Unity3D 渲染引擎搭建三维虚拟场景，场景由零件放置区、工具放置区、操作控制台、装配工作区与交互式电子手册组成，虚拟装配环境概念图如图 9-42 所示。在虚拟环境中通过 Unity3D 的渲染引擎渲染出的虚拟装配环境场景图如图 9-43 所示，其中左侧为待装配零件放置区和工具放置区，正前方屏幕为可交互式电子手册窗口，用于显示视频和文字信息，正中央区域为装配工作区，在此空间内完成装配的零件将会被记录。

除了需要装配人员操作的零部件、装配工具、交互式电子手册等，还需要外部虚拟环境的构建，增强装配人员的沉浸感，使人有一种身临其境的感觉，外部虚拟环境如图 9-44 所示。

场景中所有零件都是可以用于拾取并装配的独立对象，为便于操作，取消了零件的重力作用。电子手册采用虚拟交互面板远程控制，使用者可以用与自身同步的虚拟手进行操作，如图 9-45 所示，虚拟环境下操作面板可以用虚拟手进行交互操作，远程控制电子手册进行图片切换及视频播放。

9.7.2 虚拟环境下传动轴的动态装配过程

针对某综合传动装置的三轴总成进行装配模拟，由于装配流程较为复杂，为便于表达，保留了主要步骤，划分为七步。装配特征是由几何特征决定，为便于观察装配零件过程的细节，隐藏了部分紧固件。

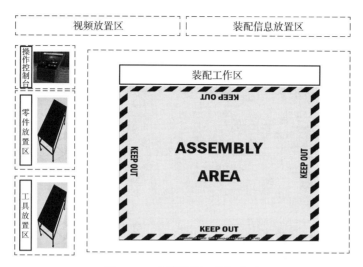

图 9-42　虚拟装配环境概念图

图 9-43　虚拟装配环境场景图

图 9-44　外部虚拟环境

图 9-45　虚拟环境中电子手册交互

（1）将传动轴竖立，安装中间轴承。如图9-46所示，图9-46(a)中将传动轴放置在水平面上，图9-46(b)中将轴承安装在轴上。轴承与轴约束匹配成功后只能沿轴线移动，在图9-46(c)中当被轴肩阻挡无法继续向下运动时，表示轴承装配成功。

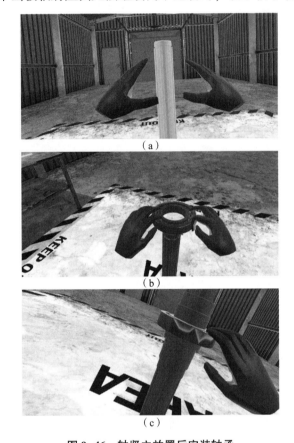

图9-46　轴竖立放置后安装轴承

(a) 放置传动轴；(b) 安装轴承；(c) 轴承装配成功

（2）反转轴安装另一侧轴承、安装轴承座、辅助配油套，如图9-47所示。进行该安装步骤时需要将辅助配油套和轴承座上螺栓孔对齐，图9-47(c)、(d)体现了辅助配油套周向角度的调整过程。

（3）安装隔环、配油套。如图9-48所示，第一步，在辅助配油套内，轴承外侧，安装隔环。第二步，调整配油套周向角度，使配油套的内花键和轴的外花键匹配。第三步，沿轴移动配油套，直至与隔环发生接触，完成装配。

（4）安装被动齿轮及配油轴套。本步安装需要进行被动齿轮内花键与轴上外花键匹配。此外传动轴上油孔开在键槽内，且油孔是间隔开的，因此在这一步安装中，还需要注意将齿轮内花键上油孔与轴上具有油孔的外花键对齐，如图9-49中的标记框处。齿轮模型在该特征处设置了角度参数进行匹配，拥有油孔的键槽与齿轮拥有油孔的键不匹配时，约束条件不满足，齿轮将无法进行安装。

（5）安装离合器总成、滚针轴承隔环，如图9-50所示。

图 9-47　安装轴承座及辅助配油套

（a）初始状态；（b）轴承座装配；（c）辅助配油套装配；（d）装配完成

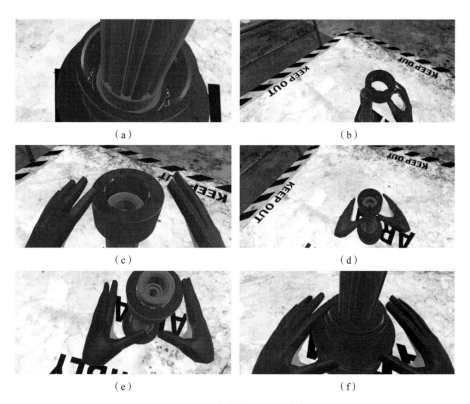

图 9-48　安装隔环及配油套

（a）隔环装配；（b）拾取配油套；（c）调整配油套位置；
（d）配油套花键和轴花键对齐；（e）配油套沿轴向移动；（f）装配完成

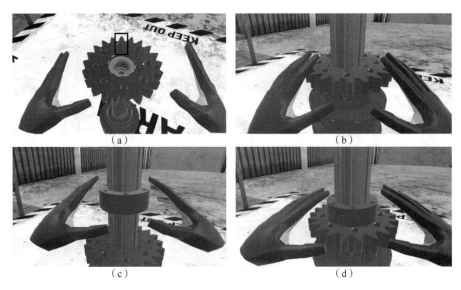

图 9-49　安装被动齿轮及配油轴套

（a）被动齿轮装配；（b）被动齿轮装配到位；（c）配油套装配；（d）配油套完成装配

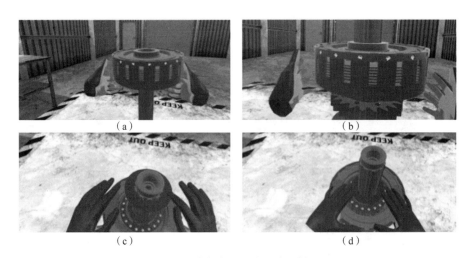

图 9-50　安装离合器总成、滚针轴承隔环

（a）离合器总成内花键对齐；（b）离合器总成完成装配；（c）滚针轴承配环装配；（d）装配完成

（6）安装离合器被动齿轮、齿圈。离合器被动齿轮需要与离合器摩擦片内齿啮合后才能完成装配，图 9-51 中第一步和第二步为调整被动齿轮角度，被动齿轮安装完成后安装滚针轴承，接着安装齿圈（轴端轴承已安装在齿圈内），需要注意齿圈与轴的键槽角度匹配。

（7）安装锁紧螺母、传动轴倒立以相同步骤进行另一侧零件装配完成安装。锁紧螺母在汇流排齿圈内，没有空间放置扳手进行螺母拧紧，本书在虚拟环境下构建了一个工装模型，如图 9-52（a）所示，以满足安装空间工具可达性要求，定制了一个锁紧螺母的装配约束，当螺母与轴上螺纹发生匹配后，仅能在工装与螺母匹配后才能旋进。

图 9-51　安装被动齿轮、滚针轴承及齿圈

（a）调整被动齿轮；（b）被动齿轮装配；（c）滚针轴承装配；（d）齿圈装配

图 9-52　安装锁紧螺母、翻转轴端完成最终装配

（a）拾取锁紧螺母；（b）装配锁紧螺母；（c）拧紧锁紧螺母；

（d）翻转传动轴；（e）装配另一侧零件；（f）装配完成

　　至此，该轴系的一侧已完全安装完毕，只需翻转轴，从另一侧再进行安装，装配过程中只有离合器和齿轮零件不同，流程基本一致，故将这一侧过程略过，直接给出最终装配结果。

将以上虚拟装配达到的装配效果与某综合传动三轴的实际装配进行对比，我们可以发现该虚拟装配实例可以较好地模拟实际装配过程，且面向过程的装配流程可操作性更强，装配体验、沉浸感更好。

9.7.3 信息反馈辅助装配机制

操作者在刚刚接触虚拟装配时，对于场景中的设备、零件和装配操作流程不熟悉，导致不必要的操作失误，例如装配错误以及参数不匹配等情况。操作者佩戴虚拟现实头戴式显示器进行虚拟装配时，他的视野范围仅为 HMD 系统所显示的三维虚拟场景，无法从外界真实环境中获得信息反馈与指导，因此必须基于 HUD 头显与交互式电子手册实现对装配指导信息的反馈，以下将用两个例子对信息反馈辅助装配机制进行验证。

1. 基于手势识别多模型电子手册的指导

为了使操作者可以通过直观性交互控制电子手册，基于虚拟手手势识别开发了交互式操作面板。当操作者需要阅读电子手册时，翻转左手至手掌面向自己便可调出电子手册，电子手册的按钮主要分为四大部分，左右两个按钮分别为前进和后退按钮，上方按钮为场景重置按钮，当装配过程中出现问题时，可按下此按钮返回最初的装配状态，下方按钮可自行开发其他功能。

图 9-53 为按照操作教学图装配配油套，可知在虚拟环境下操作与实际操作保持了一致，效果显著。

图 9-53　按照操作教学图装配配油套

图 9-54 为电子手册交互操作的截图，可以看到当手掌面朝操作者时，在虚拟环境中会调出一个交互式操作面板，可以用虚拟手对面板上的按钮进行操作从而控制电子手册屏幕。

2. 基于视线碰撞信息显示的指导

在虚拟环境中进行装配时，所拾取的零件参数或者相对位置可能会发生不匹配的现象，该实例中的动态装配系统可以检测到这种错误，并阻止零件进行下一步装配。以装配轴承座时轴承选择错误为例说明零件检测功能。

在本轴系配中，共有两种球轴承零件，如图 9-55 所示，分别为轴端轴承和中间轴承，这两种轴承的轴径分别为 135 mm 和 125 mm，外形接近，在进行装配时可能会做出错误选择。

图 9-54　电子手册交互操作的截图

图 9-55　轴端轴承和中间轴承

在进行中间轴承座装配时，需要先在轴中部的轴肩两侧安装两个中间轴承，如选择 135 mm 轴端轴承，轴承座是无法装配的，为检验此过程，在轴中一端安装 125 mm 轴承，另一端安装 135 mm 轴承，安装图如图 9-56 所示。

图 9-56　两种轴承安装图

接下来进行轴承座的安装，由图 9-57 所示可知，左侧中间轴承可以穿过轴承座，轴承座右端面抵达右侧轴承左端面。

（a） （b）

图 9-57 中间轴承座装配（一）

（a）轴左端装配中间轴承座；（b）中间轴承座被右侧轴承阻挡

此时若继续安装，由于轴承座右侧特征层存储的内孔参数小于右端轴承的外径参数，参数不匹配，轴承阻挡了轴承座进一步向右移动。若继续用手推动轴承座，由于已经到达极限位置，系统将在 HUD 显示界面给出错误提示，如图 9-58 所示。

图 9-58 轴承和轴承座尺寸不匹配错误提示

接下来将右侧轴承替换为正确尺寸的中间轴承继续进行安装，操作过程如图 9-59 所示。

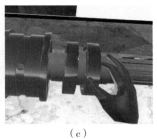

（a） （b） （c）

图 9-59 错误轴承替换为正确轴承

（a）装配初始状态；（b）拆卸右侧轴承；（c）装配正角轴承

轴承替换完成后，中间轴肩两端都是直径尺寸为 125 mm 的球轴承，此时再进行轴承座安装，轴承座与轴承外形特征尺寸匹配，装配可以继续。结果如图 9-60 所示。

（a）　　　　　　　　　　　　（b）

图 9-60　中间轴承座装配（二）

（a）轴承座内孔和轴承外径区配；（b）中间轴承座装配成功

以上轴承座安装失败和成功实例能够说明动态装配平台下的零件装配能够匹配零件几何外形特征尺寸，进一步识别约束关系，并对错误安装给出信息提示。

第 10 章　3D 数学基础及欧拉角计算

3D 数学是研究空间几何的学科，广泛应用在使用计算机来模拟 3D 世界的领域，如虚拟现实、图形学、游戏、仿真、机器人技术和动画等。向量是 3D 数学研究的标准工具。本章重点介绍了 3D 几何变换、三维观察与投影变换，最后介绍了装配约束求解中的欧拉角计算方法。

10.1　3D 向量运算

1. 向量的数学定义

向量就是一个数字列表，对于程序员来说一个向量就是一个数组。向量的维度就是向量包含的"数"的数目，向量可以有任意正数维，标量可以被认为是一维向量。书写向量时，用方括号将一列数括起来，如 [1,2,3]。水平书写的向量称为行向量，垂直书写的向量称为列向量。

2. 向量的几何意义

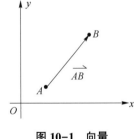

图 10-1　向量

从几何意义上说，向量是有大小和方向的线段。向量的大小就是向量的长度（模），向量有非负的长度。向量的方向描述了空间中向量的指向。向量定义的两大要素——大小和方向，有时候需要引用向量的头和尾，如图 10-1 所示，箭头是向量的末端，箭尾是向量的开始。向量中的数表达了向量在每个维度上的有向位移，如 3D 向量列出的是沿 x 坐标方向、y 坐标方向和 z 坐标方向的位移。

3. 向量与点的关系

"点"有位置，但没有实际的大小或厚度，"向量"有大小和方向，但没有位置。所以使用"点"和"向量"的目的完全不同。"点"描述位置，"向量"描述位移。任意一点都能用从原点开始的向量来表达。

4. 零向量与负向量

零向量非常特殊，因为它是唯一大小为零的向量。对于其他任意数 m，存在无数多个大小（模）为 m 的向量，它们构成一个圆。零向量也是唯一一个没有方向的向量。负运算符也能应用到向量上。每个向量 v 都有一个加性逆元 $-v$，它的维数和 v 一样，满足 $v+(-v)=0$。要得到任意维向量的负向量，只需要简单地将向量的每个分量都变负即可。

几何解释：向量变负，将得到一个和向量大小相等、方向相反的向量。

5. 向量大小（长度或模）

在线性代数中，向量的大小用向量两边加双竖线表示，3D 向量 **V** 的大小就是向量各分量平方和的平方根，如式（10-1）：

$$\| V \| = \sqrt{x^2 + y^2 + z^2} \tag{10-1}$$

6. 标量与向量的乘法

虽然标量与向量不能相加，但它们可以相乘，结果将得到一个向量，其与原向量平行，但长度不同或者方向相反。标量与向量的乘法非常直接，将向量的每个分量都与标量相乘即可。如 $k[x, y, z] = [kx, ky, kz]$。向量也能除以非零标量，效果等同于乘以标量的倒数如 $[x, y, z]/k = [x/k, y/k, z/k]$。标量与向量相乘时，不需要写乘号，将两个量挨着写即表示相乘。标量与向量的乘法和除法优先级高于加法和减法。标量不能除以向量，并且向量不能除以另一个向量。

负向量能被认为是乘法的特殊情况，即乘以标量 -1。

几何解释：向量乘以标量 k 的效果是以因子 $|k|$ 缩放向量的长度，如为了使向量的长度加倍，应使向量乘以 2。如果 $k < 0$，则向量的方向被倒转。

7. 标准化向量

对于许多向量，我们只关心向量的方向而不在乎向量的大小，如"我面向的是什么方向？"，在这样的情况下，使用单位向量非常方便，单位向量就是大小为 1 的向量，单位向量经常被称为标准化向量或者法线。对于任意非零向量 **V**，都能计算出一个和 **V** 方向相同的单位向量 **k**，这个过程被称作向量的"标准化"。要标准化向量，将向量除以它的大小（模）即可，如式（10-2）：

$$k = V / \| V \| , V \neq 0 \tag{10-2}$$

数学上不允许零向量被标准化，因为将导致除以零，零向量没有方向，这在几何上没有意义。

几何解释：在 3D 环境中，如果以原点为尾画一个单位向量，那么向量的头将接触到球心在原点的单位球。

8. 向量的加法和减法

两个向量的维数相同，那么它们能相加或者相减，结果向量的维数与原向量相同。向量加减法的记法和标量加减法的记法相同。减法解释为加负向量，向量不能与标量或维数不同的向量相加减。和标量加法一样，向量加法满足交换律，但向量减法不满足交换律。几何解释如图 10-2 所示，向量 **a** 和向量 **b** 相加的几何解释为：平移向量，使向量 **a** 的头连接向量 **b** 的尾，接着从 **a** 的尾向 **b** 的头画一个向量。这就是向量加法的"三角形法则"。

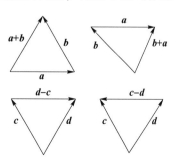

图 10-2　向量加减法示意图

计算一个点到另一个点的位移是一种非常普遍的需求，可以使用三角形法则和向量减法来解决这个问题，如图 10-2 中的 (**c-d**) 为 **c** 到 **d** 的位移向量。

9. 距离公式

距离公式用来计算两点之间的距离。从上面可以得知两点间的位移向量可以通过向量减法得到，既然得到了两点间的位移向量，那么求出位移向量的模，就能计算出两点间的位移距离 (a,b)：

$$\| b-a \| = \sqrt{(b_x-a_x)^2+(b_y-a_y)^2+(b_z-a_z)^2} \qquad (10-3)$$

10. 向量点乘

标量和向量可以相乘，向量和向量也可以相乘。有两种不同类型的乘法，即点乘和叉乘。点乘的记法为 $a \cdot b$。与标量和向量的乘法一样，向量点乘的优先级高于加法和减法。标量乘法和标量与向量的乘法可以省略乘号，但在向量点乘中不能省略点乘号。向量点乘就是对应分量乘积的和，其结果是一个标量。

$$[x,y,z] \cdot [a,b,c]=ax+by+cz \qquad (10-4)$$

几何解释：一般来说，点乘结果描述了两个向量的"相似"程度，点乘结果越大，两个向量越相近，点乘和向量间的夹角相关，计算两向量间的夹角 $\theta=\arccos(a \cdot b)$。

11. 向量投影

给定两个向量 v 和 n，能够将 v 分解成两个分量，它们分别垂直和平行于向量 n，并且满足两分向量相加等于向量 v，一般称平行分量为 v 在向量 n 上的投影。

$$平行分量=n(v \cdot n)/\| n \|^2$$

$$垂直分量=\| v \| -n(v \cdot n)/\| n \|^2$$

12. 向量叉乘

向量叉乘得到一个向量，并且不满足交换律。它满足交换律 $a×b=-(b×a)$。

叉乘公式表述如式（10-5）：

$$[x,y,z]×[a,b,c]=[yc-zb,za-xc,xb-ya] \qquad (10-5)$$

当点乘和叉乘在一起时，优先计算叉乘，$a \cdot b×c=a \cdot (b×c)$。因为点乘返回一个标量，并且标量和向量间不能叉乘。

几何解释：叉乘得到的向量垂直于原来的两个向量。$a×b$ 的长度等于向量的大小与向量夹角的正弦值的积，$\| a×b \| = \| a \| \| b \| \sin \theta$。$\| a×b \|$ 也等于以 a 和 b 为两边的平行四边形的面积。叉乘最重要的应用就是创建垂直于平面、三角形、多边形的向量。

10.2　矩阵运算规则

1. 矩阵的定义

一般而言，所谓矩阵就是由一组数的全体，在括号"[ ]"内排列成 m 行 n 列（横的称行，纵的称列）的一个数表，并称它为 $m×n$ 矩阵。

矩阵通常是用大写字母 A、B、…来表示。例如一个 m 行 n 列的矩阵可以简记为 $A=(a_{ij})$，或 $\underset{m×n}{A}=(a_{ij})_{m×n}$。即

$$A_{m \times n} = \left(a_{ij} \right)_{m \times n} = \begin{bmatrix} a_{11} & a_{12} & \cdots & a_{1n} \\ a_{21} & a_{22} & \cdots & a_{2n} \\ \vdots & \vdots & \ddots & \vdots \\ a_{m1} & a_{m2} & \cdots & a_{mn} \end{bmatrix} \qquad (10\text{-}6)$$

我们称式（10-6）中的 a_{ij} 为矩阵 A 的元素，a 的第一个注脚字母 $i(i=1,2,\cdots,m)$ 表示矩阵的行数，第二个注脚字母 $j(j=1,2,\cdots,n)$ 表示矩阵的列数。

当 $m=n$ 时，则称 $A=(a_{ij})$ 为 n 阶方阵，并用 $(a_{ij})_{nm}$ 表示。当矩阵 A 的元素（a_{ij}）仅有一行或一列时，则称它为行矩阵或列矩阵。设两个矩阵，有相同的行数和相同的列数，而且它们的对应元素一一相等，即 $a_{ij}=b_{ij}$，则称该两矩阵相等，记为 $A=B$。

2. 三角形矩阵

以 $i=j$ 的元素组成的对角线为主对角线，构成这个主对角线的元素称为主对角线元素。如果在方阵中主对角线一侧的元素全为零，而另外一侧的元素不为零或不全为零，则该矩阵叫作三角形矩阵。例如，以下矩阵都是三角形矩阵。

$$\begin{bmatrix} a_{11} & a_{12} & a_{13} \\ 0 & a_{22} & a_{23} \\ 0 & 0 & a_{33} \end{bmatrix} \begin{bmatrix} b_{11} & 0 & 0 \\ b_{21} & b_{22} & 0 \\ b_{31} & b_{32} & b_{33} \end{bmatrix} \begin{bmatrix} -5 & +1 & +2 \\ 0 & +1 & +3 \\ 0 & 0 & +3 \end{bmatrix} \begin{bmatrix} +2 & 0 \\ +3 & +1 \end{bmatrix}$$

3. 单位矩阵与零矩阵

在方阵中，如果只有 $i=j$ 的元素不等于零，而其他元素全为零，如

$$\begin{bmatrix} a_{11} & 0 & \cdots & 0 \\ 0 & a_{22} & \cdots & 0 \\ \vdots & \vdots & \ddots & \vdots \\ 0 & 0 & \cdots & a_{mn} \end{bmatrix}$$

则称为对角矩阵，可记为 $A=\mathrm{diag}\,(a_{11},\ a_{22},\ \cdots,\ a_{mn})$。如果在对角矩阵中所有的主对

角线元素都相等且均为 1，如 $\begin{bmatrix} 1 & 0 & \cdots & 0 \\ 0 & 1 & \cdots & 0 \\ \vdots & \vdots & \ddots & \vdots \\ 0 & 0 & \cdots & 1 \end{bmatrix}$，则称为单位矩阵。单位矩阵常用 E 来

表示，即

$$E = \begin{bmatrix} 1 & 0 & \cdots & 0 \\ 0 & 1 & \cdots & 0 \\ \vdots & \vdots & \ddots & \vdots \\ 0 & 0 & \cdots & 1 \end{bmatrix}$$

当矩阵中所有的元素都等于零时，叫作零矩阵，并用符号 "O" 来表示。

4. 矩阵的加法

矩阵 $A = (a_{ij})_{m \times n}$ 和矩阵 $B = (b_{ij})_{m \times n}$ 相加时，必须要有相同的行数和列数。如以 $C = (c_{ij})_{m \times n}$ 表示矩阵 A 及矩阵 B 的和，则有

$$A+B=C\begin{bmatrix} c_{11} & c_{12} & \cdots & c_{1n} \\ c_{21} & a_{22} & \cdots & c_{2n} \\ \vdots & \vdots & \ddots & \vdots \\ c_{m1} & c_{m2} & \cdots & c_{mn} \end{bmatrix}$$

式中，$c_{ij}=a_{ij}+b_{ij}$。即矩阵 C 的元素等于矩阵 A 和矩阵 B 的对应元素之和。由上述定义可知，矩阵的加法具有下列性质（设 A、B、C 都是 $m×n$ 矩阵）。

（1）交换律：$A+B=B+A$。

（2）结合律：$(A+B)+C=A+(B+C)$。

5. 数与矩阵的乘法

我们定义用 k 右乘矩阵 A 或左乘矩阵 A，其积均等于矩阵 $A=(a_{ij})_{m×n}$ 中的所有元素都乘上 k 之后所得的矩阵。如

$$kA=Ak=\begin{bmatrix} ka_{11} & ka_{12} & \cdots & ka_{1n} \\ ka_{21} & ka_{22} & \cdots & ka_{2n} \\ \vdots & \vdots & \ddots & \vdots \\ ka_{m1} & ka_{m2} & \cdots & ka_{mn} \end{bmatrix}$$

由上述定义可知，数与矩阵相乘具有下列性质（设都是 $m×n$ 矩阵，k、h 为任意常数）：

$$k(A+B)=kA+kB$$
$$(k+h)A=kA+hA$$
$$k(hA)=khA$$

6. 矩阵的乘法

若矩阵 $\underset{m×n}{A}$ 乘矩阵 $\underset{m×n}{B}$，则只有在前者的列数等于后者的行数时才有意义。矩阵 $\underset{m×n}{C}$ 的元素 C_{ij} 的计算方法定义为第一个矩阵第 i 行的元素与第二个矩阵第 j 列元素对应乘积的和。若

$$\underset{m×n}{A}\cdot\underset{m×n}{B}=\underset{m×n}{C}$$

则矩阵 $\underset{m×n}{C}$ 的元素由定义知其计算公式为

$$C_{ij}=a_{i1}\cdot b_{1j}+a_{i2}\cdot b_{2j}+\cdots+a_{ij}\cdot b_{ij}=\sum_{r=1}^{i}(a_{ir}\cdot b_{rj}) \tag{10-7}$$

【例 10-1】 设有两矩阵为：$\underset{2×2}{A}=\begin{bmatrix} a_{11} & a_{12} \\ a_{21} & a_{22} \end{bmatrix}$，$\underset{2×3}{B}=\begin{bmatrix} b_{11} & b_{12} & b_{13} \\ b_{21} & b_{22} & b_{23} \end{bmatrix}$，试求该两矩阵的积。

【解】 由于 A 矩阵的列数等于 B 矩阵的行数，故可乘，其结果设为 C：

$$\underset{2×3}{C}=\begin{bmatrix} C_{11} & C_{12} & C_{13} \\ C_{21} & C_{22} & C_{23} \end{bmatrix}$$

其中

$$C_{11}=a_{11}b_{11}+a_{12}b_{21} \quad C_{12}=a_{11}b_{12}+a_{12}b_{22} \quad C_{13}=a_{11}b_{13}+a_{12}b_{23}$$
$$C_{21}=a_{21}b_{11}+a_{22}b_{21} \quad C_{22}=a_{21}b_{12}+a_{22}b_{22} \quad C_{23}=a_{21}b_{13}+a_{22}b_{23}$$

【例 10-2】已知：$A=\begin{bmatrix}1&1&0\\3&2&1\end{bmatrix}$，$B=\begin{bmatrix}0&3&1\\1&0&-1\\-2&2&1\end{bmatrix}$，试求该两矩阵的积。

【解】计算结果如下：

$$\underset{2\times3}{A}\cdot\underset{3\times3}{B}=\underset{2\times3}{C}=\begin{bmatrix}1&1&0\\3&2&1\end{bmatrix}\begin{bmatrix}0&3&1\\1&0&-1\\-2&2&1\end{bmatrix}=\begin{bmatrix}1&3&0\\0&11&2\end{bmatrix}$$

矩阵的乘法具有下列性质。

（1）通常矩阵的乘积是不可交换的。

（2）矩阵的乘法是可结合的。

（3）设 A 是 $m\times n$ 矩阵，B、C 是两个 $n\times t$ 矩阵，则有：$A(B+C)=AB+AC$。

（4）设 A 是 $m\times n$ 矩阵，B 是 $n\times t$ 矩阵。则对任意常数 k 有：$k(AB)=(kA)B=A(kB)$。

【例 10-3】用矩阵表示的某一组方程为

$$\underset{n\times1}{V}=\underset{n\times t}{A}\underset{t\times1}{X}+\underset{n\times1}{L} \tag{10-8}$$

式中

$$\underset{n\times1}{V}=\begin{bmatrix}V_1\\V_2\\\vdots\\V_n\end{bmatrix} \underset{n\times t}{A}=\begin{bmatrix}a_1&b_1&\cdots&t_1\\a_2&b_2&\cdots&t_2\\\vdots&\vdots&\ddots&\vdots\\a_n&b_n&\cdots&t_n\end{bmatrix} \underset{t\times1}{X}=\begin{bmatrix}x_1\\x_2\\\vdots\\x_t\end{bmatrix} \underset{n\times1}{L}=\begin{bmatrix}l_1\\l_2\\\vdots\\l_n\end{bmatrix} \tag{10-9}$$

试将矩阵公式展开，列出方程组。

【解】现将式（10-9）代入式（10-8）得

$$\begin{bmatrix}V_1\\V_2\\\vdots\\V_n\end{bmatrix}=\begin{bmatrix}a_1&b_1&\cdots&t_1\\a_2&b_2&\cdots&t_2\\\vdots&\vdots&\ddots&\vdots\\a_n&b_n&\cdots&t_n\end{bmatrix}\begin{bmatrix}x_1\\x_2\\\vdots\\x_t\end{bmatrix}+\begin{bmatrix}l_1\\l_2\\\vdots\\l_n\end{bmatrix} \tag{10-10}$$

将式（10-10）右边计算整理得

$$\begin{bmatrix}V_1\\V_2\\\vdots\\V_n\end{bmatrix}=\begin{bmatrix}a_1x_1+b_1x_2+\cdots+t_1x_t+l_1\\a_2x_1+b_2x_2+\cdots+t_2x_t+l_2\\\vdots\\a_nx_1+b_nx_2+\cdots+t_nx_t+l_n\end{bmatrix} \tag{10-11}$$

可得方程组：

$$\begin{cases} V_1 = a_1x_1 + b_1x_2 + \cdots + t_1x_t + l_1 \\ V_2 = a_2x_1 + b_2x_2 + \cdots + t_2x_t + l_2 \\ \qquad\qquad\qquad \vdots \\ V_n = a_nx_1 + b_nx_2 + \cdots + t_nx_t + l_n \end{cases}$$

可见，上述方程组可以写成式（10-8）的矩阵形式。上述方程组就是测量平差中的误差方程组，故知式（10-8）即为误差方程组的矩阵表达式。式中 $\underset{n\times1}{V}$ 称为改正数阵，$\underset{n\times t}{A}$ 称为误差方程组的系数阵，$\underset{t\times1}{X}$ 称为未知数阵，$\underset{n\times1}{L}$ 称为误差方程组的常数项阵。

【例 10-4】设由 n 个观测值列出 r 个条件式如下，试用矩阵表示。

$$a_1V_1 + a_2V_2 + \cdots + a_nV_n + W_a = 0$$

$$b_1V_1 + b_2V_2 + \cdots + b_nV_n + W_b = 0$$

$$\vdots$$

$$r_1V_1 + r_2V_2 + \cdots + r_nV_n + W_r = 0$$

【解】现记

$$\underset{r\times n}{A} = \begin{bmatrix} a_1 & a_1 & \cdots & a_n \\ b_1 & b_2 & \cdots & b_n \\ \vdots & \vdots & \ddots & \vdots \\ r_1 & r_2 & \cdots & r_n \end{bmatrix} \quad \underset{n\times1}{V} = \begin{bmatrix} V_1 \\ V_2 \\ \vdots \\ V_n \end{bmatrix} \quad \underset{r\times1}{W} = \begin{bmatrix} W_1 \\ W_2 \\ \vdots \\ W_r \end{bmatrix} \qquad (10\text{-}12)$$

则条件方程组可用矩阵表示成

$$\underset{r\times n}{A} \cdot \underset{n\times1}{V} + \underset{r\times1}{W} = 0 \qquad (10\text{-}13)$$

式中，$\underset{r\times n}{A}$ 称为条件方程组的系数阵，$\underset{n\times1}{V}$ 称为改正数阵，$\underset{r\times1}{W}$ 称为条件方程组的闭合差阵列。

10.3 3D 几何变换

10.3.1 三维基本几何变换

三维基本几何变换主要包括平移、比例、旋转、对称和错切这几种变换。

1. 三维平移变换

如图 10-3 所示，空间的点 $P(x,y,z)$ 在空间 x,y,z 轴方向分别平移 (t_x,t_y,t_z) 距离至 $P'(x',y',z')$ 点，有

$$x' = x + t_x, y' = y + t_y, z' = z + t_z$$

参照二维平移变换，很容易得到三维平移变换矩阵：

$$\begin{bmatrix} x' \\ y' \\ z' \\ 1 \end{bmatrix} = \begin{bmatrix} 1 & 0 & 0 & t_x \\ 0 & 1 & 0 & t_y \\ 0 & 0 & 1 & t_z \\ 0 & 0 & 0 & 1 \end{bmatrix} \begin{bmatrix} x \\ y \\ z \\ 1 \end{bmatrix} \tag{10-14}$$

或 $P' = T \cdot P$。

在三维空间中，物体的平移是通过平移物体上的各点，然后在新位置重建该物体而实现的，如图 10-4 所示，空间四面体 $ABCD$ 平移到新的位置 $A'B'C'D'$。

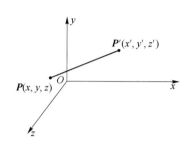

图 10-3　三维平移变换

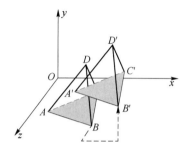

图 10-4　物体的平移

2. 三维比例变换

空间的点 $P(x, y, z)$ 相对于原点的三维比例缩放是二维比例缩放的简单扩充，只要在变换矩阵中引入 z 坐标的比例缩放因子：

$$\begin{bmatrix} x' \\ y' \\ z' \\ 1 \end{bmatrix} = \begin{bmatrix} 1 & 0 & 0 & 0 \\ 0 & 1 & 0 & 0 \\ 0 & 0 & 1 & 0 \\ 0 & 0 & 0 & s \end{bmatrix} \begin{bmatrix} x \\ y \\ z \\ 1 \end{bmatrix} \tag{10-15}$$

或 $P' = S \cdot P$。

当 $s_x = s_y = s_z > 1$ 时，图形相对于原点做等比例放大；当 $s_x = s_y = s_z < 1$ 时，图形相对于原点做等比例缩小；当 $s_x \neq s_y \neq s_z$ 时，图形做非等比例变换。图 10-5 为一个立方体进行比例缩放的例子。

3. 三维旋转变换

三维旋转变换是指将物体绕某个坐标轴旋转一个角度，所得到的空间位置变化。我们规定旋转正方向与坐标轴矢量符合右手法则，与二维一样，绕坐标轴逆时针方向旋转为正角，假定我们从坐标轴的正向朝着原点观看，逆时针方向转动的角度为正。如图 10-6 所示。

由此得出绕 3 个基本轴的旋转变换矩阵。

（1）绕 z 轴旋转 θ 角。空间物体绕 z 轴旋转时，物体各顶点的 x、y 坐标改变，而 z 坐标不变。绕 z 轴旋转矩阵为

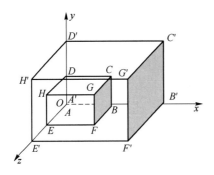

图 10-5　立方体进行比例缩放

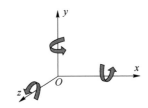

图 10-6　三维旋转变换

$$\begin{bmatrix} x' \\ y' \\ z' \\ 1 \end{bmatrix} = \begin{bmatrix} \cos\theta & -\sin\theta & 0 & 0 \\ \sin\theta & \cos\theta & 0 & 0 \\ 0 & 0 & 1 & 0 \\ 0 & 0 & 0 & 1 \end{bmatrix} \begin{bmatrix} x \\ y \\ z \\ 1 \end{bmatrix} \tag{10-16}$$

或简写为 $\boldsymbol{P}' = \boldsymbol{R}_z(\theta)\boldsymbol{P}$，$\theta$ 为旋转角。

（2）绕 x 方向旋转 θ 角，同理，空间物体绕 x 轴旋转时，物体各顶点的 y、z 坐标改变，而 x 坐标不变。绕 x 轴旋转变换矩阵为

$$\begin{bmatrix} x' \\ y' \\ z' \\ 1 \end{bmatrix} = \begin{bmatrix} 1 & 0 & 0 & 0 \\ 0 & \cos\theta & -\sin\theta & 0 \\ 0 & \sin\theta & \cos\theta & 0 \\ 0 & 0 & 0 & 1 \end{bmatrix} \begin{bmatrix} x \\ y \\ z \\ 1 \end{bmatrix} \tag{10-17}$$

或简写为 $\boldsymbol{P}' = \boldsymbol{R}_x(\theta)\boldsymbol{P}$，$\theta$ 为旋转角。

（3）绕 y 方向旋转 θ 角，同理，空间物体绕 y 轴旋转时，物体各顶点的 x、z 坐标改变，而 y 坐标不变。绕 y 轴旋转变换矩阵为

$$\begin{bmatrix} x' \\ y' \\ z' \\ 1 \end{bmatrix} = \begin{bmatrix} \cos\theta & 0 & \sin\theta & 0 \\ 0 & 1 & 0 & 0 \\ -\sin\theta & 0 & \cos\theta & 0 \\ 0 & 0 & 0 & 1 \end{bmatrix} \begin{bmatrix} x \\ y \\ z \\ 1 \end{bmatrix} \tag{10-18}$$

或简写为 $\boldsymbol{P}' = \boldsymbol{R}_y(\theta)\boldsymbol{P}$，$\theta$ 为旋转角。

图 10-7 表示一个物体分别绕 x、y、z 轴做旋转变换的例子，图 10-7（a）为原图，图 10-7（b）为绕 z 轴旋转，图 10-7（c）为绕 x 轴旋转，图 10-7（d）为绕 y 轴旋转。

4. 三维对称变换

空间的点 $\boldsymbol{P}(x, y, z)$ 相对于坐标原点、坐标轴和坐标平面的三维对称变换有以下几种情况，和前面一样，不难推出变换矩阵：

（1）关于坐标原点对称，有 $x' = -x$，$y' = -y$，$z' = -z$，所以

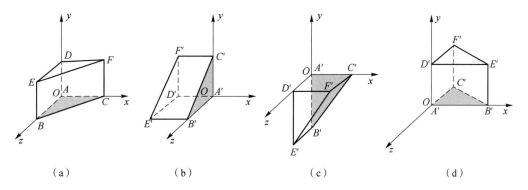

图 10-7　三维旋转变换示例

（a）原图；（b）绕 z 轴旋转；（c）绕 x 轴旋转；（d）绕 y 轴旋转

$$\begin{bmatrix} x' \\ y' \\ z' \\ 1 \end{bmatrix} = \begin{bmatrix} -1 & 0 & 0 & 0 \\ 0 & -1 & 0 & 0 \\ 0 & 0 & -1 & 0 \\ 0 & 0 & 0 & 1 \end{bmatrix} \begin{bmatrix} x \\ y \\ z \\ 1 \end{bmatrix} \tag{10-19}$$

（2）关于 xOy 平面对称，有 $x'=x$，$y'=y$，$z'=-z$，所以

$$\begin{bmatrix} x' \\ y' \\ z' \\ 1 \end{bmatrix} = \begin{bmatrix} 1 & 0 & 0 & 0 \\ 0 & 1 & 0 & 0 \\ 0 & 0 & -1 & 0 \\ 0 & 0 & 0 & 1 \end{bmatrix} \begin{bmatrix} x \\ y \\ z \\ 1 \end{bmatrix} \tag{10-20}$$

（3）关于 yOz 平面对称，有 $x'=-x$，$y'=y$，$z'=z$，所以

$$\begin{bmatrix} x' \\ y' \\ z' \\ 1 \end{bmatrix} = \begin{bmatrix} -1 & 0 & 0 & 0 \\ 0 & 1 & 0 & 0 \\ 0 & 0 & 1 & 0 \\ 0 & 0 & 0 & 1 \end{bmatrix} \begin{bmatrix} x \\ y \\ z \\ 1 \end{bmatrix} \tag{10-21}$$

（4）关于 xOz 平面对称，有 $x'=x$，$y'=-y$，$z'=z$，所以

$$\begin{bmatrix} x' \\ y' \\ z' \\ 1 \end{bmatrix} = \begin{bmatrix} 1 & 0 & 0 & 0 \\ 0 & -1 & 0 & 0 \\ 0 & 0 & 1 & 0 \\ 0 & 0 & 0 & 1 \end{bmatrix} \begin{bmatrix} x \\ y \\ z \\ 1 \end{bmatrix} \tag{10-22}$$

（5）关于 x 轴对称，有 $x'=x$，$y'=-y$，$z'=-z$，所以

$$\begin{bmatrix} x' \\ y' \\ z' \\ 1 \end{bmatrix} = \begin{bmatrix} 1 & 0 & 0 & 0 \\ 0 & -1 & 0 & 0 \\ 0 & 0 & -1 & 0 \\ 0 & 0 & 0 & 1 \end{bmatrix} \begin{bmatrix} x \\ y \\ z \\ 1 \end{bmatrix} \tag{10-23}$$

（6）关于 y 轴对称，有 $x'=-x$，$y'=y$，$z'=-z$，所以

$$\begin{bmatrix} x' \\ y' \\ z' \\ 1 \end{bmatrix} = \begin{bmatrix} -1 & 0 & 0 & 0 \\ 0 & 1 & 0 & 0 \\ 0 & 0 & -1 & 0 \\ 0 & 0 & 0 & 1 \end{bmatrix} \begin{bmatrix} x \\ y \\ z \\ 1 \end{bmatrix} \qquad (10-24)$$

（7）关于 z 轴对称，有 $x'=-x$，$y'=-y$，$z'=z$，所以

$$\begin{bmatrix} x' \\ y' \\ z' \\ 1 \end{bmatrix} = \begin{bmatrix} -1 & 0 & 0 & 0 \\ 0 & -1 & 0 & 0 \\ 0 & 0 & 1 & 0 \\ 0 & 0 & 0 & 1 \end{bmatrix} \begin{bmatrix} x \\ y \\ z \\ 1 \end{bmatrix} \qquad (10-25)$$

图 10-8 为一个对称变换的例子，图 10-8（a）为关于 xOz 平面对称，图 10-8（b）为关于 yOx 平面对称，图 10-8（c）为关于 yOz 平面对称。

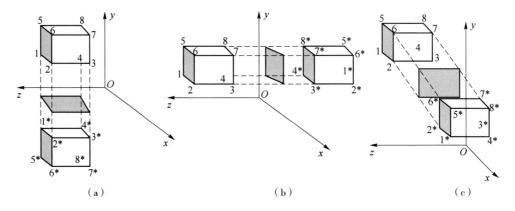

（a）　　　　　　　　　　（b）　　　　　　　　　　（c）

图 10-8　对称变换实例

（a）关于 xOz 平面对称；（b）关于 yOx 平面对称；（c）关于 yOz 平面对称

5. 三维错切变换

（1）沿 x 轴错切，有

$$\begin{cases} x'=x+dy+gz \\ y'=y \\ z'=z \end{cases} \qquad (10-26)$$

所以：

$$\begin{bmatrix} x' \\ y' \\ z' \\ 1 \end{bmatrix} = \begin{bmatrix} 1 & d & g & 0 \\ 0 & 1 & 0 & 0 \\ 0 & 0 & 1 & 0 \\ 0 & 0 & 0 & 1 \end{bmatrix} \begin{bmatrix} x \\ y \\ z \\ 1 \end{bmatrix} \qquad (10-27)$$

（2）沿 y 轴错切，有

$$\begin{cases} x'=x \\ y'=bx+y+hz \\ z'=z \end{cases} \qquad (10-28)$$

所以：

$$\begin{bmatrix} x' \\ y' \\ z' \\ 1 \end{bmatrix} = \begin{bmatrix} 1 & 0 & 0 & 0 \\ b & 1 & h & 0 \\ 0 & 0 & 1 & 0 \\ 0 & 0 & 0 & 1 \end{bmatrix} \begin{bmatrix} x \\ y \\ z \\ 1 \end{bmatrix} \qquad (10-29)$$

（3）沿 z 轴错切，有

$$\begin{cases} x' = x \\ y' = y \\ z' = cx + fy + z \end{cases} \qquad (10-30)$$

所以：

$$\begin{bmatrix} x' \\ y' \\ z' \\ 1 \end{bmatrix} = \begin{bmatrix} 1 & 0 & 0 & 0 \\ 0 & 1 & 0 & 0 \\ c & f & 1 & 0 \\ 0 & 0 & 0 & 1 \end{bmatrix} \begin{bmatrix} x \\ y \\ z \\ 1 \end{bmatrix} \qquad (10-31)$$

图 10-9 为一个三维错切变换的例子，图 10-9（a）为关于 z 轴错切，图 10-9（b）为关于 x 轴错切。

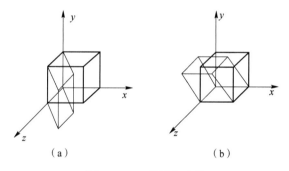

图 10-9　三维错切变换

（a）关于 z 轴错切；（b）关于 x 轴错切

10.3.2　三维组合变换

与二维图形的组合变换一样，三维立体图形也可通过三维基本变换矩阵，按一定顺序依次相乘而得到一个组合矩阵（称级联），完成组合变换。同样，三维组合平移、组合旋转和组合比例变换与二维组合平移、组合旋转和组合比例变换具有类似的规律。

1. 相对于空间任意一点的旋转变换

相对于空间任意一点的旋转变换，可以通过以下三个步骤来实现。

（1）将物体连同参考点平移回原点。

$$\boldsymbol{T}(-t_x, -t_y, -t_z) = \begin{bmatrix} 1 & 0 & 0 & -t_x \\ 0 & 1 & 0 & -t_y \\ 0 & 0 & 1 & -t_z \\ 0 & 0 & 0 & 1 \end{bmatrix} \qquad (10-32)$$

（2）相对于原点做旋转变换。

$$R(\theta)=\begin{bmatrix} \cos\theta & -\sin\theta & 0 & 0 \\ \sin\theta & \cos\theta & 0 & 0 \\ 0 & 0 & 1 & 0 \\ 0 & 0 & 0 & 1 \end{bmatrix} \tag{10-33}$$

（3）进行平移逆变换。

$$T(t_x,t_y,t_z)=\begin{bmatrix} 1 & 0 & 0 & t_x \\ 0 & 1 & 0 & t_y \\ 0 & 0 & 1 & t_z \\ 0 & 0 & 0 & 1 \end{bmatrix} \tag{10-34}$$

整个过程的组合变换矩阵 M 可以表示为

$$M=T(t_x,t_y,t_z)R(\theta)T(-t_x,-t_y,-t_z) \tag{10-35}$$

2. 相对于空间任意一点的比例缩放变换

其与以上相对于空间任意一点的旋转变换一样要经过三个步骤，不同的是旋转变换矩阵换成了比例缩放矩阵，整个过程的组合变换矩阵 M 可以表示为

$$M=T(t_x,t_y,t_z)S(s_x,s_y,s_z)T(-t_x,-t_y,-t_z) \tag{10-36}$$

式中，$S(s_x,s_y,s_z)$ 表示比例变换矩阵，s_x,s_y,s_z 表示 x,y,z 三个方向的比例因子。

3. 绕空间任意轴线旋转

（1）平移物体使得旋转轴通过坐标原点。

（2）旋转物体使得旋转轴和坐标轴相吻合。

（3）围绕相吻合的坐标轴旋转相应的角度。

（4）逆旋转回原来的方向角度。

（5）逆平移回原来的位置。

我们可以将旋转轴变换到 3 个坐标轴的任意一个。但直观上看，变换到 z 轴与 2D 情况相似，容易被接受，图 10-10 为物体绕空间任意轴旋转的过程。

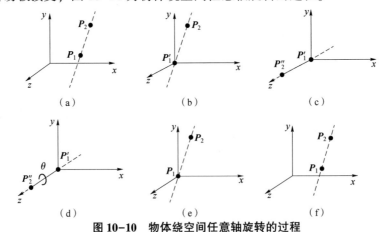

图 10-10 物体绕空间任意轴旋转的过程

（a）初始位置；（b）第一步：平移 P_1 点到原点；（c）第二步：旋转 P_2 点到 z 轴；

（d）第三步：绕 z 轴旋转物体；（e）第四步：旋转轴线到原来方向；（f）第五步：平移旋转轴线到原来位置

10.4　三维观察与投影变换

10.4.1　三维观察流程

计算机图形的三维场景观察有点类似于拍照过程,如图 10-11 所示,需要在场景中确定一个观察位置(view position),确定相机方向,相机朝哪个方向照,如何绕视线旋转相机以确定相片的向上方向。最后根据相机的裁剪窗口(镜头)大小来确定生成的场景大小。

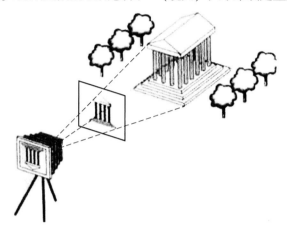

图 10-11　对场景取景

图 10-12 为计算机生成三维图形的一般三维观察流程。首先,在建模坐标系完成局部模型的造型。其次,通过建模变换,完成模型在世界坐标系中的定位。在世界坐标系中确定观察位置、观察方向,通过观察变换完成从世界坐标系到观察坐标系的变换,沿着观察方向完成投影变换,进入投影坐标系,经过对坐标的规范化变换,裁剪操作可以在与设备无关的规范化变换完成之后进行,以便最大限度地提高效率。最后,在规范化坐标系下经过视区到设备的变换,最终将图形输出到设备。

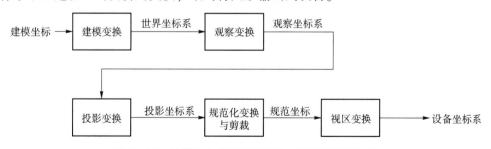

图 10-12　计算机生成三维图形的一般三维观察流程

10.4.2　三维观察坐标系

如图 10-13 所示,建立一个三维观察坐标系,首先在世界坐标系中选定一点

$P_0 = (x_0, y_0, z_0)$ 作为观察坐标系原点，称为观察点（view point）、观察位置、视点或相机位置（camera position）。观察点和目标参考点构成视线方向，即为观察坐标系的 z_{view} 轴方向。观察平面（view plane，投影平面）与 z_{view} 轴垂直，选定的观察向上向量 V 方向应与 z_{view} 轴垂直，一般当作观察坐标系的 y_{view} 轴方向，而剩下的 x_{view} 轴就通过右手法则来确定。

一般来说，精确地选取 V 的方向比较困难，选取任意的观察向上向量 V，只要不平行于 z_{view}，对其做投影变换，使得调整后的 V 垂直于 z_{view}。一般先取 $V = (0,1,0)$（世界坐标系），如图 10-14 所示。

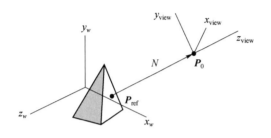

图 10-13 三维观察坐标系的确定

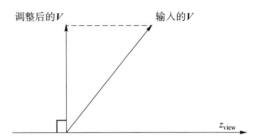

图 10-14 调整观察向上向量 V 的输入位置
使其与 z_{view} 垂直

10.4.3 从世界坐标系到观察坐标系的变换

从世界坐标系到观察坐标系的变换可以通过以下系列图形变换来实现。

（1）平移观察点到世界坐标系的原点。

（2）进行旋转变换，使得观察坐标轴与世界坐标轴重合。

①绕 x_w 轴旋转 α 角，使 z_v 轴旋转到 $(xOz)_w$ 平面。

②绕 y_w 轴旋转 β 角，使 z_v 轴旋转到与 z_w 轴重合。

③绕 z_w 轴旋转 γ 角，使 x_v、y_v 轴旋转到与 x_w、y_w 重合。

以上系列图形变换可用图 10-15 来描述，其中图 10-15(a)表示原观察坐标系在世界坐标系的位置，图 10-15(b)表示观察点已经平移到世界坐标系原点，图 10-15(c)表示观察坐标系经过三次旋转变换后与世界坐标系重合。

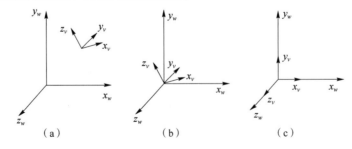

图 10-15 从世界坐标系到观察坐标系的变换

（a）原观察坐标系在世界坐标系的位置；（b）观察点平移到世界坐标系原点；

（c）观察坐标系经过三次旋转变换后与世界坐标系重合

设观察点在世界坐标系的坐标为 $P_0 = (x_0, y_0, z_0)$，则平移变换矩阵为

$$T(-x_0, -y_0, -z_0) = \begin{bmatrix} 1 & 0 & 0 & -x_0 \\ 0 & 1 & 0 & -y_0 \\ 0 & 0 & 1 & -z_0 \\ 0 & 0 & 0 & 1 \end{bmatrix} \tag{10-37}$$

绕 x_w 轴旋转 α 角的矩阵：

$$R_x(\alpha) = \begin{bmatrix} 1 & 0 & 0 & 0 \\ 0 & \cos\alpha & -\sin\alpha & 0 \\ 0 & \sin\alpha & \cos\alpha & 0 \\ 0 & 0 & 0 & 1 \end{bmatrix} \tag{10-38}$$

绕 y_w 轴旋转 β 角的矩阵：

$$R_y(\beta) = \begin{bmatrix} \cos\beta & 0 & \sin\beta & 0 \\ 0 & 1 & 0 & 0 \\ -\sin\beta & 0 & \cos\beta & 0 \\ 0 & 0 & 0 & 1 \end{bmatrix} \tag{10-39}$$

绕 z_w 轴旋转 γ 角的矩阵：

$$R_y(\gamma) = \begin{bmatrix} \cos\gamma & -\sin\gamma & 0 & 0 \\ \sin\gamma & \cos\gamma & 0 & 0 \\ 0 & 0 & 1 & 0 \\ 0 & 0 & 0 & 1 \end{bmatrix} \tag{10-40}$$

则从世界坐标系到观察坐标系的组合变换矩阵 $M_{\text{wc,vc}}$ 可以表示为

$$M_{\text{wc,vc}} = R_z(\gamma) \cdot R_y(\beta) \cdot R_x(\alpha) \cdot T(t_x, t_y, t_z) S(s_x, s_y, s_z) T(-x_0, -y_0, -z_0) \tag{10-41}$$

用 p_w 表示世界坐标系的点，p_v 表示观察坐标系的点，以上变换可以写为

$$p_v = M_{\text{wc,vc}} \cdot p_w \tag{10-42}$$

10.4.4 投影变换

众所周知，计算机图形显示是在二维平面内实现的。因此，三维物体必须投影到二维平面上才能显示出来。投影变换一般分为平行投影（parallel projection）和透视投影（perspective projection），在平行投影中，光线平行照射在物体上，再沿投影线投射到观察平面。而在透视投影变换中，物体的投影线会汇聚成一点，称为投影中心。图 10-16 给出了平行投影和透视投影的例子，AB 为投影之前的物体，$A'B'$ 为投影之后的物体。

平行投影和透视投影的对比如下。

（1）平行投影。

①平行光源。

②物体的投影线相互平行。

③物体的大小比例不变，精确反映物体的实际尺寸。

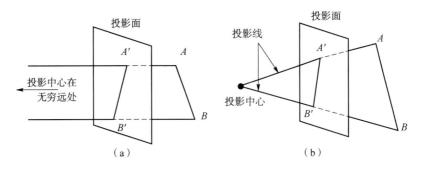

图 10-16 平行投影和透视投影

(a) 平行投影; (b) 透视投影

（2）透视投影。

①点光源。

②物体的投影线汇聚成一点：投影中心。

③离投影面近的物体生成的图像大，真实感强。

平行投影和透视投影根据投影属性和用途可以再细分，如图 10-17 所示。

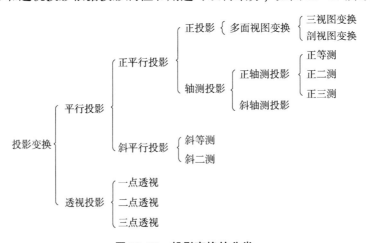

图 10-17 投影变换的分类

10.4.5 平行投影

如图 10-18 所示，平行投影中又可以分为正平行投影（orthographic parallel projection）和斜平行投影（oblique parallel projection），在正平行投影中，投影方向垂直于投影平面；而斜平行投影的投影方向不垂直于投影平面。

1. 正平行投影

正平行投影也称为正投影或正交投影，因为可以准确反映物体的尺寸比例，因此常用于工程制图中的三视图变换，如图 10-19 所示，三视图中顶部视图称为俯视图，正面视图称为正视图，侧面视图称为侧视图。

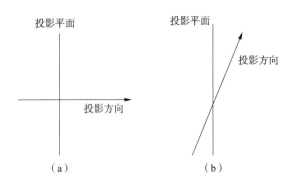

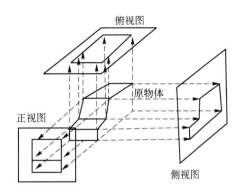

图 10-18　正平行投影和斜平行投影
（a）正平行投影；（b）斜平行投影

图 10-19　物体的三视图

工程制图中还常用正轴测投影同时反映物体的不同面，立体感较强。正轴测图也是正平行投影，只是它的投影面不跟坐标平面重合。图 10-20 就是一个正轴测投影图的投影过程。对图所示的立方体，若直接向 **V** 面投影就得到图 10-20（a）所示的 **V** 面投影；若将立方体绕 z 轴正向旋转一个角度，再向 **V** 面投影，就得到图 10-20(b)所示的旋转后的 **V** 面投影；若将其绕 x 轴反向旋转一个角度，然后再向 **V** 面投影就可得到图 10-20（c）所示的正轴测投影；这个平面图形就是正轴测投影图。

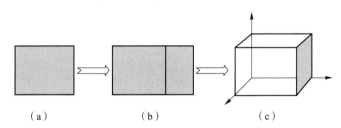

（a）　　　　　　　　　　（b）　　　　　　　　　（c）

图 10-20　工程制图中的正轴测投影
（a）**V** 面投影；（b）旋转后的 **V** 面投影；（c）正轴测投影

2. 斜平行投影

如前所述，斜平行投影的投影方向不垂直于投影面，也称斜轴测投影。在斜平行投影中，一般取坐标平面为投影平面。如图 10-21 所示，已知投影方向，投影平面为 xoy，点 $P(x,y,z)$ 投影后变成 $P'(x_p,y_p,0)$，点 $(x,y,0)$ 为点 P 的正投影点。α 角为从 P 到 P' 的斜投影线和点 $(x,y,0)$ 与 P' 点连线的夹角，ϕ 角为 $P'(x_p,y_p,0)$ 和点 $(x,y,0)$ 的连线与投影面的水平线夹角，设 L 为 $P'(x_p,y_p,0)$ 和点 $(x,y,0)$ 的连线长度，根据直角三角形三角函数关系，可以得出

$$\begin{cases} x_p = x + L\cos\varphi \\ y_p = y + L\sin\varphi \\ z_p = 0 \end{cases} \qquad (10\text{-}43)$$

因为
$$\tan \alpha = \frac{z}{L} = \frac{1}{L_1}, L = zL_1 \tag{10-44}$$

所以
$$\begin{cases} x_p = x + zL_1 \cos \phi \\ y_p = y + zL_1 \sin \phi \\ z_p = 0 \end{cases}$$

整理式（10-44），可以得出斜投影变换矩阵一般形式为

$$\boldsymbol{M}_{\mathrm{par}} = \begin{bmatrix} 1 & 0 & L_1 \cos \phi & 0 \\ 0 & 1 & L_1 \sin \phi & 0 \\ 0 & 0 & 0 & 0 \\ 0 & 0 & 0 & 1 \end{bmatrix} \tag{10-45}$$

当 $L_1 \neq 0$ 时为斜投影；当 $L_1 = 0$ 时为正投影。

10.4.6　透视投影

在平行投影中，物体投影的大小与物体到投影面的距离无关，与人的视觉成像不符。而透视投影采用中心投影法，与人观察物的情况比较相似。投影中心又称视点，相当于观察者的眼睛，也是相机位置处。投影面位于视点与物体之间，投影线为视点与物体上的点的连线，投影线与投影平面的交点即为投影变换后的坐标点。如图 10-22 所示，O 为投影中心，物体位于投影面的前面，OA 和 OB 为投影线，AB 投影到投影面为 A_1B_1，当物体往后移动一段距离，在投影面的投影将变为 A_2B_2，由图 10-22 可以看出，$A_1B_1 > A_2B_2$。

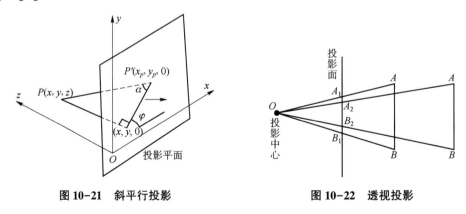

图 10-21　斜平行投影　　　　　　　图 10-22　透视投影

透视投影具有如下特性。

（1）平行于投影面的一组相互平行的直线，其透视投影也相互平行。

（2）空间相交直线的透视投影仍然相交。

（3）空间线段的透视投影随着线段与投影面距离的增大而缩短，近大远小，符合人的视觉系统，深度感更强，看上去更真实。

（4）不平行于投影面的任何一束平行线，其透视投影将汇聚于灭点。

（5）不能真实反映物体的精确尺寸和形状。

图 10-23 为一个透视投影的例子，由此例可以看出透视投影的特性。

如图 10-24 所示，视点 $(0,0,d)$ 在 z 坐标轴上，投影平面为 XOY 平面，空间点 $P(x,y,z)$ 经过透视投影后在投影平面上的投影点为 $P'(x',y',z')$ 或记为 (x_p,y_p,z_p)。

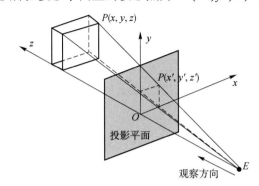

图 10-23　透视投影实例

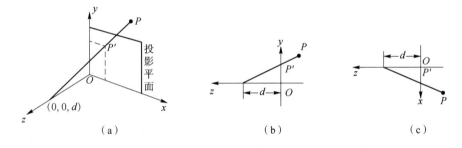

（a）　　　　　　　　　　（b）　　　　　　　　　　（c）

图 10-24　点的透视投影

（a）P 点的透视投影；（b）X 方向示意图；（c）Y 方向示意图

根据直线 PP' 的参数方程，可以得出

$$\begin{cases} x'=xu \\ y'=yu \\ z'=(z-d)u+d \end{cases} \qquad (10\text{-}46)$$

式中，u 为参数，$u\in[0,1]$。

因为 $z'=0$，所以 $u=\dfrac{d}{d-z}$，进一步简化式（10-46），可以得到

$$\begin{cases} x_p=x'=x\left[\dfrac{d}{d-z}\right]=x\left[\dfrac{1}{1-\dfrac{z}{d}}\right] \\[4mm] y_p=y'=y\left[\dfrac{d}{d-z}\right]=y\left[\dfrac{1}{1-\dfrac{z}{d}}\right] \\[4mm] z_p=z'=0 \end{cases} \qquad (10\text{-}47)$$

将其转化为矩阵的形式，最后可求出透视投影变换矩阵：

$$\boldsymbol{M}_{\text{pcr}} = \begin{bmatrix} 1 & 0 & 0 & 0 \\ 0 & 1 & 0 & 0 \\ 0 & 0 & 0 & 0 \\ 0 & 0 & -\dfrac{1}{d} & 1 \end{bmatrix} \tag{10-48}$$

如前所述，在透视投影中，任何一束不平行于投影平面的平行线的透视变换将汇聚于一点，这一点称为灭点。根据灭点个数的不同，透视投影可以分为一点透视、二点透视和三点透视，如图 10-25 所示。

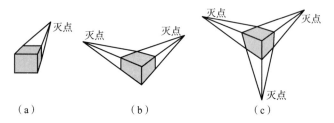

图 10-25 透视投影的分类
（a）一点透视；（b）二点透视；（c）三点透视

10.5 从旋转矩阵中计算欧拉角

本书讨论了一种简单的方法，可以从一个旋转矩阵中找出所有可能的欧拉角。在计算机图形学、视觉学、机器人学和运动学中，确定欧拉角有时是一个必要的步骤。如第 8 章所述。

10.5.1 旋转矩阵

首先从绕三大主轴旋转的标准定义开始。

围绕 x 轴旋转 ψ 弧度角的定义为

$$\boldsymbol{R}_x(\psi) = \begin{bmatrix} 1 & 0 & 0 \\ 0 & \cos\psi & -\sin\psi \\ 0 & \sin\psi & \cos\psi \end{bmatrix}$$

相似地，围绕 y 轴旋转 θ 弧度角的定义为

$$\boldsymbol{R}_y(\theta) = \begin{bmatrix} \cos\theta & 0 & \sin\theta \\ 0 & 1 & 0 \\ -\sin\theta & 0 & \cos\theta \end{bmatrix}$$

最后，围绕 z 轴旋转 ϕ 弧度角的定义为

$$\boldsymbol{R}_z(\phi) = \begin{bmatrix} \cos\phi & -\sin\phi & 0 \\ \sin\phi & \cos\phi & 0 \\ 0 & 0 & 1 \end{bmatrix}$$

角 ψ、θ、ϕ 为欧拉角。

10.5.2　广义旋转矩阵

广义旋转矩阵可以有如下形式：

$$\boldsymbol{R} = \begin{bmatrix} R_{11} & R_{12} & R_{13} \\ R_{21} & R_{22} & R_{23} \\ R_{31} & R_{32} & R_{33} \end{bmatrix}$$

这个矩阵可以看成是 3 个旋转的序列，每个序列分别绕各主轴旋转。由于矩阵乘法不能交换，所以旋转轴的顺序会影响结果。在本节分析中，将首先绕 x 轴进行旋转，然后绕 y 轴进行旋转，最后绕 z 轴进行旋转。这样的旋转序列可以用矩阵积来表示：

$$\boldsymbol{R} = \boldsymbol{R}_z(\phi)\boldsymbol{R}_y(\theta)\boldsymbol{R}_x(\psi)$$

$$= \begin{bmatrix} \cos\theta\cos\phi & \sin\psi\sin\theta\cos\phi-\cos\psi\sin\phi & \cos\psi\sin\theta\cos\phi+\sin\psi\sin\phi \\ \cos\theta\sin\phi & \sin\psi\sin\theta\sin\phi+\cos\psi\cos\phi & \cos\psi\sin\theta\sin\phi-\cos\psi\sin\phi \\ -\sin\theta & \sin\psi\cos\theta & \cos\psi\cos\theta \end{bmatrix}$$

给定一个旋转矩阵 $\boldsymbol{R}$，可以令 $\boldsymbol{R}$ 中的每个元素与矩阵乘积 $\boldsymbol{R}_z(\phi)\boldsymbol{R}_y(\theta)\boldsymbol{R}_x(\psi)$ 中相应的元素相等，来计算欧拉角 ψ，θ，ϕ。这样可以得到 9 个等式，能够计算出欧拉角。

10.5.3　计算 θ 两个可能的值

从 R_{31} 开始，我们发现

$$R_{31} = -\sin\theta$$

这个方程可以倒推得出

$$\theta = -\sin^{-1}(R_{31}) \tag{10-49}$$

但是，在解这个方程时必须小心。由于 $\sin(\pi-\theta) = \sin(\theta)$，实际上有两个不同的 θ 值（对于 $R_{31} = \pm 1$）满足方程（10-49）。那么，这两个值

$$\theta_1 = -\sin^{-1}(R_{31})$$

$$\theta_2 = \pi-\theta_1 = \pi+\sin^{-1}(R_{31})$$

都是有效解。将在本节后面处理 $R_{31} = \pm 1$ 的特殊情况。所以通过旋转矩阵的 R_{31} 元素，可以确定 θ 的两个可能的值。

10.5.4　计算 ψ 的值

为了得到 ψ 的值，我们观察到

$$\frac{R_{32}}{R_{33}} = \tan(\psi)$$

可以通过这个等式来计算 ψ：

$$\psi = a\tan 2(R_{32}, R_{33}) \tag{10-50}$$

其中，$\psi = a\tan 2(y, x)$ 是变量 x 和 y 的圆弧正切。它类似于计算 y/x 的圆弧正切，只是两个参数的符号都用于确定结果的象限，即在 $[-\pi, \pi]$ 范围内。函数 $a\tan 2$ 在许多编程语言中都可以使用。

在使用公式（10-50）时必须小心。如果 $\cos(\theta) > 0$，那么 $\psi = a\tan 2(R_{32}, R_{33})$。然而，当 $\cos(\theta) < 0$ 时，$\psi = a\tan 2(-R_{32}, -R_{33})$。处理这个问题的一个简单方法是使用如下公式来计算 ψ：

$$\psi = a\tan 2\left(\frac{R_{32}}{\cos\theta}, \frac{R_{33}}{\cos\theta}\right) \tag{10-51}$$

除了 $\cos(\theta) = 0$，等式（10-51）对所有情况都有效。将在本节后面处理这种特殊情况。对于 θ 的每一个值，用等式（10-51）计算出对应的 ψ 值，从而得到

$$\psi_1 = a\tan 2\left(\frac{R_{32}}{\cos\theta_1}, \frac{R_{33}}{\cos\theta_1}\right) \tag{10-52}$$

$$\psi_2 = a\tan 2\left(\frac{R_{32}}{\cos\theta_2}, \frac{R_{33}}{\cos\theta_2}\right) \tag{10-53}$$

10.5.5　计算 ϕ 的值

为了得到 ϕ 的值，相似地，观察到

$$\frac{R_{21}}{R_{11}} = \tan\phi$$

可以通过这个等式来计算 ϕ，为

$$\phi = a\tan 2\left(\frac{R_{21}}{\cos\theta}, \frac{R_{11}}{\cos\theta}\right) \tag{10-54}$$

同样，除了 $\cos(\theta) = 0$ 时，这个方程对所有情况都是有效的。将在本节后面处理这种特殊情况。对于 θ 的每一个值，用等式（10-54）计算出 ϕ 的相应值：

$$\phi_1 = a\tan 2\left(\frac{R_{21}}{\cos\theta_1}, \frac{R_{11}}{\cos\theta_1}\right) \tag{10-55}$$

$$\phi_2 = a\tan 2\left(\frac{R_{21}}{\cos\theta_2}, \frac{R_{11}}{\cos\theta_2}\right) \tag{10-56}$$

10.5.6　$\cos(\theta) \neq 0$ 的两种解法

对于 $\cos(\theta) \neq 0$ 的情况，现在有两组可以重现旋转矩阵的 3 个欧拉角，即

$$(\psi_1, \theta_1, \phi_1)$$
$$(\psi_2, \theta_2, \phi_2)$$

这些解都是有效的。

10.5.7　$\cos(\theta) = 0$ 的解法

如果旋转矩阵的 R_{31} 元素为 1 或 -1，那么上述方法就不能起作用，这分别对应于

$\theta=-\pi/2$ 或 $\theta=\pi/2$，则 $\cos(\theta)=0$。当我们试图用上述方法求解 ψ 和 ϕ 的可能值时，就会出现问题，因为元素 R_{11}、R_{21}、R_{32} 和 R_{33} 都将为零，因此式（10-51）和式（10-54）将变为

$$\psi=a\tan 2\left(\frac{0}{0},\frac{0}{0}\right)$$

$$\phi=a\tan 2\left(\frac{0}{0},\frac{0}{0}\right)$$

在这种情况下，R_{11}、R_{21}、R_{32} 和 R_{33} 并不能限制 ψ 和 ϕ 的值。因此，必须用旋转矩阵中不同的元素来计算 ψ 和 ϕ 的值。

$\theta=\pi/2$ 的情况：给定 $\theta=\pi/2$ 时，那么

$$R_{12}=\sin\psi\cos\phi-\cos\psi\sin\phi=\sin(\psi-\phi)$$
$$R_{13}=\cos\psi\cos\phi+\sin\psi\sin\phi=\cos(\psi-\phi)$$
$$R_{22}=\sin\psi\sin\phi+\cos\psi\cos\phi=\cos(\psi-\phi)=R_{13}$$
$$R_{23}=\cos\psi\sin\phi-\sin\psi\cos\phi=-\sin(\psi-\phi)=-R_{12}$$

任何满足这些方程的 ψ 和 ϕ 都是有效的解。通过 R_{12} 和 R_{13} 的方程，我们发现

$$(\psi-\phi)=a\tan 2(R_{12},R_{13})$$
$$\psi=\phi+a\tan 2(R_{12},R_{13})$$

$\theta=-\pi/2$ 的情况：毫不意外地，结果与上述相似，即

$$R_{12}=-\sin\psi\cos\phi-\cos\psi\sin\phi=-\sin(\psi+\phi)$$
$$R_{13}=-\cos\psi\cos\phi+\sin\psi\sin\phi=-\cos(\psi+\phi)$$
$$R_{22}=-\sin\psi\sin\phi+\cos\psi\cos\phi=\cos(\psi+\phi)=-R_{13}$$
$$R_{23}=-\cos\psi\sin\phi-\sin\psi\cos\phi=-\sin(\psi+\phi)=R_{12}$$

再一次，通过 R_{12} 和 R_{13} 的方程，我们发现

$$(\psi-\phi)=a\tan 2(-R_{12},-R_{13})$$
$$\psi=-\phi+a\tan 2(-R_{12},-R_{13})$$

无论哪种情况：在 $\theta=\pi/2$ 和 $\theta=-\pi/2$ 两种情况下，ψ 和 ϕ 是有联系的。这种现象被称为 gimbal 锁。虽然在这种情况下，问题的解有无数个，但在实践中，人们往往对寻找一个解感兴趣。为了完成这个任务，可以方便地设 $\phi=0$，然后如上所述计算 ψ。

下面提供了一个例子，演示如何从旋转矩阵中计算 ψ、θ 和 ϕ。

假设被要求找出产生矩阵的欧拉角。

$$\boldsymbol{R}=\begin{bmatrix} .5 & -.146\,4 & .853\,6 \\ .5 & .853\,6 & -.146\,4 \\ -.707\,1 & .5 & .5 \end{bmatrix}$$

首先找出 θ 的可能值为

$$\theta_1=-\sin(-.707\,1)=\frac{\pi}{4}$$

$$\theta_2=\pi-\theta_1=\frac{3\pi}{4}$$

然后，找出相应的 ψ 值为

$$\psi_1 = a\tan 2\left(\frac{.5}{\cos(\pi/4)}, \frac{.5}{\cos(\pi/4)}\right) = \frac{\pi}{4}$$

$$\psi_2 = a\tan 2\left(\frac{.5}{\cos(3\pi/4)}, \frac{.5}{\cos 3(\pi/4)}\right) = -\frac{3\pi}{4}$$

最后找出 ϕ 值为

$$\phi_1 = a\tan 2\left(\frac{.5}{\cos(\pi/4)}, \frac{.5}{\cos(\pi/4)}\right) = \frac{\pi}{4}$$

$$\phi_2 = a\tan 2\left(\frac{.5}{\cos(3\pi/4)}, \frac{.5}{\cos 3(\pi/4)}\right) = -\frac{3\pi}{4}$$

因此，解即为

$$\left(\frac{\pi}{4}, \frac{\pi}{4}, \frac{\pi}{4}\right)$$

$$\left(-\frac{3\pi}{4}, \frac{3\pi}{4}, -\frac{3\pi}{4}\right)$$

值得注意的是，总是有不止一个关于三条主轴的旋转序列导致物体为同一方向。正如在本节中所展示的，在 $\cos(\theta) \neq 0$ 的非退化情况下，有两种解决方案。对于 $\cos(\theta) = 0$ 的退化情况，则存在着无穷多的解。

举个例子，考虑一本书面朝上放在你面前的桌子上。令向右方向为 x 轴，远离你的方向为 y 轴，向上的方向为 z 轴。围绕 y 轴旋转 π 弧度，就会使书的封底朝上。另一种实现相同方向的方法是将书绕 x 轴旋转 π 弧度，然后再绕 z 轴旋转 π 弧度。因此，有不止一种方法可以实现所需的旋转。

参 考 文 献

［1］ 钟元. 面向制造和装配的产品设计指南［M］. 北京：机械工业出版社，2011.

［2］ GUO Z Y, ZHOU D, ZHOU Q D, et al. A hybrid method for evaluation of maintainability towards a design process using virtual reality［J］. Computers & industrial engineering, 2020（140）：106227. 1-106227. 14.

［3］ YU H, PENG G, LIU W. A practical method for measuring product maintainability in a virtual environment［J］. Assembly automation, 2011, 31（1）：53-61.

［4］ OTTO M, LAMPEN E, AGETHEN P, et al. A virtual reality assembly assessment benchmark for measuring VR performance & limitations［J］. Procedia CIRP, 2019（81）：785-790.

［5］ MARZANO A, et al. Design of a virtual reality framework for maintainability and assemblability test of complex systems［J］. Procedia CIRP, 2015（37）：242-247.

［6］ LOUISON C, FERLAY F, MESTRE D R. Spatialized vibrotactile feedback improves goal-directed movements in cluttered virtual environments［J］. International journal of human‐computer interaction, 2018, 34（11）：1015-1031.

［7］ 杨建国. 可装配性设计：现代设计方法［M］. 上海：中国纺织大学出版社，1999.

［8］ 张旭，王爱民，刘检华. 产品设计可装配性技术［M］. 北京：航空工业出版社，2009.

［9］ Murilo G. Coutinho. Guide to dynamic simulations of rigid bodies and particle systems ［M］. Springer, 2013.

［10］ BURDEA G C, COIFFET P. Virtual reality technology［M］. 2nd ed. Hoboken：John Wiley & Sons, Inc., 2003.

［11］ JERALD J. The VR book：human-centered design for virtual reality［M］. New York：the Association for Computing Machinery, 2015.

［12］ 姚寿文，林博，王瑀. 传动装置高沉浸虚拟实时交互装配技术研究［J］. 兵器装备工程学报，2018，39（4）：118-125.

［13］ 李澍，刘毅，王念东. 虚拟环境中的多手指抓取操作技术［J］. 计算机辅助设计与图形学学报，2010，22（10）：1728-1733.

［14］ 林博. 虚拟环境下面向设计的传动装置动态装配研究［D］. 北京：北京理工大学，2018.

［15］ 张清华. 基于装配特征的传动装置轴系虚拟装配技术研究［D］. 北京：北京理工大学，2016.

［16］ 黄静. 虚拟现实技术及其实践教程［M］. 北京：机械工业出版社，2016.

［17］ ULLAH H, BOHEZ E L J, IRFAN M A. Assembly features：definition, classification, and usefulness in sequence planning［J］. International journal of industrial and systems engineering, 2009, 4（2）：111-132.